中文翻译版

人类基因组编辑

科学、伦理和监管

Human Genome Editing: Science, Ethics, and Governance

主编　美国国家科学院　美国国家医学院

主译　马　慧　王海英　郝荣章　宋宏彬

科学出版社

北　京

图字：01-2018-6589 号

内 容 简 介

基因组编辑，尤其是CRISPR/Cas9基因组编辑系统被*Science*评为2015年度十大科学突破，在全球范围内引起了极大关注。该技术的迅猛发展为改善人类健康提供了更加有效的新策略。但是，基因编辑技术的进步也伴随着潜在的问题，如在治愈疾病甚至预防自身及后代疾病的同时如何减少与健康需求无关的基因或性状的改变。基因编辑技术已应用于人体细胞编辑研究，其生物医学突破与技术及伦理风险并存。生物医学和伦理方面的深入研究和风险监管旨在促进基因编辑技术，认真审查该技术引发的科学、伦理和社会问题，并评估有关部门在确保其健康有序发展及应用方面的监管能力。

本书可供基因编辑研究人员、管理人员及相关决策部门使用。

图书在版编目（CIP）数据

人类基因组编辑：科学、伦理和监管 / 美国国家科学院，美国国家医学院主编；马慧等主译. —北京：科学出版社，2019.1

书名原文：Human Genome Editing: Science, Ethics, and Governance

ISBN 978-7-03-060047-9

Ⅰ. ①人…　Ⅱ. ①美…　②美…　③马…　Ⅲ. ①人类基因-基因组-研究　Ⅳ. ①Q987

中国版本图书馆 CIP 数据核字（2018）第 283642 号

责任编辑：丁慧颖 / 责任校对：张小霞
责任印制：徐晓晨 / 封面设计：陈　敬

科学出版社出版
北京东黄城根北街 16 号
邮政编码：100717
http://www.sciencep.com
北京建宏印刷有限公司 印刷
科学出版社发行　各地新华书店经销
*
2019 年 1 月第　一　版　开本：720×1000　1/16
2020 年 5 月第三次印刷　印张：15 1/4　插页：4
字数：287 000
定价：78.00 元
（如有印装质量问题，我社负责调换）

《人类基因组编辑：科学、伦理和监管》
翻译人员

主　译　马　慧　王海英　郝荣章　宋宏彬

副主译　贾雷立　邱少富　李　鹏　蒲　卫

译　者（以姓氏汉语拼音为序）

董德荣　郭旭东　郝荣章　贾雷立　李　浩

李　鹏　李沛翰　李振军　林彦锋　刘鸿博

刘婉莹　刘宇奇　马　慧　穆　凯　蒲　卫

邱少富　石　华　宋宏彬　王　珊　王海英

王立贵　吴　枫　谢　婧　徐　海　杨　朗

杨　益　杨超杰　查　磊　赵江云　赵荣涛

《人类基因组编辑：科学、伦理和监管》

翻译人员

美国国家科学、工程与医学院

美国国家科学院于 1863 年根据时任总统林肯签署的国会法案正式成立，属于私人非政府机构，主要负责为国家提供关于科学和技术领域问题的咨询服务。院士由内部成员根据其为研究事业做出的突出贡献进行选举。美国国家科学院主席现由 Marcia K. McNutt 博士担任。

美国国家工程院于 1964 年根据国家科学院章程正式成立，旨在为国家提供工程领域的咨询服务。院士由内部成员根据其为工程事业做出的卓越贡献进行选举。美国国家工程院主席现由 C. D. Mote Jr.博士担任。

美国国家医学院（其前身为医学研究所）于 1970 年根据国家科学院章程正式成立，旨在为国家提供医疗保健领域的咨询服务。院士由内部成员根据其为医疗保健事业做出的特殊贡献进行选举。美国国家医学院主席现由 Victor J. Dzau 博士担任。

以上三大研究院合称为美国国家科学、工程与医学院，旨在为国家提供独立、客观的分析和咨询服务，通过开展其他活动解决复杂问题，并且为公共决策提供信息服务。此外，美国国家科学院还鼓励发展教育和研究事业，表彰对人类文明做出杰出贡献的人士，并致力于增进公众对科学、工程和医学问题的认识。

如欲了解有关美国国家科学、工程与医学院的更多信息，请访问网站 www.national-academies.org。

美国国家科学、工程与医学院

该报告记录了编著专家委员会基于证据达成的共识。报告内容通常包括根据委员会收集的信息和委员会审议意见提出的研究结果、结论和建议。报告需接受同行评审，并得到美国国家科学、工程与医学院的审批。

该议程按事件顺序记录了研讨会、学术报告会或其他活动的陈述与讨论内容。议程中记录的观点和意见仅代表直接参与者的观点和意见，并未得到其他参与者、计划委员会或美国国家科学、工程与医学院的认可。

如欲了解美国国家研究院的其他产品和活动信息，请访问网站 nationalacademies.org/whatwedo。

人类基因编辑：科学、医学和伦理委员会

R. ALTA CHARO (Co-Chair), Sheldon B. Lubar Distinguished Chair and Warren P. Knowles Professor of Law & Bioethics, University of Wisconsin-Madison

RICHARD O. HYNES (Co-Chair), Investigator, Howard Hughes Medical Institute, Daniel K. Ludwig Professor for Cancer Research, Massachusetts Institute of Technology

DAVID W. BEIER, Managing Director, Bay City Capital

ELLEN WRIGHT CLAYTON, Craig Weaver Professor of Pediatrics, Professor of Law, Vanderbilt University

BARRY S. COLLER, David Rockefeller Professor of Medicine, Physician in Chief, and Head, Allen and Frances Adler Laboratory of Blood and Vascular Biology, Rockefeller University

JOHN H. EVANS, Professor, University of California, San Diego

JUAN CARLOS IZPISUA BELMONTE, Professor, Gene Expression Laboratory, Salk Institute for Biological Studies

RUDOLF JAENISCH, Professor of Biology, Massachusetts Institute of Technology

JEFFREY KAHN, Andreas C. Dracopoulos Director, Johns Hopkins Berman Institute of Bioethics, Johns Hopkins University

EPHRAT LEVY-LAHAD, Director, Fuld Family Department of Medical Genetics, Shaare Zedek Medical Center; Faculty of Medicine, Hebrew University of Jerusalem

ROBIN LOVELL-BADGE, Senior Group Leader, Laboratory of Stem Cell Biology and Developmental Genetics, The Francis Crick Institute

GARY MARCHANT, Regents' Professor of Law, Arizona State University

JENNIFER MERCHANT, University Professor, Universite de Paris II (Pantheon-Assas)

LUIGI NALDINI, Professor of Cell and Tissue Biology and of Gene and Cell Therapy, San Raffaele University, and Director of the San Raffaele Telethon Institute for Gene Therapy

DUANQING PEI, Professor and Director General of Guangzhou Institutes of Biomedicine and Health, Chinese Academy of Sciences

MATTHEW PORTEUS, Associate Professor of Pediatrics, Stanford School of Medicine

JANET ROSSANT, Senior Scientist and Chief of Research Emeritus, Hospital for Sick Children, University of Toronto

DIETRAM A. SCHEUFELE, John E. Ross Professor in Science Communication and Vilas Distinguished Achievement Professor, University of Wisconsin-Madison

ISMAIL SERAGELDIN, Founding Director, Bibliotheca Alexandrina

SHARON TERRY, President & CEO, Genetic Alliance

JONATHAN WEISSMAN, Professor, Department of Cellular and Molecular Pharmacology, University of California, San Francisco

KEITH R. YAMAMOTO, Vice Chancellor for Science Policy and Strategy, University of California, San Francisco

研究人员

KATHERINE W. BOWMAN, Study Director

MONICA L. GONZALEZ, Associate Program Officer

JOANNA R. ROBERTS, Senior Program Assistant

ANDREW M. POPE, Director, Board on Health Sciences Policy

FRANCES E. SHARPLES, Director, Board on Life Sciences

顾问

RONA BRIERE, Editor

HELAINE RESNICK, Editor

献　　词

Ralph Cicerone 博士（1943—2016）于 2015 年担任美国国家科学院院长，并与国家医学院院长共同宣布了一项涵盖科学、伦理和监管的人类基因组编辑计划。他指出，美国国家科学、工程与医学院已经率先为众多新兴且具有争议的遗传学和细胞生物学领域制定了负责的综合性政策，如人类胚胎干细胞研究、人类克隆和“功能获得”研究。最重要的是该政策也参与了一些重要事件，最终促成了 1975 年阿西洛马会议的召开。但是，Cicerone 博士在接受 *Nature* 采访时表示，“阿西洛马时代”与当今形势存在巨大差异，因为在 1975 年仅有极少数研究人员进行重组 DNA 的研究。现代基因组编辑技术相对易于使用且应用范围较为广泛，因此，他认为目前需要一种“比阿西洛马更加国际化的方法”。

Cicerone 博士言出必行。他与中国及英国的科学和医学院在国际峰会上共同发起了一项倡议。为此，各方投入到未来的峰会工作中，并成立了研究委员会。该委员会成员来自加拿大、中国、埃及、法国、德国、以色列、意大利、西班牙、英国和美国。这份报告是该委员会的工作成果，也是对这位美国国家科学院领军人物的致敬。

致　　谢

报告草案由专业人员以其多元化的视角和各自的技术专长进行评审。本次独立评审的目的是提出公正的批判性意见，以协助机构尽可能准确地发布其研究报告，并确保报告在客观性、证据和对研究责任的响应性方面符合机构标准。为了保护审议过程的完整性，评审意见和相关文稿应严格保密。我们特此感谢下列人士为报告评审工作提供的协助：

Eli Adashi（布朗大学）
George Annas（波士顿大学）
Dana Carroll（犹他大学）
Michael Dahlstrom（爱荷华州立大学）
Hank Greely（斯坦福大学）
J. Benjamin Hurlbut（亚利桑那州立大学）
Maria Jasin（纪念斯隆·凯特琳癌症中心）
James Lawford-Davies（英国 Hempsons 律师事务所）
Andrew Maynard（亚利桑那州立大学）
Krishanu Saha（威斯康星大学）
Fyodor Urnov（阿尔蒂斯研究所）
Keith Wailoo（普林斯顿大学）

尽管上述评审人员提供了大量具有建设性的意见和建议，但无须认可相关结论和建议，也未在报告发布之前看到最终定稿。Harvey Fineberg （摩尔基金会）和 Jonathan Moreno（宾夕法尼亚大学）负责监督本报告的评审工作，确保根据机构程序对本报告进行独立评审，并认真考虑所有评审意见。编著委员会和机构应对本报告的最终内容承担全部责任。

致　谢

[illegible]

Ralph Adolphs（加州理工学院）
Robert Aunger（[illegible]）
Dana Carroll（犹他大学）
Michael [illegible]（[illegible]）
Hank Greely（斯坦福大学）
J. Benjamin Hurlbut（亚利桑那州立大学）
[illegible] Jasanoff（[illegible]）
James Lawford-Davies（[illegible] Hempsons 律师事务所）
Andrew Maynard（亚利桑那州立大学）
Krishanu Saha（威斯康星大学）
Fyodor Urnov（[illegible]）
Keith Wailoo（普林斯顿大学）

[illegible] Harvey Lineberry [illegible] Jonathan Moreno [illegible]

前　　言

基因组编辑是一套比以往策略更准确、更灵活地修改 DNA 的方法，因此被 *Nature Methods* 评选为 2011 年度方法，CRISPR/Cas9 基因组编辑系统则被 *Science* 评为 2015 年度突破技术。该技术可能被应用于基础生物学研究，并将促进人类健康事业的发展，因此在世界范围内引起了广泛关注。但是，各种技术性问题也在发展过程中逐渐显现出来。例如，在避免副作用的同时达到预期结果；治愈患者、预防自身和遗传疾病等一系列用途；甚至是改变与健康需求无关的特性。现在是时候考虑如何解决这些问题了。使用经过编辑的人体细胞的临床试验已经开始，预计未来还将进行更多试验。指导基因组编辑的使用，以广泛促进人类福祉，关键在于审查因此引发的科学、伦理和社会问题并评估监管系统的能力，从而确保其得到负责任的开发和使用。为此，也需要将支持该系统的根本性原则联系起来。

完成这些任务并非易事，因此我们要向加入攻关的委员会成员致以最深的谢意。他们乐于提供帮助，并且以其多元化的视角参与讨论，我们在此感谢他们为这项研究付出的努力及其在过去一年中投入的大量时间和精力，能与之共事令我们感到荣幸之至。此外，众多发言人的投稿也提供了大量信息和见解，他们的陈述和讨论同样为本报告提供了宝贵的参考资料。感谢他们与我们分享其研究结果和观点。最后，我们代表委员会感谢美国国家科学、工程与医学院全体工作人员在整个研究过程中给予的帮助，该项目的成功实施离不开他们的意见和支持，同时也要感谢研究发起者及他们对该项目潜力的远见卓识。

R. Alta Charo 和 Richard O. Hynes（联合主席）

人类基因编辑：科学、医学和伦理委员会

目　录

摘　　要[1]

基因组编辑（Genome editing）[2]是一种功能强大的新工具，可对基因组（机体的一套完整的遗传材料）进行精确的添加、删除和改变。该新方法涉及大范围核酸酶的应用、锌指核酸酶、类转录激活因子效应物核酸酶（TALEN）和最新的CRISPR/Cas9系统，与过去的策略相比，这是一种更加精确、高效、灵活且廉价的基因组编辑方法。伴随这种技术进步，无论是进行基础研究，还是通过治疗或预防疾病和失能来促进人类健康，人们对基因组编辑的应用潜力表现出日益高涨的兴趣。后者的应用潜力更为广泛，其中包括通过编辑体细胞使病变器官恢复正常功能，或是通过编辑人类生殖细胞预防新生儿及其后代的遗传疾病。

正如医学领域取得的其他进步一样，每种应用情况各自都有一系列利益、风险、监管框架、伦理问题和社会影响。与基因组编辑相关的重要问题包括如何在潜在利益和意外伤害风险之间寻找平衡点；如何管理此类技术的应用；如何将社会价值观纳入到显著的临床和政策考虑因素；如何尊重植根于民族文化的不可避免的差异。这些问题有助于针对是否及如何应用此类技术形成正确的观念。

鉴于人类基因组编辑相关的前景和问题，美国国家科学院和美国国家医学院特召集人类基因编辑：科学、医学和伦理委员会开展本报告中记录的研究项目。虽然基因组编辑在农业和非人类动物领域具有一定的应用潜力，但该委员会的主要任务是研究其在人类领域的应用情况。委员会的责任范围包括研究与基因组编辑科学现状相关的因素，此类技术的临床应用潜力，潜在的风险和利益，是否可针对非预期效应制订量化标准，目前的监管框架是否起到了充分的监督作用，以及指导人类基因组编辑监管工作的总体原则。

基因组编辑的应用和政策问题概述

基因组编辑方法基于特异DNA序列的蛋白质识别，如涉及使用核酸酶、锌指核酸酶和TALEN的方法，此类方法的应用已经在人类基因疗法的临床试验中

---

1 本摘要并未包含参考文献。摘要中讨论的内容所引用的信息将呈现在本报告随后的章节中。

2 本报告中使用的术语“基因组编辑”是指通过添加、替换或删除DNA碱基对来改变基因组序列的过程。由于编辑行为可针对不属于基因本身的序列（如调节基因表达的区域），因此该术语因其更加准确的表述而代替“基因编辑”一词。

经过测试。近年来，以此类 DNA 序列的 RNA 识别为基础的系统得到了飞速发展。CRISPR（成簇的规律间隔的短回文重复序列）是指最初在细菌体内发现的重复性短片段 DNA。这些片段为系统的开发提供了基础［该系统结合了与 Cas9（CRISPR 相关蛋白 9——RNA 指导的核酸酶）或类似的核酸酶配对的 RNA 短序列］，并且可随时进行编程以编辑特定 DNA 片段。与之前的基因组改变策略相比，CRISPR/Cas9 基因组编辑系统具有若干明显的优势，在关于如何应用基因组编辑促进人类健康的众多讨论中，该系统一直是人们热议的话题。以大范围核酸酶、锌指核酸酶和 TALEN 的应用为例，CRISPR/Cas9 基因组编辑技术利用产生 DNA 双链断裂的能力，而细胞拥有 DNA 修复机制，能够对基因组做出精确的改变。与其他方法相比，CRISPR/Cas9 是一种更易于使用、更廉价的基因组编辑技术。

这些新的基因组编辑技术能够以极高的频率和准确度对基因组进行精确的改变，这一事实在很大程度上激发了人们应用此类方法研发安全有效的治疗手段的兴趣，这种治疗手段还能提供更多选择，而不仅仅是替换整个基因。目前的可行范围包括插入或删除单个核苷酸、中断基因或遗传因子、产生 DNA 双链断裂、修饰核苷酸或将表观遗传改变为基因表达。在生物医学领域，基因组编辑可用于三大目的：基础研究、体细胞干预和生殖干预。

基础研究可重点关注细胞、分子、生物化学、遗传或免疫机制，包括影响生殖和疾病发生与进展的机制及治疗的反应。此类研究可涉及有关人体细胞或组织的工作，除非其具有揭示可识别生命个体相关信息的附带性效果，否则不应涉及美国联邦法规所定义的人类受试者。虽然部分基础研究使用的是种系细胞（即生殖细胞），包括早期人类胚胎、卵子、精子及产生卵子和精子的细胞，但大部分基础研究均倾向于使用体细胞——非生殖细胞，如皮肤、肝脏、肺和心脏细胞。后一种情况需要针对细胞的收集方式和用途考虑伦理和监管方面的因素，即使此类研究不涉及妊娠，也不会将任何改变传给下一代。

与基础研究不同，临床研究涉及对人类受试者的干预。在美国和其他大多数监管体系较为健全的国家，拟议的临床应用计划必须在完成监督研究之后方可面向患者进行全面推广。目标体细胞基因组编辑的临床应用仅对患者产生影响，并且类似于将基因疗法用于治疗和预防疾病的现有措施，不会对后代产生影响。相反，生殖干预的目的是以影响新生儿及其后代的方式改变基因组。

围绕基因疗法和人类生殖医学提出的一系列伦理、法律和社会问题为考虑与基因组编辑相关的关键议题提供了背景。在进行恰当监督的情况下，基因疗法研究得到了众多利益相关群体的支持。由于 CRISPR/Cas9 等技术提高了基因组编辑的有效性和精确度，它们也因此被开发出至今仍被视为理论层面的应用潜力。通过编辑生殖细胞预防遗传疾病就是一个典型的例子。编辑技术在“增效”（enhancement）（在单纯的修复或保健目的之外做出改变）方面的应用潜力则是另一个不同领域的问题。

由于基因组编辑刚刚从基础研究转向临床应用，因此，目前正是全面评估其在人类领域潜在用途的最佳时机，同时应考虑如何推进和监管此类科学发展。科学的发展速度已经激发了科学家、工业界、健康相关倡导组织及受益于此类进步的患者群体的热情，同时也引发了决策者和其他利益相关团体所担心的问题（如前文所述）。例如，是否拥有适当的制度来管理此类技术？基因组编辑最终应用于实践的方式能否反映出社会价值观？

公众的投入和参与是众多科学和医学进步的重要组成部分。对于具有遗传性（涉及生殖细胞）及专注于非疾病治疗和预防目的的基因组编辑应用方法而言，这种重要性将更加明显。决策者和利益相关团体的实际参与有助于促进透明度、赋予合法性并改进决策水平。从公众信息宣传活动到正式征集公众意见及将民意纳入政策，公众可通过多种方式参与讨论过程。

人类基因组编辑的应用

基因组编辑已被广泛应用于实验室的基础科学研究中，目前主要用于涉及体细胞（非生殖细胞）的临床应用的初期开发阶段；未来可能适用于涉及生殖细胞（产生可遗传变化）的临床应用。

基础科学实验室研究

涉及人体细胞和组织的基因组编辑的基础实验室研究对于促进生物医学的发展发挥着至关重要的作用。利用体细胞进行基因组编辑研究将加深人们对控制疾病发生和进展的分子过程的认识，从而为受影响人群制订更加有效的干预措施。涉及生殖细胞基因组编辑的实验室研究有助于人们了解人类的发育和生育问题，从而为再生医学和生育治疗等领域的发展提供支持。

关于涉及基因组编辑的基础科学研究，其面临的伦理问题与涉及人体细胞或组织的任何基础研究相同，且此类问题已经通过广泛的基础监管措施得到解决。当前系统的局限性（特别是该系统如何解决配子、胚胎和胚胎组织的使用问题）无疑将经历一场持久辩论，但此类法规的有效期已经证明其足以对基础科学研究实施有效的监督。在允许进行此类研究的司法管辖区内，涉及人类配子和胚胎的研究可能需要考虑特殊因素；在此情况下，管理此类工作的现行法规同样适用于基因组编辑研究。总体而言，人类基因组编辑领域的基础实验室研究已经可根据地方、州和联邦层面现行的伦理规范和监管框架进行管理。

有关治疗或预防疾病和失能的体细胞编辑临床应用

最近获批的一项临床试验正是应用基因组编辑改变体细胞以治疗或预防疾病

的标准范例，该试验涉及对化疗和放疗等常规治疗已无反应的癌症晚期患者。在这项研究中，基因组编辑用于编辑癌症患者的免疫细胞。

体细胞是指存在于人体组织中的所有细胞，不包括精子和卵细胞及其前体细胞。这意味着体细胞基因组编辑产生的影响仅限于接受治疗的个体，不会遗传给患者的后代。让体细胞发生基因改变的想法被称为“基因疗法”——这已不属于新兴概念，针对体细胞的基因组编辑应用也是如此。基因疗法一直以来都受到伦理规范的制约，并且已经接受了一段时间的管理和监督，这种经验为针对体细胞基因组编辑建立类似的规范和监管机制提供了指导。

体细胞基因组编辑疗法可以通过多种方式运用于临床实践中。部分应用情形可能涉及从患者体内取出相关细胞（如血液或骨髓细胞），使基因发生特定改变之后，再将这些细胞送回到该患者体内。由于细胞编辑将在体外（*ex vivo*）进行，因此可在为患者替换细胞之前验证其是否已成功进行编辑。部分体细胞基因组编辑也可直接在体内（*in vivo*）完成，具体方法是将基因组编辑工具注入血液或靶器官。然而，体内基因组编辑的有效输送仍然面临着若干技术性挑战。引入体内的基因编辑工具可能无法有效地在目标细胞类型中找到靶基因。因此，其可能收效甚微，或无法对患者的健康产生任何有利影响，甚至还可能造成意外伤害，如在无意中对生殖系细胞产生影响，因此必须对其进行筛查。尽管存在上述挑战，但针对血友病B（hemophilia B）和黏多糖贮积症Ⅰ型（mucopolysaccharidosis Ⅰ）的体内编辑策略临床试验已经在进行之中。

关于采用体细胞基因疗法治疗或预防疾病和失能，与之相关的主要科学、技术、伦理和监管问题仅涉及患者本身。基因组编辑的科学和技术问题（如至今尚不成熟的脱靶问题的衡量和评估标准）可通过持续改进其有效性和准确性来解决，而伦理和监管问题将被视为涉及评估患者预期风险和利益平衡的现有监管框架的组成部分予以考虑。

总体而言，委员会的结论如下：针对人类临床研究、基因转移研究和现有体细胞疗法制定的伦理规范和监管制度适用于管理那些旨在治疗或预防疾病和失能的新的体细胞基因组编辑应用方法。然而，脱靶效应会随着平台技术、细胞类型、靶基因和其他因素的变化而变化。因此，目前无法针对体细胞基因组编辑的有效性或特异性确定单一标准，也无法确定单一的可接受的脱靶率。正如上文所述，由于进行体细胞基因组编辑可采用的方式较多，因此，监管机构在权衡预期风险和利益时应考虑基因组编辑系统的技术环境及拟议的临床应用方法。

生殖细胞编辑和可遗传的变化

虽然已经在动物身上成功地对个体种系（生殖）细胞进行编辑，但在开发该技术并以安全和可预测的方式将其应用于人类领域的过程中，仍需解决若干重大的技术性挑战。尽管如此，单基因突变[3]是大多数遗传疾病的致病原因，因而该技术仍然颇受关注。因此，对携带此类突变基因的个体进行生殖细胞编辑可避免其后代遗传此类疾病的风险。现有技术（如产前或植入前遗传检查）在特定情况下未能发挥作用，或现有技术涉及放弃受影响的胚胎或在产前诊断后需要进行选择性流产，因此在可预见的将来，生殖细胞基因组编辑还不大可能被用来影响此类遗传病的现患率，但可为部分家庭提供最佳和可接受的选择，从而帮助其避免疾病的传播。

但是，生殖细胞编辑同样存在着巨大争议，原因在于由此产生的基因变化将遗传给下一代，因此，这项技术将跨越多数人认为的伦理学上不可逾越的界限。通过生殖细胞基因组编辑产生可遗传变化的可能性将人们的关注重点从个体层面转向更为复杂的技术、社会和宗教问题，如干预程度的适当性及此类变化对先天残疾儿童接受度的潜在影响。该领域的政策需要仔细权衡文化规范、儿童的身心健康、父母的自主权及监管体系防止不当应用或滥用的能力。

鉴于该技术所涉及的技术和社会问题，委员会的结论如下：允许就生殖细胞基因组编辑开展研究试验，但是，必须进行更多试验以满足授权临床试验的现有风险/利益标准，同时提出令人信服的理由并接受严格的监管。关键在于以谨慎的态度对待这项研究，并且应根据广泛的公众意见推进研究进程。

在美国，由于美国食品药品监督管理局（FDA）禁止使用联邦资金审查“有意创造或修改人类胚胎以使其包含可遗传基因修饰的研究”[4]，因此，美国当局目前无法审议该研究的相关提案。在其他一些国家，生殖细胞基因组编辑试验完全被禁止，如果美国取消对此类试验的限制规定，或者法律并未禁止国家继续进行此类试验，则必须在最具说服力的情况下开展试验，并确保其接受监管框架的全面约束，以保护研究对象及其后代，并且应制定相应的保障措施，防止此类试验延伸至缺乏必要性或了解程度不足的领域。尤其需要注意的是，只能在监管框架允许的范围内应用可遗传生殖细胞编辑技术开展临床试验，该监管框架应包含下列标准和结构：

- 不存在其他合理的备选方案。
- 预防严重疾病或病症的限制。
- 编辑已证明可引起疾病或对疾病有强烈易感性的基因的限制。
- 将此类基因转变为在人群中普遍存在且与普通健康问题相关的版本，且几乎无证据证明其存在不良反应的限制。
- 已针对该程序的风险和潜在的健康益处获得可靠的临床前和（或）临床数据。

---

3 OMIM（在线人类孟德尔遗传数据库），https://www.omim.org［访问时间：2017 年 1 月 5 日］，遗传联盟 http://www.diseaseinfosearch.org［访问时间：2017 年 1 月 5 日］。

4《2016 年综合拨款法案》，第 114～113 号公法（于 2015 年 12 月 18 日正式通过）。

- 在临床试验期间就该程序对受试者健康和安全的影响持续进行严格的监督。
- 针对长期的多代后续试验制订综合计划，同时尊重个人的自主性。
- 在确保透明度最大化的同时保护患者隐私。
- 持续评估健康和社会利益及风险，确保持续、广泛的公众参与和投入。
- 通过可靠的监督机制防止其用于预防严重疾病或病症以外的目的。

即使是支持这一建议的群体也不可能通过相同的推理满足上述标准。对于那些认为利益足以令人信服的人群而言，上述标准代表着在谨慎注意和负责任的科学框架内促进福利的承诺。而那些尚未完全相信利大于弊的人则可能会得出这样的结论：在得到恰当实施的情况下，此类严格标准已足以预防他们担心的伤害问题。需要特别注意的是，嵌入此类标准的“合理备选方案”和“严重疾病或病症”等概念必然存在一定的模糊性。不同的社会将根据其多元化的历史、文化和社会特征来解释这些概念，同时还将考虑公众及相关监管机构的意见。同样，医生和患者将根据独立个案（生殖细胞基因组编辑可能会被视为可选项）的具体情况对其进行解释。对此类概念的定义可从若干出发点开始，如美国食品药品监督管理局使用的“严重疾病或病症”的定义[5]。最后，反对生殖细胞编辑的人们甚至有可能得出以下结论：在恰当实施的情况下，上述严格标准将阻止所有涉及生殖细胞基因组编辑的临床试验。

通过基因组编辑达到“增效”效果

尽管目前围绕基因组编辑的讨论主要集中于如何利用此类技术治疗或预防疾病和失能，但这种公开辩论的某些方面也涉及其他目的，如使身体特性和能力超出标准健康水平的可能性。在理论上，为了达到“增效”效果而进行的基因组编辑可涉及体细胞和生殖细胞。此项技术在该领域的应用也引发了有关公正性、社会规范、个人自主性及政府角色的问题。

首先，必须确定“增效”的含义，因此需要考察各种利益相关团体如何界定“正常”一词。例如，通过基因组编辑降低高胆固醇人群的胆固醇水平会被视为预防心脏病的一种手段，但利用该技术将胆固醇维持在理想范围之内并非易事，且干预措施也可能有别于目前使用的他汀类药物。同样，通过基因组编辑改善肌营养不良患者的肌肉组织会被视为一种修复性治疗，但对于无已知病理且具备普通能力的个体而言，基因组编辑仅仅是为了使其在“正常”范围内变得更加强壮，因此会被视为“增效”手段。

---

5 由于并未考虑上述标准，美国食品药品监督管理局对“严重疾病或病症”的定义是“与对日常功能产生重大影响的发病率有关的疾病或病症。短暂和自限性疾病的发病率通常并不充分，但如果是持续或复发的情况，则发病率无须具备不可逆转性。疾病或病症的严重与否需要根据其对生存率、日常功能等因素的影响做出临床判断，如果不加以治疗，该疾病的程度将从较轻发展为较重。”［21 CFR 312.300（b）（1）］。

撇开具体定义不谈，公众仍然对利用基因组编辑达到“增效”作用表现出了焦虑和不安，无论是担心加剧社会的不平等现象，或是因使用人们不愿意选择的技术而造成社会压力。正是由于在主观因素的强烈影响下难以评估“增效”手段为个体带来的益处，因此需要根据公众讨论分析监管风险/利益，从而为研究或上市问题的审批提供决策基础。此外，公众讨论还有助于了解实际和预期的社会影响，以便针对此类应用情形制定相应的监管政策。委员会建议，目前尚不应针对治疗或预防疾病和失能以外的目的进行基因组编辑，并且在决定是否或如何就此类应用方法进行临床试验之前，公众讨论仍然是必不可少的重要环节。

公众参与

公众参与一直以来都是新技术监管工作的重要组成部分。如上文所述，对于体细胞基因组编辑而言，在考虑是否应针对治疗或预防疾病和失能以外的目的（如“增效”目的）批准进行临床试验之前，具有透明度和包容性的公共政策辩论是必不可少的环节。就可遗传的生殖细胞编辑而言，广泛的公众参与和意见及对健康和社会利益与风险的持续评估是批准临床试验的重要条件。

目前，美国监管体系已经纳入了一系列公众交流和咨询机制，其中包括专为基因疗法（涉及人类基因组编辑）制定的相关机制。在特定情况下，监管规则和指导文件只有在广泛征求公众和机构意见之后方可正式发布。州和联邦级的各个生物伦理委员会负责促成公众讨论，此类委员会通常将技术专家和社会科学家召集到公开会议中。美国国立卫生研究院重组 DNA 咨询委员负责为基因疗法的公众讨论提供活动场所，以便审查特定方案并向监管部门传达咨询意见。其他国家（如法国和英国）均有涉及正式投票或听证会的相关机制，以确保听取不同的意见。

人类基因组编辑监管原则

委员会的主要职责之一是确定可供大多数国家使用的人类基因组编辑监管原则。辅文 S-1 详述了该委员会制定的原则。委员会建议，任何考虑对人类基因组编辑进行监管的国家均可将此类原则及由此产生的责任纳入到其监管结构和流程。

辅文 S-1

人类基因组编辑监管原则

1. 促进福祉：促进福祉原则支持为受影响人群提供福利并预防对其造成的伤害，即生命伦理学文献中提及的有利和无害原则。

贯彻这一原则应承担的责任包括：①人类基因组编辑的应用应当促进个体的健康和福祉，如治疗或预防疾病，同时在早期应用阶段将个体因高度不确定性所面临的风险最小化；②对人类基因组编辑的任何应用方法均应确保风险与利益的合理平衡。

2. 透明度：透明度原则要求以易于利益相关者获得和理解的方式公开和共享信息。

贯彻这一原则应承担的责任包括：①尽可能及时且充分地披露相关信息；②针对与人类基因组编辑及其他创新和颠覆性技术相关的决策过程开展有意义的公众参与活动。

3. 谨慎注意：谨慎注意原则要求谨慎仔细地对待参与研究或接受临床护理的患者，且仅在拥有充分和可靠证据的情况下以认真严谨的态度开展研究。

贯彻这一原则应负的责任包括：在适当的监督下以谨慎的态度逐步采取行动，根据未来的进展和文化观点多次进行重新评估。

4. 科学诚信：科学诚信原则要求遵守“从实验室到临床”的最高研究标准，确保研究过程与国际和专业规范保持一致。

贯彻这一原则应负的责任包括：①优质的实验设计和分析；②对研究方案和所得数据进行适当的审查和评估；③透明度；④纠正错误或带有误导性的数据或分析。

5. 尊重人格：尊重人格原则要求认可所有个体的人格尊严，承认个人选择的重要性并尊重个人决定。无论其遗传质量如何，所有人均拥有同等的道德价值。

贯彻这一原则应负的责任包括：①承诺所有个体的平等价值；②尊重和鼓励个人决策；③承诺防止再次发生过去实施的优生学滥用情况；④承诺不得污蔑残障者。

6. 公平：公平原则要求以相同的方式对待相同的病例，并且应公平分配风险和利益（分配公正）。

贯彻这一原则应负的责任包括：①公平分配研究责任和利益；②广泛和公平获取人类基因组编辑临床应用所带来的益处。

7. 跨国合作：跨国合作原则要求在尊重不同文化背景的前提下采用合作方式进行研究和监管。

贯彻这一原则应负的责任包括：①尊重不同国家的政策；②尽可能协调监管标准和程序；③在不同的科学团体和监管机构之间进行跨国合作和数据共享。

建议

鉴于上文详述的考虑因素，委员会针对基础研究和临床应用（包括体细胞和生殖细胞）提出了一系列建议。辅文 S-2 对此类建议的关键信息进行了总结。

辅文 S-2

人类基因编辑的监管和应用：建议摘要

全球研究和临床应用原则

考虑并应用有关人类基因组编辑的全球监管原则（2.1）

促进福祉

透明度

谨慎注意

科学诚信

尊重人格

公平

跨国合作

基础实验室研究

利用现有监管程序监督有关人类基因组编辑的实验室研究（3.1）

体细胞基因组编辑

利用现有人类基因疗法监管程序监督人类体细胞基因组编辑的研究和应用（4.1）

将临床试验或治疗方法限于治疗或预防疾病和失能（4.2）

根据预期用途的风险和利益评估安全性和有效性（4.3）

在推广使用之前应广泛征求公众意见（4.4）

生殖细胞（遗传）基因组编辑

允许进行临床试验的情况仅限于令人信服的与治疗或预防严重疾病或失能相关的目的，并且应采用严格的监管体系确保其应用过程符合特定标准（5.1）

增效

目前尚不应针对治疗或预防疾病和失能以外的目的进行基因组编辑（6.1）

关于非疾病治疗和预防目的的人类体细胞基因组编辑，应针对其应用情况开展公众讨论和政策辩论（6.2）

公众参与

在将人类基因组编辑扩展至治疗和预防疾病之外的任何临床试验之前，应首先广泛征求公众意见（7.1）

在对可遗传的生殖细胞编辑开展任何临床试验之前，应持续进行重新评估并开展公众参与活动（7.2）

将公众参与纳入到与“增效”相关的人类基因组编辑决策的过程中（7.3）

在资助基因组编辑研究时，应考虑纳入与提升公众参与度相关的策略研究（7.4），并且应对人类基因组编辑技术的伦理、法律和社会影响进行长期评估（7.5）

1 引　　言

基因组编辑[6]是一种功能强大的新工具，可对基因组（机体的一套完整的遗传材料）进行精确的添加、删除和改变。新方法涉及大范围核酸酶的应用、锌指核酸酶、类转录激活因子效应物核酸酶（TALEN）和最新的 CRISPR/Cas9 系统，与过去的策略相比，这是一种更加精确、高效、灵活且廉价的基因组编辑方法。伴随着这种进步，人们对基因组编辑的应用潜力表现出日益高涨的兴趣，无论是进行基础研究，还是通过治疗或预防疾病和失能来促进人类健康。后者的可能性更为广泛，其中包括通过编辑体细胞使病变器官恢复正常功能，或通过编辑人类生殖细胞预防新生儿及其后代的遗传疾病。

正如医学领域取得的其他进步一样，每种应用情况均有一系列利益、风险、监管框架、伦理问题和社会影响。与基因组编辑相关的重要问题包括如何在潜在利益和意外伤害风险之间寻找平衡点；如何管理此类技术的应用；如何将社会价值观纳入到显著的临床和政策考虑因素中；以及如何尊重植根于民族文化的不可避免的差异，这些问题有助于针对是否及如何应用此类技术形成正确的观念。

鉴于人类基因组编辑相关的承诺和问题，美国国家科学院（NAS）和美国国家医学院（NAM）[7]特召集人类基因编辑：科学、医学和伦理委员会开展本报告中记录的研究项目。虽然基因组编辑在农业和非人类动物[8]领域具有一定的应用潜力，但该委员会的主要任务（参阅辅文 1-1）是研究其在人类领域的应用情况[9]。

---

6 本报告中使用的术语“基因组编辑”是指通过添加、替换或删除 DNA 碱基对来改变基因组序列的过程。由于编辑行为可针对不属于基因本身的序列（如调节基因表达的区域），因此该术语以其更加准确的表述代替“基因编辑”一词。

7 在本报告中，凡提及的其他国家学术机构，NAS 和 NAM 均是指国家科学院或美国国家医学院。NAM 在 2016 年之前被称为医学研究所（IOM）。

8 关于有意改变植物和非人类动物的基因组 DNA，美国食品药品监督管理局于 2017 年 1 月针对其监管途径颁布了指导草案修订版。该指导文件不影响人类应用领域（人类药物、装置和生物制剂）的监管途径。参阅“关于有意改变动物基因组 DNA 的 FDA 监管条例——指导草案”（2017 年 1 月），网址 http://www.fda.gov/downloads/AnimalVeterinary/GuidanceComplianceEnforcement/GuidanceforIndustry/ ucm113903.pdf［访问时间：2017 年 1 月 30 日］和“食用植物新品种的基因组编辑”（请求评论），网址 https://www.regulations.gov/document?D=FDA-2016-N-4389-0001［访问时间：2017 年 1 月 30 日］。

9 各联邦政府部门和机构的监管职能及生物技术应用的总体监管框架请参阅《生物技术产品监管体系现代化：2017 年更新的生物技术监管协调框架最终版本》（2017 年 1 月 4 日）和《国家生物技术产品监管体系现代化战略》（2016 年 9 月）。网址 https://obamawhitehouse.archives.gov/blog/2017/01/04/increasing-transparency-coordination- and-predictability-biotechnology-regulatory［访问时间：2017 年 1 月 30 日］。

委员会的责任范围包括研究与基因组编辑科学现状相关的因素，此类技术的临床应用潜力，潜在的风险和利益，是否可针对非预期效应制订量化标准，目前的监管框架是否起到了充分的监督作用，以及指导人类基因组编辑监管工作的总体原则。

辅文 1-1

任务声明

该研究探讨的是将人类基因组编辑应用于生物医学研究和医学领域所产生的临床、伦理、法律和社会影响，同时还将解决与人类基因编辑（包括人类生殖细胞编辑）相关的下列问题。

1. 人类基因编辑技术的科学现状，以及该研究在未来可能面临何种发展趋势和挑战？

2. 哪些潜在的临床应用方法可用于治疗人类疾病？是否存在其他备选方法？

3. 关于人类基因编辑技术，有哪些已知的功效和风险？哪些研究可在降低风险的同时提高人类基因编辑的特异性和有效性？基因编辑技术的进一步发展能否在降低患者安全隐患的情况下被引入到其他潜在的临床应用领域中？

4. 是否应当制订明确的科学标准以量化脱靶基因组改变？如果制订此类标准，应如何将其用于治疗人类疾病？

5. 现行的伦理和法律标准是否足以解决人类基因编辑（包括生殖细胞编辑）所带来的问题？如果将目前和预期的基因编辑技术应用于人类领域，将引发何种伦理、法律和社会影响？

6. 应采用何种原则或框架对人体细胞和人类生殖细胞编辑进行适当的监督？如何通过此类原则或框架判断是否应继续将基因编辑技术应用于人类领域？如何判断应继续还是停止在人类领域采用何种应用方法？应实施哪些保障措施确保以适当的方式研究和应用基因编辑技术？

7. 提供针对如何在国际背景下解决此类问题的范例。协调政策的前景如何？不同司法管辖适用的方法中有哪些可以借鉴的经验？

委员会将解决这些问题并编写一份包含研究结果和建议的报告。该报告将提供一套以基本原则（任何考虑制定准则的国家可能适用或采用的原则）为基础的框架。此外，该报告还将重点讨论美国的建议。

研究背景

NAS 和 NAM 人类基因编辑计划

考虑到基因组编辑的前景及相关的监管和伦理问题，NAS 和 NAM 制订了一项计划，旨在更加深入地探索此类问题，并就如何解决此类问题在美国和全球范围内展开对话。人类基因编辑计划的第一项活动是美国国家科学院、英国皇家学会和中国科学院联合举办的人类基因编辑国际峰会。这次为期 3 天的活动探讨了人们在基因组编辑工具开发过程中取得的一系列科学进展、此类工具在人类患者领域的潜在医疗用途及应用此类工具可能带来的伦理和社会问题。组织委员会在一份声明中对此次会议达成的结论进行了总结（NASEM，2016d）。委员会主席 David Baltimore 也指出："希望我们的讨论能够为全球范围内更有意义的持续性对话提供基础（NASEM，2016d）。"三个主办国家均对这份声明表示支持，该声明呼吁继续推进基因编辑研究，进一步考虑与遗传变异相关的研究，并持续就该议题开展公众讨论[10]。此次峰会及 NAS 和 NAM 就相关议题开展的其他研究活动均为该研究提供了重要的参考信息（参阅辅文 1-2）。

辅文 1-2

NAS 和 NAM 的相关研究

非人类生物体的基因组编辑

由于 CRISPR/Cas9 系统等基因组编辑方法仅仅是一种工具，因此可通过无数方式将其应用到使实验室细胞、微生物细胞、非人类生物体细胞或人类受试者细胞发生遗传变异的过程中。本次研究重点关注人类基因组编辑的应用，是美国国家研究员更广泛的审查工作的组成部分，其审查内容是基因组编辑在若干应用领域中产生的影响，此类应用领域还包括解决以下项目。

- 基因工程作物：经验和前景——本报告涉及基因工程食用作物的安全、环境、法规和其他问题。此类作物可通过多种方法进行生产，其中包括新的基因组编辑工具（NASEM，2016c）。
- 基因驱动初露端倪：推动科学发展、指引方向、确保研究与公共价值观保持一致——本报告重点关注由 CRISPR/Cas9 技术支持的特定应用领域，该技术允许遗传变异在缺乏选择优势的情况下在特定种群中传播。该技术不

10 美国国家科学院院长 Ralph J. Cicerone、美国国家医学院院长 Victor J. Dzau、中国科学院院长白春礼和英国皇家学会会长 Venki Ramakrishnan 联合发表的声明。网址 http://www8.nationalacademies.org/onpinews/newsitem.aspx?RecordID=12032015b［访问时间：2017 年 1 月 24 日］。

适用于所有物种，最常用于媒介昆虫控制等用途。可遗传基因变异通过生态系统传播的能力引发了一系列复杂的科学、伦理和监管问题（NASEM，2016b）。

- 关于通过基因编辑修改动物基因组的研讨会：科学与伦理考量［实验动物资源研究所（ILAR）圆桌会议］——基因组编辑工具可用于制作实验动物模型，以便更好地研究疾病，同时也可用于繁殖带有预期特性的家畜。该研讨会探讨了基因组编辑在动物领域的应用方法及相关的伦理和监管考量[a]。
- 未来生物技术产品和强化生物技术监管体系的机遇——由于可利用生物技术创造的产品种类不断得到拓展，此类产品将在数十年前制定的初始监管框架内进行评估。这项研究正在审查美国监管体系可能需要的能力和专业知识，以便评估和监管可能通过多种技术（包括基因组编辑）创造的未来产品。该研究并未涉及人类药物或医疗器械的开发和监管问题[b]。

有关临床研究和应用方法的其他研究

美国国家科学院最新的其他几篇报告并不针对基因组编辑，而是与其所有临床应用讨论相关。

- 临床基因转移研究方案的监督与审查：评估重组 DNA 咨询委员会的作用——该报告探讨了美国重组 DNA 咨询委员会（RAC）的作用，并且建议其以更加审慎的方式行使咨询权以审查特定研究方案，此外，该报告还建议委员会重点关注新颖的应用方法，或者为有关治疗方法的广泛公众辩论提供场所（IOM2014）。
- 线粒体替换技术：伦理、社会和政策考量——分析与配子或胚胎线粒体 DNA 变化相关的特殊机会和关切问题（NASEM，2016e）。
- 胚胎干细胞研究指导原则（IOM，2005；NRC 和 IOM，2007，2008，2010）概述了监管环境，并且为引发公众关注和争议的新兴技术提供了行业自治发展蓝图。

有关公众参与和科学传播的研究

- 有效的科学传播——一项研究议程发现，鲜少有人仅仅根据科学信息做出决定；他们也会考虑自己的目标和价值观，而专注于知识本身并不足以实现传播目标（NASEM 2016a）。
- 公众参与环境评估与决策（NRC 2008）——描述了公众参与以何种方式提高决策质量及合法性，并增进各方之间的信任和理解。
- 了解风险：在民主社会中做出明智决策——阐述了如何通过风险特征描述对有待解决的问题和受影响各方的利益做出响应（NRC，1996）。

上述研究与国家研究院的人类基因编辑计划相呼应，并且代表了为探索基因组编辑潜在用途引发的科学、伦理和监管问题所做的努力。

a. ILAR 圆桌会议——通过基因编辑修改动物基因组：科学与伦理考量。网址 http://nas-sites.org/ilar-roundtable/roundtable-activities/gene-editing-to-modify-animal-genomes-for-research［访问时间：2016 年 10 月 21 日］。

b. 未来生物技术产品和强化生物技术监管体系的机遇。网址 http://nas-sites.org/biotech［访问时间：2016 年 10 月 21 日］

召集该委员会的目的在于持续推进国际峰会发起的对话，并进行为期一年的深入共识研究。正如其任务声明所述（参阅辅文 1-1），该委员会审查了人类基因组编辑技术的科学现状、应用潜力及在确定此类强大新工具监管方式的过程中需要考虑的伦理问题。本报告属于研究成果，与所有其他研究院的共识研究一样，需由独立的专家小组进行同行评审。中国科学院和英国皇家学会的其他活动包括 2017 年在中国举行的另一次国际峰会。

背景

美国和国际政策讨论

参与此类工具开发并推进其临床应用的科学团体成员是最早呼吁对基因组编辑技术的影响进行详细研究的群体。2015 年，包括 CRISPR/Cas9 开发人员在内的一组研究员和伦理学家在加利福尼亚州纳帕县召开会议，并在随后提出一项倡议，号召全球科学团体共同探索人类基因组编辑技术的性质，并就其可接受的用途提供指导（Baltimore 等，2015）。同年，各类学术期刊和大众媒体发表的一系列文章和评论使人们开始关注 CRISPR/Cas9 和类似基因工具可能带来的科学和伦理挑战（Bosley 等，2015；Editing Humanity，2015；Lanphier 等，2015；Maxmen，2015；Specter，2015）。

各大专业机构、国际组织及美国国家科学院和美国国家医学院就其适当用途（特别是创造可遗传基因修饰的可能性）发布了一份声明，进一步提高了社会各界对基因组编辑技术的重视程度。其中包括英国医学科学院和若干合作伙伴，欧洲科学和新技术伦理小组（欧洲委员会主席的咨询机构），欧洲理事会及国际干细胞研究学会（AMS 等，2015；Council of Europe，2015；EGE，2016；Friedmann 等，2015；Hinxton Group，2015；ISSCR，2015）。联合国教育、科学及文化组织（UNESCO，2015）在最新发布的指南中反映了基因组编辑技术取得的进展。其他机构也发起了各类活动，以更加详细地研究基因组编辑带来的影响，其中包括法国国家医学科学院（ANM，2016），法国国立卫生和医学研究所（INSERM；Hirsch 等，2017），柏林-勃兰登堡科学和人文科学院（BBAW，2015），德国国家科学院联合德国科学与工程研究院（德国国家科学与工程研究院："acatech"），德国科学与人文院联合会及德国研究基金会（Leopoldina，2015），欧洲医科院联盟，英国医学科学院（FEAM 和 UKAMS，2016），荷兰皇家艺术与科学院（KNAW，2016），纳菲尔德生物伦理委员会（Nuffield，2016b）及其他相关机构（参阅辅文 1-3）。

辅文 1-3

来自世界各国的呼声——持续推进研究并开展公众讨论

中国、英国和美国

“这是人类历史上的一个重要时刻，我们有责任向社会各界提供有关这项技术的决策依据，特别是对后代产生影响的应用方法。”（NASEM，2016d）

法国

“我们提出的建议包括建立一个由不同学科专家组成的欧洲专家委员会，以评估 CRISPR/Cas9 的应用范围、功效和安全性，并且审查有关生殖细胞基因修饰的所有禁令。”（Hirsch et al，2017）

“作为针对所有医疗技术进行的广泛讨论的组成部分，（我们建议）就生殖细胞和胚胎基因组编辑技术对胎儿和后代基因组的影响针对该技术带来的问题展开多学科讨论。”（ANM，2016）

德国

“关键在于通过客观的辩论以明确、透明的方式让所有利益相关群体了解该技术的研究和发展状态，并确保基于合理的科学依据做出任何决策。”（Leopoldina，2015）

荷兰

“公众讨论将为患者、医疗服务提供方和社会提供争议性问题的讨论机会，以及基于日益增强的科学洞察力评估生殖领域的潜在应用风险、优势和条件，从而为进一步制定良好实践和相关法规提供机会。”（KNAW，2016）

英国

“在早期阶段，应当积极与全球范围内的各类利益相关群体进行接触，包括但不限于生物医学和社会科学家、伦理学家、医疗保健专业人员，研究资助者、监管机构、受影响患者及其家属，以及更广泛的公共群体。”（AMS 等，2015）

技术

新工具或经过改良的工具可研究新问题并生成新的解决方案，由此达到促进科学进步的目的。在健康和医疗领域，科学家和临床医生长期以来试图运用分子生物学技术来了解基础生物学（包括胚胎发育、生理学、免疫和神经系统）及治疗和预防疾病。关于遗传学在镰状细胞贫血、肌营养不良和囊性纤维化等疾病及耳聋、身材矮小和失明等病症方面的作用，其阐述已经取得了较大进展。大多数此类疾病和病症的发生均涉及遗传因素。部分疾病的起因是单纯的单基因变异，但大多数疾病涉及遗传、环境和其他尚未完全了解的因素之间复杂的相互作用。此外，基因序列本身仅构成生物学全景的一部分。关于如何及何时发挥和抑制基因（包括表观基因组[11]）的作用，应继续积极探索相关的监管方式。受控基因表达和表观遗传改变可影响组织的发育和分化，以及癌症和胚胎发育等领域的临床后果。

支持研究人员改变 DNA 序列以理解或改善其功能的工具已非新鲜事物。然而近年来，一系列基因组编辑工具已经取得了较大发展，人们可通过更加简便的方法更好地控制细胞内 DNA，并对其进行更加精确的修改。此类工具基于在特定切点切割 DNA 的外源酶，并结合修复受损 DNA 的内源过程，可对遗传密码子进行添加、修改或删除操作。该技术迅速得到研究实验室的采用，并且在进一步调整之后被用于解决其他科学挑战，由此反映出基因和基因组编辑技术在科学和临床领域的强大功能。

基于核酸酶的基因组编辑方法最早被用于通过蛋白质靶向识别特异 DNA 序列：归巢核酸酶（也称为大范围核酸酶）、ZFN 和 TALEN。然而，基于 RNA 的靶向方法取得的最新进展极大地简化了基因组编辑过程。2012～2013 年出版的有关该主题的第一份刊物解释了 CRISPR/Cas9 系统如何利用细菌的天然防御机制抵抗病毒感染，从而控制任何 DNA（包括人体细胞）的遗传变异（Cho 等，2013；Cong 等，2013；Jinek 等，2012，2013；Mali 等，2013），这是一种颠覆性的进步。这些方法已被世界各地的科学家迅速采用，并极大地加快了基础研究的速度，包括改变实验室细胞以研究特定基因的功能，开发利用干细胞或实验动物研究人类疾病的模型，创造转基因植物和动物以改善食品生产质量，开发可用于人类领域的治疗用途。基因组编辑已迅速发展成为研究实验室和生物技术公司最有价值的核心技术，并且已进入临床试验阶段（如 Cyranoski，2016；Reardon，2016；Urnov 等，2010）。

问题

个体层面的关切问题

与其他类型的医疗干预措施一样，基因组编辑是否可用于患者在很大程度上取决于治疗方法的安全性和有效性，同时应评估与不良反应相对的预期利益是否

11 术语“表观基因组”指对基因组 DNA 及在染色体中结合以影响基因表达方式的蛋白质和 RNA 进行的一组化学修饰。

合理。基于基因组编辑技术的治疗方法旨在对影响其靶标功能的 DNA 特定部分进行可控修饰，同时避免改变其他不需要改变的部分。后一种被称为脱靶事件的变化，其可能会产生并不明显但具有其他危害性的后果，具体取决于其所处的位置和效果。人类基因组编辑从整体上提出了研究和开发新疗法过程中最常见的问题：此类技术适用于哪些病症或疾病？如何识别和评估脱靶事件及其他潜在的副作用？哪一类患者最适合参与研究？正如本报告所述，与基因编辑组相关的个体层面的关切问题，美国和其他许多国家已经拥有解决此类问题的监管体系，但仍然存在改进的空间。

社会层面的关切问题

基因组编辑的应用同样面临着重大的社会问题，具体取决于该技术预期的应用领域。基因组编辑疗法的效果不可遗传且仅限于患者本身，与传统药物或医疗器械的治疗效果并无较大差异。相比之下，产生可能遗传给后代的变异则引发了一系列问题。例如，可在何种程度上对预期编辑行为的长期影响做出预测？人类有意改变其遗传趋势的行为是否恰当？（Frankel 和 Chapman，2000；Juengst，1991；Parens，1995）。此外，确定通过基因组编辑技术增加的应用范围将对传统的观念（关于构成疾病或失能的因素）提出新的挑战。关于旨在提高人类能力的基因组编辑干预措施，社会层面的关切问题尤为突出。此类应用方法也引发了有关如何界定和促进公平与公正的问题（President’s Council on Bioethics，2003）。此外，与其他遗传技术一样，基因组编辑技术的此类应用方法可能会引发人们对于过去实施的强制性和虐待性优生计划（基于错误的科学依据且服务于歧视性政治目的）的担忧（Wailoo 等，2012）。

关注安全性和有效性之外的问题

虽然围绕基因组编辑的争论已非新鲜事，但过去用于人类细胞基因修饰的工具耗时较长、应用难度大且成本高昂，因而无法将其用于除特殊医疗用途之外的目的。最新的基因组编辑技术（特别是 CRISPR/Cas9 系统）在很大程度上拓展了应用潜力和潜在的使用者群体。此类技术的快速发展和应用也缩短了相关问题（确定或制定适当的监管结构）的讨论时间。随着此类技术的安全性和有效性不断得到提高，关键问题已不再是科学家或临床医生能否利用基因组编辑做出某种改变，而是是否应该做出此类改变。生物黑客和 DIY 生物学团体已经针对“自己动手改造基因（DIY 编辑）”和基因组编辑工具在非人类生物体中的应用展开讨论（Brown，2016；Ledford，2015）。关于该技术在人类领域的合理应用方法，最棘手的问题不仅仅涉及科学因素，也越来越多地涉及个体风险和利益之外的衡量因素（NRC，1996）。

基因组编辑应用的监管方式应当以该技术的科学和伦理问题为基础，从而确保其得到适当的应用，并避免出现滥用现象。该技术的应用限制和实施此类限制规定所需的监管机制应根据每个国家的文化、政治和法律环境而做出改变。但是，关于是否及如何推动人类基因组编辑技术向前发展，这个问题的答案将对跨国科研合作产生影响，因此需要在决策过程中持续开展公众讨论并采纳合理意见。科学家和其他利益相关群体对此类活动的参与已有大量先例可供借鉴，本报告建立在若干国际公约和声明提出的观点之上，如《奥维耶多公约》（1997 年）、《国际人类基因数据宣言》（2003 年）和《世界生物伦理与人权宣言》（2005 年）（Andorno，2005；UNESCO，2004a，2005）。

研究方法

为了完成辅文 1-1 所述的综合性任务，委员会招募的成员应在基础和临床研究、人类基因疗法及美国和国际法律与监管框架方面具备丰富的专业知识，其中包括生物学家、生物伦理学家和社会科学家，并且包含可能受影响的患者和利益相关团体的观点。由于人类基因组编辑引发的伦理和社会问题已超越国界，因此除了美国之外，委员会还包括来自加拿大、中国、埃及、法国、德国、以色列、意大利、西班牙和英国的成员。委员会成员的简历请参阅附录 D。

除了在第一次委员会会议之前举办的国际峰会（如前文所述），各类重要文献、其他会议和慷慨分享其知识的发言人均为此项研究提供了宝贵的参考资料。委员会开展此项研究的详细过程请参阅附录 C。

在评估新基因组编辑工具带来的影响时，委员会还回顾了科学进展、道德争论及监管结构（关于在人类领域应用辅助生殖技术、干细胞治疗、基因转移和线粒体替换等医疗新技术）。由于干细胞编辑在治疗或预防疾病方面具有一定的应用潜力，且生殖技术必须与基因组编辑技术相结合方可用于后者的任何可遗传应用领域，因此，此类新技术应与基因组编辑领域的新技术紧密配合。随着此类技术的不断进步，相关的法律和监管框架及道德行为规范也应运而生，以期为此类技术在人类领域的应用和监督提供指导（Health Canada，2016；HFEA，2014；IOM，2005；NASEM，2016e；NRC 和 IOM，2007，2008；Nuffield Council，2016a；Präg 和 Mills，2015；Qiao 和 Feng，2014）。此处引用的报告将为委员会提供理论依据，以便其评估基因组编辑工具在人类领域的应用情况，随后的章节将在相应的情况下引用此类报告。

报告结构

本报告首先回顾了委员会针对人类基因组编辑采纳的一套总体监管原则中所体现的国际规范（第 2 章）。本章节概述了美国就基因组编辑的研究和临床应用制定的法规，并在适当的情况下将其他国家的监督体系进行比较。

第 3～6 章在此类原则和法规的基础上深入探讨了人类基因组编辑技术及 4 种具体应用方法的科学问题、监管环境和伦理内涵。第 3 章介绍了针对体细胞进行的实验室研究和针对人类生殖细胞、配子或早期胚胎进行的不可遗传实验室研究。第 4 章考察了基因组编辑在体细胞干预措施方面的应用情况（主要用于胎儿治疗等治疗方法）。第 5 章介绍了基因组编辑技术在生殖细胞中的应用情况（涉及人类患者的潜在研究和临床治疗应用）。第 6 章讨论了人类基因组编辑在提高人体机能方面的潜在用途（非治疗或预防疾病和失能）。

随后（第 7 章）对此类应用类别进行了分析，并讨论了公众意见在美国和其他国家确定基因组编辑技术监管原则的过程中所发挥的作用。此外，该章还提出了针对不同的基因组编辑应用类别开展公众参与活动的建议，并探讨了潜在参与模式的优势和局限性。

最后，第 8 章再次总结了在人类基因组编辑背景下产生的一套总体原则和一系列责任。该章根据此类基本概念对报告的结论和建议进行了汇总。

2 人类基因组编辑的监督体系和总体监管原则[12]

人类基因组编辑的监督体系应符合基因疗法的总体监督框架。该框架被嵌入到更大背景下的国际惯例和人权保护规范及（更确切地说）涉及人类受试者和临床护理的研究中。根据此类国际文书可以推论出在美国和全球范围内普遍适用的基因组编辑监管原则，这类原则在各国具体采用的法定条例和监管规则中均有体现。

本章首先阐述了研究委员会采纳的以此类国际文书和国家法规为基础的人类基因组编辑总体原则，此类原则为本报告提出的结论和建议提供了理论依据。之后，本章深入介绍了美国对基因转移研究和治疗方法的监管原则，并简要回顾了其他国家采用的替代方法（部分内容将在附录 B 中进行更深入的探讨）。关于美国的监督体系是否足以应对基因组编辑引发的具体技术和伦理问题，第 3～6 章将得出结论。

人类基因组编辑监管原则

路易斯•巴斯德曾经说过："科学无国界，因为知识是属于全人类的遗产。"然而，虽然科学具有全球性的影响力，但其同时也在各种不同的政治制度和文化规范下向前推进。关键是在确定能够超越此类差异和分歧的同时兼顾文化多样性原则，要做到这一点并非易事。围绕总体伦理原则达成共识以加强具体行动建议的过程可能会面临各种困难，不管是因为缺乏被哲学家和神学家所接受的道德理论，或是由于尚未发现从此类理论中推导出相关原则的算法。功利主义者可能会赞同对总体的有利影响进行评估，但对于是否应当评估规则或特定行动带来的后果却存在分歧。义务论者不仅要力争得出一套合理的基本行为准则，还有可能因坚持而导致从直观上无法接受的甚至是具有破坏性的结果。其他理论主义者也面临着同样复杂的困境。

作为应用伦理学的一种形式，生物伦理学遭遇了所有此类复杂因素带来的困

12 本章部分内容由美国医学研究所（IOM，2014）和美国国家科学、工程与医学院（NASEM，2016e）进行调整和更新。

扰。长期以来，人们对最佳方法的争论从未停歇——应当选择高深理论（所有原则和具体行为的来源）还是反理论（通过具体案例的演绎推理引出概括性原则）。如果将生物伦理学纳入公共决策过程（与个体临床伦理分析截然相反），就必须对多元文化社会、民主理论及公平分配责任和利益等相关问题给予更广泛的关注[13]。

无论推理过程是否始于以功利结果主义、义务论或德性伦理学为基础的理论，随着时间的推移，被一部分人视为“反思均衡（reflective equilibrium）”的概念都会出现。此概念包涵归纳和演绎推理的应用，即结合理论和案例的辩论，且无论个人信念或宗教取向（Arras，2016）如何，这一概念终将会被公众所理解和认可。

第二次世界大战结束后不久通过的《世界人权宣言》（UN，1948）成为众多更加具体化的宣言、公约和条约所遵循的基本文件。其序言部分指出，“承认人类大家庭所有成员固有的尊严与平等而不可剥夺的权利，是实现世界自由、正义与和平的基础”。宣言第一条规定，“人人生而自由，在尊严和权利方面一律平等”。其他国际文件均以该核心原则为基础。例如，《儿童权利公约》要求在医疗保健和卫生等方面提供最佳条件，确保为儿童创造良好的成长环境（UNICEF，1990）。此外，《残疾人权利公约》强调“尊重固有尊严”“尊重差异性，接受残疾人是人类多样性的一部分和人类的一份子”，同时“尊重残疾儿童逐渐发展的能力并尊重残疾儿童保持其身份特性的权利”（UN，2006）。并非所有公约都对全部或部分国家具有法律约束力，但即使其未被纳入本国法规或并不适用于本国的诉讼案件，此类公约的基本原则都已成为全球规范和愿望的重要因素。

其他国际活动更侧重于生物医学研究。国际医学科学组织理事会（CIOMS）是由世界卫生组织（WHO）和 UNESCO 在 1949 年共同建立的一个非政府、非营利性国际组织，其成员包括来自世界各地的近 50 个组织（专业学会、国家研究院和研究委员会）。此外，该组织根据世界医学协会（WMA）制定的《赫尔辛基宣言》（2013）和 UNESCO 通过的《世界生物伦理与人权宣言》（2005）等指导性文件发布了健康研究国际指南[14]。国际指南 2016 年版（van Delden 和 van der Graaf，2016）强调“为资源匮乏地区的健康相关研究提供特殊指导，针对涉及弱势群体的研究制定详细规定，并说明在何种条件下可将生物样本和健康相关数据用于研究过程，从而确保此类研究具有一定的科学和社会价值”（CIOMS，2012）。指南 1 对于基因组编辑政策问题具有特殊的意义，其中强调了保护和促进健康的必要性及其与指南 2、3、4 的关系（重点关注面向个人和群体平衡分配风险和利益的公正性，包括在资源充足和资源匮乏的国家之间进行的分配）。此外，指南 7 主要强调了公众参与的必要性，其不仅有助于制定良好政策并使其合法化，还可

13 有关此类问题的进一步讨论请参阅 Arras（2016）。
14 详见 http://www.cioms.ch［访问日期：2017 年 1 月 5 日］。

将研究转化为临床效益。

美国国家生物医学与行为研究人类受试者保护委员会于 1979 年发表了具有里程碑意义的《贝尔蒙报告》（HHS，1979），该报告重点强调避免伤害、接受善行义务及坚守对公正的承诺。此类研究伦理背后的理论支柱已经在过去几年中得到解释、扩展、深化和应用，并且已纳入美国的研究监管体系（涉及人类参与者的研究）（21 CFR Part 50 和 45 CFR Part 46）。在实践中，他们致力于面向个人和社会确保风险与预期利益之间的合理平衡，并确保公平分配风险和利益。此类原则还特别强调尊重个人自主权（知情权和自愿参与）和提供特殊保护（防止因无行为能力而处于弱势的群体受到胁迫和虐待）的必要性。

由于科学和基因组编辑的应用具有超越国界的特性，因此，下文详述的人类基因组核心监管原则均以国际和国家规范为基础。部分原则通常与生物医学研究和护理相关，其他原则在新兴技术的背景下具有特殊的重要性，无论属于何种情况，其都是人类基因组编辑监管应当遵循的基本原则。

在此背景下，委员会重点关注以下原则：保护和促进个人健康和福祉；探索新技术的同时密切关注不断变化的信息；尊重个人权利；防止出现有害的社会影响；公平分配信息、责任和利益。由于各国的社会文化和法律文化存在差异性，因此必须针对基因组编辑的具体应用情况采取不同的监管政策。尽管如此，仍然有部分原则可在不同国家之间共享。因此，虽然本报告的论述重点是针对美国政府的总体原则，但其本身和背后的责任仍然具有普遍性。其具体原则及详细说明如辅文 2-1 所述（详见辅文 S-1）。

辅文 2-1

人类基因编辑研究和临床应用的总体原则

基因组编辑加深了人们对生物学的理解，为预防、减轻或消除多种人类疾病和病症带来了巨大的希望。为了实现这一愿望，人们需要的是负责且符合伦理的研究和临床应用方法。下列一般原则是此类方法的重要基础。

1. 促进福祉
2. 透明度
3. 谨慎注意
4. 科学诚信
5. 尊重人格
6. 公平
7. 跨国合作

在美国的监管法规中，此类原则是履行以下义务的基础：坚持获得符合条件人士自愿同意和知情同意；为缺乏能力的人提供特殊保护；确保伤害风险和潜在利益之间的合理平衡；尽可能将风险最小化并公平选择研究参与者。

美国对基因疗法的监管

美国将在基因转移研究框架内对人类体细胞和生殖细胞的基因组编辑进行监管，并且会在获批之后将其用于基因疗法，基因疗法适用于与人体组织和细胞相关的工作（从实验室研究的早期阶段到临床前测试、人体临床试验、引入药物疗法的审批阶段和批准后的监督工作）。就国家层面而言，监管法规在所有情况下均具有强制性（如向 FDA 提交研究计划以供审批），或者仅对正在使用联邦资金的项目具有强制性。此外，也可根据志愿自律原则按照专业指南开展监督工作。除国家法规之外，各州也可针对特定主题颁布法规，如胚胎研究或者关于各州基金用途（如干细胞研究项目）的附加限制条件。因此，与英国等部分司法管辖区不同（其胚胎研究项目通常受到单一框架或监管机构的影响），美国拥有与研究阶段和资金来源相关的独立法规，此类法规的交叉重叠和相互作用最终提供了极为全面的覆盖范围。

一般而言，实验室研究应在地方层面接受国家生物安全委员会（IBC）的安全监督，在许多情况下也需要根据《临床实验室改进修正案》接受联邦监督以保证质量[15]。在某些情况下，如果使用可识别活体捐献者的细胞开展实验室研究，则此类研究工作还应接受机构审查委员会（IRB）的审查，其重点在于保护捐献者免受“可识别”造成的影响，并确保获得适当的知情同意。除非祖细胞捐献者具有可识别性，否则使用人类胚胎的实验室研究不属于 IRB 的管辖范围，并且可由志愿监督机构进行监督，如根据 NAS/IOM 的建议创建的胚胎干细胞研究监督委员会（ESCROs）或根据国际干细胞研究学会的建议（ISSCR，2016a）于近期成立的胚胎研究监督委员会（EMROs）。临床前动物研究应根据《动物保护法》接受机构动物护理和使用委员会的监管和监督。虽然临床试验将经过美国国立卫生研究院（NIH）重组 DNA 咨询委员会（RAC）的讨论和审查，但仍需获得 IRB 的批准和 FDA 的许可。

人类基因组编辑技术属于受 FDA 监管的基因疗法，该机构在现有的生物制品（包括基因疗法产品）框架内监管人类基因组编辑。FDA 已经批准多项基因疗法试验，但尚未批准将基因疗法推向市场。获得批准的基因疗法仍需持续接受 FDA 的监控，FDA 还将在必要时限制其使用。FDA 的监督方式包括根据生物制剂和药物（在多数情况下）的管理规则进行审查。

一旦临床护理引入基因疗法，FDA 不仅将持续进行监督工作以检测安全问

---

15 详见 https://www.cms.gov/Regulations-and-Guidance/Legislation/CLIA/index.html?redirect=/clia［访问时间：2017 年 1 月 5 日］。

题，还将对标签的使用开展正式研究，以便重新审视该疗法的安全性和有效性。上市后的用途有可能超出该疗法获准使用的适应证范围。如果对获得批准的生物制剂用于非标签用途的可能性开展正式研究，则此类研究通常不会被视为“标签外”用途，并且需要接受 FDA 的监督。但除了研究之外，临床护理中的“标签外”用途具有充分的合法性，并且已经成为医生在药物方面的常规做法，其获得批准之后即可用于采用基因组编辑技术的基因转移产物。医师可利用自身的专业知识、信息来源及专业学会的建议。医生将接受地州级别的授权机构和纪律部门的监管，并且受患者保险范围（针对新型干预措施）有效性的限制，如果出现过失或鲁莽行为，医生还将受到医疗事故侵权责任的约束。

关于利用基因组编辑技术创造的新型医疗产品，表 2-1 概述了与其未来发展相关的预期监管途径。本章剩余部分将详细讨论表 2-1 所列的各个阶段和考虑因素。

表 2-1 美国监管途径概述（使用基因组编辑技术的医疗产品）

阶段	主要监管机构（美国制度）	考虑因素示例
细胞和组织（非胚胎）的实验室研究，包括人诱导多能干细胞（iPSC）	• 机构生物安全委员会 • 机构审查委员会（人体组织的特定用途） • 受 NIH 资助的研究人员必须遵守《NIH 人类干细胞研究指南》（禁止将 iPSC 细胞系用于某些特定用途） • 受 NIH 资助的研究人员必须遵守《NIH 人类干细胞研究指南》（只能使用 NIH 批准的人类胚胎干细胞；禁止将 hESC 细胞系用于某些特定用途）	• 实验室工作人员的安全问题 • 组织捐赠者的安全、隐私和权利（人体细胞和组织），知情同意程序的充分性
人类胚胎干细胞或胚胎的实验室研究	• 机构胚胎干细胞研究监督委员会或胚胎研究监督委员会（具有自发性和广泛性） • 禁止将联邦资金用于创造和破坏人类胚胎的研究，或者在一定程度上面临伤害风险的研究 • 其他适用的州法律法规	• 与人类胚胎和 hESC 细胞系研究相关的特殊伦理考量和法规（联邦和州）
临床前动物研究	• 美国农业部 • 人道主义饲养和使用实验动物的公共卫生服务方针 • 机构动物护理和使用委员会	• 人文关怀，研究设计，痛苦最小化
临床试验［试验性新药（IND）申请］	• 机构审查委员会 • 机构生物安全委员会 • 重组 DNA 咨询委员会（美国国立卫生研究院）（咨询） • 美国食品药品监督管理局（FDA），组织和高级疗法办公室，生物制品评估和研究中心（CBER）	• 人类受试者预期风险和利益的平衡 • 适当的方案设计和知情同意程序
新型医疗产品应用（生物制品许可申请）	• FDA、CBER	• 评估安全性和疗效数据
获得许可的医疗产品（上市后措施）	• FDA、CBER	• 患者的长期安全问题

对实验室研究的监督

关于涉及人类细胞和组织（包括体细胞、配子、胚胎和胎儿组织）的研究，其监管规则倾向于关注几个关键问题。就大多数细胞和组织而言，最初的问题在于捐献者是否可获得任何形式的报酬（现金或实物）。就用于研究的配子而言，这一直是极为敏感的问题，引发伦理学争论的核心问题并非使用配子进行研究，而是获得配子的方式及其是否涉及任何类似于不当诱因的因素。就胚胎和胎儿组织而言，其规则受到更广泛的管理人类生殖和妊娠产物的法律制度的影响（此类制度存在于特定国家的情况下）。就所有组织而言，关注重点在于组织的获取是否已根据要求得到捐献者的许可，以及其用途是否会对捐献者的隐私构成任何风险。当然，如果组织来自尸体而非活体捐献者，则可对此类规则做出更改。

在美国，捐献者可通过多种方式为科学研究捐献身体组织。捐献的管理规则取决于多个因素，其中最重要的问题是，该组织是否来自临床手术的遗留物？是否出于研究目的通过新型干预措施获得组织？获得的组织标本是否附有可快速确定捐助者身份的信息？如果出于研究目的而通过身体介入措施（如抽血）收集组织，且捐献者为人类受试者，则 IRB 将负责监督捐献者的招募工作、组织采集程序及为获得知情同意而提供的信息[16]。但是，如下文所述，如果仅针对离体组织的使用获得知情同意，则不会使人类受试者成为捐献者，除非该组织附有可快速确定捐献者身份的信息。

获取组织之后，即可根据 IBC 针对重组 DNA 研究制定的通用规则将其用于实验室研究。无论基因组编辑是否涉及人体组织，均采用相同的监管模式。

重组 DNA 研究和机构生物安全委员会

完全在实验室内进行的涉及人类组织和细胞的研究（未涉及非人类动物临床前测试或人类临床测试）应重点遵守安全方面的法规和要求，以确保为工作人员创造安全的实验室环境。遵循《NIH 关于重组或合成核酸分子的研究指南》(《NIH 指南》)的实验需经过 IBC 的审查和批准。NIH 指南适用于接受 NIH 资助的研究机构所开展或赞助的所有研究项目，但是，许多研究机构在没有此类要求的情况下也会遵循 NIH 指南中的规定。IBC 负责审查当地研究机构（如大学或研究中心）开展的几乎所有的利用重组（或合成）核酸分子的研究。IBC 将确保研究工作符合 NIH 指南中的生物安全规定，并就人类健康和环境面临的潜在风险对研究工作进行评估。生物安全审查的具体方式是针对研究工作评估适当的物理性和生物性防护措施，同时确保研究人员接受充分的培训，使其得以在安全的环境下开展研究工作。

---

16 捐献流产或小产后残留的胚胎或胎儿组织不会使人类受试者成为捐献者，除非捐献者的身份信息得到保留并且未被充分掩盖。

IBC 至少需要 5 名在重组或合成核酸分子技术方面具备专业知识的成员，其中至少有两名成员独立于开展相关研究的机构。NIH 指南鼓励研究机构在可能的情况下，以及保护隐私和专属利益的情况下面向公众召开 IBC 会议（NIH，2013c）。此外，NIH 指南还规定研究机构应根据公众要求提供 IBC 会议记录。

人体组织的使用和机构审查委员会

即使所有研究工作均在体外完成，使用人体组织开展实验室研究也可能会触发特定的人类受试者保护措施。具体有两种情况可触发此类额外的保护措施。

第一种情形，如上文所述，如果出于研究目的从有生命的个体采集组织，则这种互动过程将受到 IRB 的监督。尽管 IRB 的主要目的是保护临床研究对象的权利和利益，但出于研究目的采集组织的行为将使捐献者成为研究对象，即使随后针对组织的研究行为不会产生可追踪的信息，也不会以任何方式影响捐献者。

第二种情形可能发生在组织的采集过程无须与其来源进行互动的情况下。例如，采集以其他方式丢弃的手术组织并将其用于研究，如果组织经过充分的匿名化处理，则该组织在研究中的使用情况无须经过 IRB 的审查。但是如果可快速确定捐献者的身份，则该捐献者将被视为研究对象，且该研究必须经过 IRB 的审查，除非其符合免除或放弃知情同意要素（部分或全部）的条件。

2017 年 1 月《共同规则》生效之后，将针对使用储备人体标本的研究对此类规则做出更改。《共同规则》针对大多数联邦机构和部门资助或管辖的人体研究制定了一套框架和要求[17]。规则修订版自 2018 年 1 月起生效，其中涵盖了可识别组织的使用要求。

> 允许针对可识别私人信息和可识别生物样本的储存、维护和二次研究获得受试者的广泛同意（即针对未具体确定的未来研究获得具有前瞻性的知情同意）。广泛同意属于可选替代方案。例如，研究人员可选择该方案替代对非识别信息和非识别生物样本进行的研究，由机构审查委员会（IRB）免除知情同意要求，或针对特定研究获得知情同意。
>
> 根据风险状况确定新的豁免研究类别。在某些新类别之下，豁免研究需要在一定范围内接受 IRB 的审查，以确保对可识别私人信息和可识别生物样本实施充

---

17 FDA 针对人体研究自行制定了一套管理规定，其在部分细节方面可能有所不同（如针对风险最小的研究免除知情同意程序）。此类规定请参阅《美国联邦法规》第 21 卷第 50 部分。《共同规则》适用于由以下部门和机构资助的研究项目：国际开发署、环境保护局、国家航空航天局、国家科学基金会（NSF）、社会保障总署、美国农业部、美国商务部、美国国防部、美国教育部、美国能源部（DOE）、美国卫生及公共服务部（HHS）、美国国土安全部、美国住房和城市发展部；美国劳工部、美国运输部和美国退伍军人事务部。以往的遗传学研究经费主要来自 DOE、HHS 和 NSF（Rine 和 Fagen，2015）。《共同规则》同样适用于在特定研究机构开展的研究，此类研究机构自愿将其研究成果的应用领域延伸至上述机构未资助的研究。

分的隐私保护措施[18]。

有关匿名、去标识化或编码材料[19]的监管规则将考虑有更为广泛的用途。

如果将可识别私人信息及可识别生物样本用于二次研究[20]（无须获得知情同意），则此类研究可在以下情况免于接受 IRB 的监督（全部或大部分）。

可识别私人信息或可识别生物样本属于公开信息。

研究人员记录信息的方式使受试者的身份无法轻易被识别，研究人员不会与受试者取得联系或尝试再次识别受试者。

二次研究活动受到《健康保险流通与责任法案》（HIPAA）的监管；或二次研究活动由联邦实体或其代表进行，并且涉及联邦政府创造的非研究信息，但原始数据将持续受到特殊的联邦隐私保护。

IRB 审查提供了一系列保护措施，其重点在于确保研究对象和社会所面临的风险（身体、心理和社会经济）和潜在利益处于合理的平衡状态。此外，除非符合豁免条件，否则应获得研究对象或法定代理人的知情同意和自愿同意。

管理人类配子和胚胎实验室研究的其他规则

关于基因组编辑的基础科学研究可能需要对人类配子和胚胎开展实验（无意通过宫内移植使女性受孕）（详见第 3 章）。事实上，中国已经开始进行此类有关胚胎的体外研究（利用无法存活的胚胎），并且在瑞典和英国已被相关监管机构批准利用活胎进行研究。此外，研究人员正在试图探索人类生殖细胞的发育过程，在此类研究中，基因组编辑是众多可用于探索特定基因作用的工具之一（Irie 等，2015）。

此类实验室研究可采取多种形式，每种形式引发的伦理和法律问题均略有不同。第一，其可能涉及编辑体细胞组织（编辑方式可能会使配子受到影响）。第二，其可能涉及在体外或体内编辑现有配子或配子祖细胞，如精原干细胞。第三，其可能涉及在受精过程中编辑卵子（如卵质内单精子注射术），或编辑已受精的卵子（受精卵）或胚胎。

由于有关配子和胚胎的研究仍然处于临床前阶段（即未涉及移植妊娠），因此，美国的管理监督制度来源于有关胚胎研究的州法，或联邦及其他资助方施加的限

18 《保护人类受试者的联邦政策》；最终规则（《联邦纪事》第 82 卷第 12 部分，2017 年 1 月 19 日），第 7149～7274 页。

19 匿名组织是指在任何时候进行采集和储存的未附带个人识别码的组织。去识别化组织是指已提前将识别码去除的组织；编码组织是指带有模糊化识别码（经过编码处理）的组织。如果研究人员无法轻易获得破解编码的秘钥，则表明该组织不再拥有“易于确认”的个人身份。

20 “根据‘二次研究’，此项豁免是指重复使用针对其他“主要”或“初步”活动采集的可识别信息和可识别生物样本。研究人员通常可在特定类别的记录或组织储存库中（如医院的临床病理标本储存部门）找到此项豁免所涵盖的信息或生物样本。”《保护人类受试者的联邦政策》；最终规则（《联邦纪事》第 82 卷第 12 部分）（2017 年 1 月 19 日），第 7149～7274 页（第 7191 页）。

制条件。如果临床试验涉及孕育经过编辑的繁殖材料，则此类研究将归入 FDA 的管辖范围，并且应在开始此类研究之前获得试验性新药（IND）的申请批准（详见第 5 章有关此类未来应用潜力的讨论）。

在美国，NIH 人类胚胎研究小组于 1994 年对人类胚胎实验室研究的相关公共政策进行了广泛讨论，目的在于向 NIH 咨询委员会提供建议。其结论体现了“胚胎有别于普通人体组织”的观点，尽管如此，如果服务于无法通过争议较少的方法获得的重要科学知识，则此类胚胎仍可应用于特定的研究领域。此外，该研究小组的报告提倡在早期阶段使用人类胚胎（符合研究需要的最小数量）。除极个别情况外，研究小组提倡使用最初在生殖过程中创造但目前可能会被丢弃的胚胎。对研究的捐赠行为需要获得为生育目的创造胚胎的人员的知情同意（NIH，1994）。虽然研究小组的报告在技术方面涉及人类胚胎研究的联邦资助条件（随后被国会议案[21]禁止），但其建议已被科学界视为对该研究的伦理和接受度做出的更具普遍性的评估。

针对人类受试者的监管保护措施不适用于离体胚胎[22]。尽管如此，许多（即使非绝大多数）开展胚胎干细胞研究的机构均已实施自愿性监督措施（Devereaux 和 Kalichman，2013），国际干细胞研究学会于近期通过了一系列指导原则，要求将此类监督委员会发展至几乎所有涉及人类胚胎的研究领域，无论干细胞是否属于衍生细胞，也不考虑资金来源问题（ISSCR，2016）。

关于生殖细胞基因组编辑的部分临床前研究可能会利用体外受精（IVF）遗留的胚胎。虽然缺乏可用的官方数据，但保守估算数据表明，全美国储存的胚胎数量已超过 100 万个（其中大部分胚胎最终并非用于体外受精）（Lomax 和 Trounson，2013），世界范围内还有更多的胚胎储存数量。如前文所述，禁止联邦资金用于胚胎研究。但是，此类研究可通过各个地州和私人的资金获得支持，且通常可采取与 1994 年胚胎研究小组的提议相类似的政策。例如，由于联邦资助仅限于少数较早的胚胎干细胞系研究，因此，加利福尼亚州 10 年来一直利用发行州政府债券所得的资金资助胚胎研究和胚胎干细胞研究。康涅狄格州、马里兰州、新泽西州和纽约州同样为无法获得联邦资助的研究项目创立了基金会（NIH，2016c）。

从多能干细胞中生成人类配子的基因组编辑研究不受管理胚胎研究的法律或资助政策的约束（为了测试配子而制造受精卵的情况除外），根据相关度最高的州法和联邦法律，以及关于该研究和资金的限制条件，应将单细胞受精卵作为胚胎进行处理。此外，该步骤将构成仅出于研究目的制造胚胎的行为（即无意孕育胚

---

21 《迪基-威克修正案》禁止将大部分联邦资金用于需要创造或破坏胚胎的研究，以及使胚胎面临损伤或破坏风险的研究，增加其健康发育机会的情况除外。自 1996 年起，该修正案已成为美国卫生及公众服务部、劳工部和教育部年度拨款法案中的附加文件。

22 可能适用其他规则，尤其是管理胚胎研究的州法（详见第 5 章）。

胎并将胎儿培育至足月），这仍然是美国最具争议性的胚胎研究形式。部分反对胚胎研究的人士认为，受精卵将带来一个新的、具有道德意义的人，而出于研究目的制造胚胎的行为在本质上是对生命的不敬，并且有可能使其受到严重侵犯（NIH，1994，第 42 页）。在某些情况下，这种推论可延伸至利用体细胞核移植技术制造的全能性细胞（“克隆”）。即使是那些不赞同胚胎道德地位的人也对制造胚胎并用于研究的行为持谨慎态度（Green，1994；《华盛顿邮报》，1994）。

另外，专家组得出的结论认为，“当一项研究由于其性质问题而无法有效进行的时候”，或者当“可能具有重大科学和治疗价值”的研究有此需要时，制造胚胎应被视为合乎情理的行为（NIH，1994，第 45 页）。其中应包括与体外衍生配子和避免线粒体疾病相关的研究，在人类胚胎研究小组发布报告之时，这两种技术均不属于人类应用领域近期可见的技术。测试编辑配子所必需的基因组编辑研究似乎属于例外情况，正如在体外受精过程中（如卵质内单精子注射）引入基因组编辑成分和精子一样。在允许人类胚胎研究的国家，关于此类例外情况是否也允许针对研究项目制造胚胎，其相关规定也不尽相同（UNESCO，2004b）。

其他国家对人类胚胎研究的监督

如前文所述，在美国仅有少数地州实施管理或禁止人类胚胎研究的法律（NCSL，2016）。在联邦层面，虽然对使用联邦资金开展研究存在限制条件，但其并未禁止此类研究。

相比之下，这些美国允许的大部分研究在英国会受到较为严格的监管，在英国进行的人类配子和胚胎研究需经过人类受精和胚胎学管理局的审查，且每一组特定的实验均需事先获得许可证（详见第 5 章有关生殖细胞编辑临床应用的讨论）。在智利[23]、德国（DRZE，2016）、意大利（Boggio，2005）、立陶宛[24]和斯洛伐克[25]等其他国家，此类研究在任何监管体制下均属非法行为。

监管方法的差异反映出这样一个事实，许多国家对于配子研究（特别是胚胎研究）一直存在争议。有关人类胚胎的法律和道德地位，各国观点也不尽相同，有的国家认为人类胚胎与任何其他人体组织并无差别，有的国家认为应当对其给予某种程度的尊重，有的国家则认为应赋予其和活产儿同等程度的尊重甚至是法定权利。此类观点在不同国家之间和在国家内部的差异反映出宗教和世俗观念的

---

23 Chile，Congreso Nacional，Sobre la investigacion cientifica en el ser humano，su genoma，y prohibe la clonacion humana，2006 年 9 月 22 日，no.20.120，art.1，由 Witherspoon Council 工作人员翻译 http://www.leychile.cl/Navegar?idNorma=253478（西班牙文）[访问时间：2017 年 1 月 4 日]。

24 立陶宛议会于 2000 年 5 月 11 日颁布《生物医学研究伦理法》（no.VIII-1679），2004 年 7 月 13 日修订版（no.IX-2362，art.3，§2）http://www3.lrs.lt/pls/inter3/dokpaieska.showdoc_l?p_id=268769（英文，官方译文）[访问时间：2017 年 1 月 4 日]。

25 斯洛伐克第 277/1994 号《卫生保健法案》，42，3（c），由 UNESCO 引用（2004b）；《斯洛伐克刑法典》第 246a 条，于 2003 年添加。由 UNESCO 引用（2004b，第 14 页）。

影响，因此产生了或具有宽容性或具有监管性或完全禁止的公共政策。

基因组编辑是一种可在细胞中进行基因修饰的功能强大的新技术，其在人类胚胎研究中的应用引发了与以往的争论基本相同的问题：即胚胎的道德地位，制造胚胎或利用废弃胚胎进行研究的接受度，以及适用于胚胎研究的法律或自愿性限制（CIRM，2015；ISSCR，2016；NIH，2016）。本报告未涉及此类伦理争议，并且接受各国适用的现行法律和监管政策。如果任何此类一般性政策在将来发生变化，则基因组编辑研究也将受到影响。

非人类动物研究

1966 年颁布的《动物福利法》（《美国法典》第 7 卷第 2131 章）属于联邦法律，其中包含在研究中使用动物的相关规定，并且对若干物种（特别是大鼠和小鼠等常用动物之外的物种）的试验和保护工作进行监管。该法律在美国实施。美国农业部（USDA）动植物卫生检验局和地方层面要求研究机构建立一个机构动物护理和使用委员会，以便“全面监督和评估该机构的动物护理和使用计划”，如确保物理防护和疼痛最小化标准得到满足。

无论在任何时候，如果基因组编辑研究需要创造嵌合生物，则 NIH 的资助将伴随着针对特定组合的限制性规定（NIH，2015a）。NIH 已于近期要求公众就人类干细胞研究指南中嵌合体相关规定的拟议变更（包括涉及嵌合体的研究）发表意见（NIH，2016）。

人类基因组编辑临床试验——机构审查委员会（IRB）的职责

未经 FDA 许可，禁止开展基因组编辑临床试验（即涉及人类受试者的研究），具体细节将在下文进行讨论。除 FDA 需履行审查责任之外，IRB、IBC 和 RAC 这三大机构同样对基因组编辑临床试验负有监督责任。

IRB 的审批工作侧重于临床研究的风险和利益及针对研究招募人员的方式。任何涉及人类受试者的研究项目均需获得美国卫生与公众服务部（HHS）的支持或接受 FDA 的监管。以下研究同样需要遵守上述规定：签署《共同规则》的任何其他联邦机构开展或支持的研究；涉及 FDA 监管产品的研究；研究人员在特定机构开展的研究（此类机构自愿将保护措施延伸至未受上述规定约束的研究项目）。《共同规则》涉及活体研究项目，部分联邦资助机构专门针对胎儿研究采用了其他规则。如前文所述，胚胎研究由部分地州单独监管，并且在联邦资助方面受到一定的限制。

IRB 有权批准或拒绝研究方案、人类受试者招募计划和知情同意文件，也可要求对方案做出修改并将其作为获批条件。此外，IRB 还将负责监督正在进行的研究项目的修正案，并且可暂停有证据表明存在问题的研究，如不良事件的发生率或严重程度。在执行这项任务的过程中，IRB 将得到数据和安全监督委员会的协助。成立该委员会的目的是在开展研究的过程中追踪临时数据。该委员会通过额外的专家和独立的审查工作确保研究项目的风险和潜在利益始终处于合理的平衡状态。此外，考虑到在研究期间获得的额外信息，还应确保在招募受试者初期阶段提供的信息能够始终公正地反映其风险和利益。

联邦法规并未明确规定 IRB 是否必须举行公开会议或向公众提供会议记录和其他文件；此类问题属于个别机构政策或州法问题。但是，除了经过适当技术培训的专家之外，IRB 还必须拥有至少一名重点关注非科学领域的成员和一名不属于该机构的业外人士。此外，IRB 可酌情邀请在特定领域具备一定能力的人员协助审查复杂问题。

根据联邦法规的要求，IRB 应确保将研究对象面临的风险最小化，并且使受试者的风险和潜在利益处于合理的平衡状态，同时应确定该研究预期成果的重要性。此外，IRB 还需保证受试者选择过程的公正性，并且确保受试者在充分了解相关信息的情况下自愿参与研究项目。儿科研究方案的风险容忍度较低。如果有可能使儿童受益，则可在获得父母同意的情况下进行研究，且风险容忍度应与潜在利益相适应。但是，如果该研究无法提供医疗福利方面的前景，在缺乏 HHS 秘书长干预措施的情况下，参与研究的儿童可能不会面临比"微幅超过最小风险"严重的风险。

如需对胎儿进行研究，则部分联邦出资者将坚持实施与许可风险程度及知情同意获取方式和对象相关的特殊规定（第 45 卷 46 章 B 部分）；尽管并非必要，但此类相同的规定可能会被使用其他资金的研究人员采用。此类规定指出，如果尽可能将胎儿面临的风险最小化，并且使其在孕妇或胎儿可直接受益的前景下保持平衡状态，则胎儿的风险将被视为处于可容忍的程度。如果缺乏此类利益前景，则胎儿的风险可能不会超过最低限度，开展研究的目的必须是开发无法通过任何其他方式获得的重要生物医学知识。如果该研究对孕妇和胎儿均有良好的受益前景，则只需获得孕妇的知情同意。如果研究仅对胎儿有益，则还应在可行的情况下获得父亲的知情同意。

获得自愿同意和知情同意是保护人类受试者的关键措施之一。HHS 法规列明的要素包括以下几点。

1. 对研究目的、将要采用的程序及是否存在任何试验性程序做出解释。

2. 说明受试者或他人面临的合理可预见的风险或利益。

3. 披露适当的备选程序。

4. 就如何保证机密性做出声明。

5. 对于风险超过最低程度的研究，应说明在造成伤害的情况下是否可获得任何赔偿和治疗。

6. 声明参与研究属于自愿行为，拒绝参与也不会受到任何处罚，且受试者可随时终止参与研究[26]。

鉴于首次人体试验难以符合此类规定，因此很难在研究项目从临床前模式转向人为干预的过程中评估与之相关的不确定性程度。尽管如此，此类试验仍然具有必要性，IRB 的工作是确保受试者了解来自临床前工作的已知信息，并且认识到知识缺口的存在会对试验结果的预测程度产生影响。

联邦法规的其中一条规定指出，“IRB 不得将应用研究过程中获得的知识（如该研究对公共政策的潜在影响）可能产生的长期影响视为其职责范围内的研究风险之一”。因此，该条款排除了 IRB 仅仅因以下原因拒绝批准研究的权利：该研究产生的知识或受其影响的政策可能存在社会争议，或该研究将代表未来的争议性应用所产生的滑坡效应的开端。但是，该条款允许 IRB 在受试者的身体、心理或情感可能受到伤害的情况下拒绝批准研究。

人类基因组编辑临床试验：重组 DNA 咨询委员会的职责

20 世纪 60 年代末至 70 年代初，首次成功构建重组 DNA 分子的概念和技术得到了迅速发展（Berg 和 Mertz，2010）。美国国立卫生研究院院长 Donald Frederickson 于 1974 年设立了重组 DNA 咨询委员会（RAC），旨在回应科学、公众和政治领域对重组 DNA 技术的应用潜力和滥用问题及与之相关的已知和未知风险的担忧。RAC 的成员构成应确保更广泛的公众视角，如应建立包含科学家、临床医师、伦理学家、生物安全专家、宗教研究学家和公众代表等专业人士在内的多元化成员结构。为了响应科学发展和不断变化的公众关注，RAC 成员的结构和责任也在随着时间的推移不断演变。

RAC 的早期行动包括要求每个研究机构成立一个生物危害评估委员会（后更名为 IBC），以便评估风险并确保拥有适当的安全措施。RAC 首要的初步任务是起草重组 DNA 研究指南，其虽然缺乏法规具有的法律效力，但却对转基因生物和材料意外释放及人类接触风险的预防实践产生了巨大影响（Rainsbury，2000）。该指南是 NIH 资助的条款和条件，适用于获得 NIH 资助的公共或私人机构开展或赞助的所有重组 DNA 研究（NIH，2013a）。众多美国政府机构和私人机构均要求接受其资助的研究项目与 NIH 指南保持一致（Corrigan-Curay，2013）。

首先，RAC 审查并批准了基因转移研究方案的所有提案（此类研究方案将在接受 NIH 资助进行重组 DNA 研究的机构中实施），并且就官方审批意见的发布事宜向国立卫生研究院院长提出建议，因为从技术角度来说，NIH 院长的审批意见均以 RAC 的决定为基础（Freidmann 等，2001）。随着时间的推移，RAC 审查和

26《保护人类受试者的联邦政策》；最终规则（《联邦纪事》第 82 卷第 12 部分，2017 年 1 月 19 日），第 7149～7274 页（第 7266 页）。

FDA 审查之间的相互作用已经转变。RAC 最初对安全问题的关注范围随着时间的推移不断扩大，包括为社会和伦理问题的讨论提供活动场所。20 世纪 90 年代中期，只有 FDA 拥有批准基因转移研究方案的权力，部分方案经 RAC 成员初步审查之后被指定进行深入审查和公开讨论。此外还针对同情性用药的豁免程序制定了相关规定（Rainsbury，2000；Wolf，2009）。

NIH 指南中的附录 M 是一份“考虑要点”文件，针对人类基因转移研究方案的提交和报告及 RAC 的审查说明了具体要求（NIH，2013c）。NIH 指南表明，“NIH 目前不会考虑有关改变生殖细胞的研究方案”。关于子宫内基因转移，NIH 指南表明其有可能愿意考虑此类研究，前提是重大的临床前和临床研究符合 RAC 会议制定的标准。2015 年 4 月，美国国立卫生研究院院长在一份声明中表示：“NIH 不会为利用基因编辑技术的人类胚胎研究提供经费。”

在基因转移研究的整个监督体系中，RAC 为研究方案的深入审查和公开讨论提供了一个平台。如前文所述，尽管机构审查委员会属于私下召集的组织，且其中确实包含非科学家成员，但 RAC 的公共性质取决于其公共咨询委员会的地位[根据 1972 年通过的联邦咨询委员会法案（FACA）]。根据 FACA 的规定，RAC 必须举行公开会议（提前通知时间和地点）、提供会议记录并允许公众参与（Steinbrook，2004）。

此外，RAC 还将针对与重组 DNA 研究有关的重大科学和政策问题举办公共研讨会（Friedmann 等，2001），为科学、临床、伦理和安全领域的专家及公众提供一个公共平台，以便讨论基因转移领域的新问题。随着 RAC 对方案的审查和监督机构通知机制的发展，这套透明制度旨在优化各项研究方案的执行过程，并且全面推进基因转移研究的发展（O’ Reilly 等，2012）。通过这种方式，RAC 已成为科学辩论的重要渠道，不仅可为机构层面的监督工作提供信息，还有助于提高透明度，同时提升公众对基因转移领域研究工作的信任和信心。

针对重组或合成核酸分子研究修订的 NIH 指南于 2016 年 4 月正式生效（NIH，2016a）。NIH 指南修订版反映了大量与 IOM 研究相关的建议（IOM，2014），根据其规定，单项人类基因转移试验仅限于 NIH 同意监管机构（如 IRB 和 IBC）请求的情况，此类机构已经确定某项研究方案将明显受益于 RAC 审查，并且已满足下列一项或多项标准：

- 该方案使用的新载体、遗传物质或交付方式表明其属于首次人体试验，因此可能存在未知风险。
- 该方案依赖于通过未知和未确认价值的新临床前模型系统获得的临床前安全数据。
- 拟议载体、基因构建体或交付方式与潜在毒性相关，此类毒性鲜有人知，并且可能导致相关监督机构难以对方案进行严格评估（IOM，2014，第 4 页）。

如果NIH院长确定人类基因转移研究方案存在重大的科学、社会或伦理问题，则该方案还需接受 RAC 的审查。RAC 已经审查了涉及三种主要基因编辑技术的若干研究方案，以及在早期发展阶段可能符合此类标准的特定人类基因组编辑研究方案。

重组 DNA 咨询委员会主持的公众参与活动

针对基因转移研究方案的公开审查旨在：①传播信息，以便其他科学家能够将新的科研成果和伦理考量纳入其研究项目中；②增进公众对此类研究的认识并建立公众信任，允许公众在研究审查过程中发表意见（Scharschmidt 和 Lo，2006）。NIH 科学政策办公室（OSP）表示，RAC 的方案审查工作可发挥多种作用（Corrigan-Curay，2013），其中包括以下几点：

- 优化临床试验设计，提高研究对象的安全性，并在特定情况下加强研究人员、医护人员和密切接触研究对象所必需的生物安全保护措施。
- 允许科学家以及时、透明的分析过程所产生的新知识为共同基础，从而提高基因疗法的研究效率。
- 通报 FDA、NIH 人类研究保护办公室（OHRP）、IRB、IBC 和其他监督机构的审议意见，基因疗法研究项目必须获得此类监督机构的批准。

目前采用的流程旨在提高透明度。OSP 网站将提供研究方案的相关信息和 RAC 会议的公众讨论平台，并且将根据公众成员的要求提供此类方案（OBA，2013）。RAC 和研究人员之间的所有通信内容也应被视为该方案公共档案的组成部分，并可供研究人员、资助者、IRB、IBC、FDA 和 OHRP 使用（NIH，2013a）。对于被选定进行深入审查和公开讨论的方案，如果研究人员在完成审查之后收到基于 RAC 会议建议的信函，则表明已经完成了方案的登记流程。该信函也将被发送至相关的 IRB 和 IBC（NIH，2013b）。RAC 的公共网站将提供 RAC 会议记录和网络广播。研究人员和 IRB 或 IBC 均无须遵循 RAC 的任何建议。相反，方案的审批决定来自其他监管机构。在针对临床试验招募研究参与者之前，研究方案必须得到相关 IBC 和 IRB 的批准。此类机构通常依据 RAC 的建议做出决定，但是，向前推进的研究无须获得 RAC 的批准（Wolf 等，2009）。FDA 负责监管审批工作，并且将在审查 IND 申请时考虑 RAC 的意见（Takefman，2013）。

美国食品药品监督管理局对试验性新药（IND）申请的审查

无论其资金来源为何处，FDA 都是最终负责基因组编辑产品监管和审批的机构。大多数此类产品将被视为生物药物而非装置。因此，在用于人体试验之前，其 IND 申请需经过 FDA 的审批。由 CBER 内部的组织和先进疗法办公室（原名为细胞、组织和基因疗法办公室）负责监管基因疗法的 IND 申请。审查工作应遵循监管框架，在整个产品生命周期内（从 IND 前期阶段到上市后的监督管理），FDA 和资助者将在该框架内进行互动。

CBER 负责管理一系列生物制剂，包括人类基因疗法产品及与基因转移相关的特定装置。FDA 将基因疗法产品定义为“转录和（或）翻译转移遗传物质和（或）整合到宿主基因组中以发挥作用的产品，此类产品作为核酸、病毒或基因工程微生物进行管理”。根据《联邦食品、药品和化妆品法》（第 75～717 号公法）和《公共卫生服务法》（修订版）（第 78～410 号公法）的规定，目前 FDA 负责审查的常规基因疗法产品包括非病毒载体（质粒）、复制缺陷型病毒载体（如腺病毒、腺伴随病毒）、具有复制能力的溶瘤载体（如麻疹病毒、呼肠孤病毒）、复制缺陷型逆转录病毒载体和慢病毒载体、细胞溶解性疱疹病毒载体、遗传修饰微生物（如李斯特菌、沙门菌、大肠杆菌）和离体基因修饰细胞。

此外，FDA 还负责管理一个联邦咨询委员会，即细胞、组织和基因疗法咨询委员会，其目的在于审查和评估与人类细胞、人体组织、基因转移疗法的安全性、有效性和合理使用相关的可用数据，以及用于移植、植入、输注和转移的异种移植产品（治疗和预防广泛的人类疾病，在各种条件下重建、修复或替换组织）[27]。

FDA 流程适用于所有的基因疗法临床研究，无论其资金来源如何。在 FDA 审查 IND 申请和随后审查关键研究步骤的过程中（如从 I 期研究进展至II期研究），RAC 针对人类基因转移进行的任何初步科学和伦理审查及其对新型应用领域的讨论均应予以考虑（Takefman，2013）。与 RAC 审查不同，FDA 为审批基因疗法临床试验 NID 申请所进行的审查流程并未向公众公开。产品在上市之前，其生物制品许可申请（BLA）需获得批准（21 CFR 600～680），该申请的侧重点在于生产信息、标签及临床前和临床研究。BLA 的审批过程可能包含部分公众参与活动。目前已有大批首创新药被送往咨询委员会，该委员会的成员通常包括医疗和科学领域的专家及伦理学家、行业代表和患者代表。此类会议通常被视为 FDA 就新型医疗产品开展的首次公众讨论，可为患者、医生和其他观察会议的利益相关方及使用会议记录（可从机构网站获取）的人士提供信息。会议信息（包括公众意见征询期）将提前公布给公众。

FDA 通过“考虑要点”文件为研究团体提供协助，该文件就基因转移和基因疗法方面的重要问题提出 FDA/CBER 工作人员的最新考量（FDA，1991）。此类文件的目的是在研究人员筹备 IND 申请的过程中指导其理解 FDA 的观点及开发和测试要求。2015 年，FDA 发布了《设计细胞和基因疗法产品早期临床试验的考虑因素》（FDA，2015b）。

为了确保符合所有监管要求，FDA 鼓励研究人员和机构官员在制订方案的早

---

27 《联邦纪事》第 51 卷第 23309 项（1986 年）。

期阶段召开“IND 前会议”，以便讨论与临床试验设计相关的具体问题。该会议还应针对医疗产品的各类科学和监管因素提供讨论机会，此类因素与安全性和（或）潜在的临床试验暂停问题[28]相关，如儿科人群基因转移产品的研究计划（FDA，2001 年）。就该会议而言，研究人员必须提交一份信息包，其中包含基因转移产品结构、拟议临床适应证、剂量和用药方法；临床前和临床研究说明及数据摘要；化学、制造和控制信息及会议的预期目标（FDA，2000）。

就特定类型的方案而言（包括涉及基因转移产品的方案），在某些情况下需要讨论有关重组 DNA 蛋白的特殊问题，如细胞表征的充分性、细胞系的潜在污染、外来物质的去除或灭活及产品的潜在抗原性（FDA，2015b）。调查人员应在提交 IND 申请之前考虑并处理来自 IND 前会议的 FDA 指导原则。

一般情况下，FDA 将在审查 IND 申请的过程中平衡临床试验参与者的潜在利益和风险（Au 等，2012；Takefman 和 Bryan，2012）。研究者提交 IND 申请之后，FDA 可在 30 天内批准其继续开展试验，或者在资助者提供更多数据的同时暂停临床试验。申请材料包括与产品制造、安全性和质量测试、纯度和效力，及临床前、药理学和毒理学测试相关的详细信息。专门针对基因疗法产品进行的安全性测试包括：①对体外转导细胞、载体或转基因的潜在不良免疫应答；②载体和转基因毒性，包括载体在睾丸和卵巢组织中的生殖细胞上的分布；③交付程序的潜在风险（FDA，2012b）。

申请材料的临床方案部分应包含与Ⅰ期、Ⅱ期和（或）Ⅲ期研究相关的信息，包括起始剂量、剂量递增、给药途径、给药方案、患者群体的定义（详细的入选和排除标准）和安全监测计划。此外还应包含与研究设计相关的信息，包括临床操作程序、实验室测试或监测产品效果的其他措施。由于基因疗法产品的载体和转基因可能会持续存在于研究对象的整个生命周期，因此，FDA 已针对受试者迟发不良事件的观察工作发布了指导原则（FDA，2006）。

联邦法规要求在“ClinicalTrials.gov”发布临床试验的相关信息，该政府数据库提供大部分临床试验的相关信息或类似的网站。该规定适用于药品（包括生物制品）和 FDA 监管的医疗器械产品。自 2017 年 1 月起，患者可通过包含额外结果数据的扩展注册表查找试验[29]。其目的在于加强试验设计、防止试验重复失败、改进药物和器械开发的证据基础和效率并建立公众信任。

然而，根据法定要求，IND 阶段的 FDA 审查工作几乎没有或完全没有透明度，包括该机构是否正在考虑特定产品的 IND。但是，一旦 FDA 批准产品许可，则可

---

28 临床试验暂停令的目的是推迟拟议临床研究或暂停正在进行的研究。发布临床试验暂停令的条件包括研究对象面临不合理风险或发现有损研究人员信心或研究方案的信息（临床试验暂停和修改请求，21 CFR，Sec.312.42［2016 年 4 月 1 日］）。

29《联邦纪事》第 81 卷第 64981～65157 项。

能会在其网站上公布该产品的临床、药理和其他技术评价［如在特定移植手术中使用脐带造血干细胞产品 Ducord 的相关信息，参阅 Zhu 和 Rees 报告（2012）］。虽然专有信息筛选自已经发布的此类评论，但临床评价提供了与试验相关的大量信息[30]。其中可能会就早期阶段有关试验设计的讨论进行总结，并且评估资助者是否符合特定的伦理标准和良好的试验实践标准。如有必要，FDA 可要求细胞、组织和基因疗法咨询委员会就广泛适用性方面的紧迫问题征求公众意见。

FDA 于 2008 年启动的“哨兵计划”旨在利用电子医疗保健数据建立一套全国范围内的风险识别和分析系统，以便在药物、生物制剂和医疗器械进入市场之后对其安全性进行监测，该系统可与不良事件报告系统形成互补关系。通过哨兵计划，FDA 可采用保护患者隐私的程序从电子病例、保险理赔数据和注册表及其他来源获取信息。CBER 已经在哨兵计划中推出多个项目，以期改善疫苗和其他生物制剂获准上市后的安全管理工作。除监测措施之外，其他上市后的质量控制措施还包括注册表、特殊患者信息手册和正规的Ⅳ期研究要求。欧盟拥有自行开发的上市后监测和控制工具，其细节不同但目的相似（Borg 等，2011）。

获得 FDA 批准的药物可能会用于与其获批或标签适应证不同的用途。如前文所述，此类非标签指定处方属于合法处方，如果其在医疗方面被视为适用于患者，则此类处方也属于医疗服务提供方的常规做法。这意味着将产品用于与其获批适应证不同的医疗状况（如将治疗某一种癌症的药物用于另一种癌症），或采用不同的给药剂量和给药形式，或者将其用于不同类型的患者。在保证上市后进行安全监管的同时，非标签指定处方允许医生在药物获得初步批准之后行使裁量权，并且高效利用其相关信息。在美国，儿科（AAP，2014）和癌症治疗（美国癌症协会，2015）等医学领域已经具有较高的标签外使用率。

产品可通过多种机制遵循加速监管途径，包括快速通道、突破性疗法、快速批准和优先评审（FDA，2015a）。加速评审的方法包括与 FDA 工作人员进行更为早期、频繁和集中的咨询；放宽提交材料的规定；更改必要的试验终点；在此之前对早些时候提交申请的其他产品进行审查。

加速评审的适用范围已扩展至《21 世纪治愈法案》[31]（2016 年 12 月签署成为法律）中的再生医疗和其他细胞疗法产品。该法案允许基于合理预期的替代终点（预测临床效果）和更广泛的来源（包括对照临床试验领域之外的来源）所提供的证据来审批“再生医学疗法”。批准后措施仍可纳入进一步的试验要求，以

30 《美国食品药品监督管理局修正法案》（2007）第 916 节要求在 FDA 网站上发布有关 BLA 审批的特定信息。参阅 SOPP8401.7 行动计划。http://www.fda.gov/BiologicsBloodVaccines/GuidanceComplianceRegulatoryInformation/ProceduresSOPPs/ucm21 1616.htm［访问时间：2017 年 2 月 2 日］。

31 《21 世纪治愈法案》（第 114-255 号公法），HR 34，114th Cong.（2015-2016）https://www.congress.gov/bill/114th-congress/house-bill/34/text?format=txt［访问时间：2017 年 1 月 21 日］。另见 http://www.fda.gov/BiologicsBloodVaccines/CellularGeneTherapyProducts/ucm537670.htm［访问时间：2017 年 1 月 30 日］。

及监督措施、患者信息手册、注册表和其他风险缓解措施。尽管在上市后的风险缓解和临床试验承诺未得到履行的情况下，该机制缺乏自动撤销批准的任何触发因素，但该程序在某种程度上类似于日本针对再生医疗产品采用的“条件性批准”机制。

新的扩展类别并未排除运用人类基因编辑技术开发的疗法，且部分疗法可能具备采用各类机制的条件，前提是其符合“再生医学疗法（regenerative-medicine therapy）”的定义（其中包括细胞疗法、治疗性组织工程学产品、人类细胞和组织产品）和特定标准（即有可能在“严重或危及生命的疾病或病症”方面满足尚未得到满足的需求）。自新法获得通过以来，FDA 一直致力于实施此类规定，并且正在考虑一系列问题，包括符合立法规定的再生医学疗法定义的产品范围[32]。正如立法条款所述，“在严重或危及生命的疾病或病症方面满足尚未得到满足的需求”，这似乎排除了与增效目的相关的预期用途[33]。

FDA 和 NIH、RAC 之间的相互作用

1999 年，基因转移试验参与者杰西·吉尔辛格的死亡使社会各界对此类试验的关注程度达到了一个新的水平（Shalala，2000；Steinbrook，2002）。作为对此次事件的回应，NIH 针对不良事件的报告采取了一系列协调措施，同时扩大公众对人类基因转移试验信息的知情权，如建立“基因修饰临床研究信息系统”（GeMCRIS）（NIH，2004）。该数据库自 2004 年开始正式运行，其中包含在 NIH 注册的人类基因转移试验信息摘要。GeMCRIS 提供的信息摘要包括正在研究中的医疗状况、正在开展试验的机构、正在开展此类试验的研究人员、正在使用的基因产品和基因产品的交付途径及研究方案摘要。

RAC 和 FDA 针对基因转移研究的监督方法仍然存在差异。作为美国唯一的生物医学产品联邦监管机构，FDA 在评估基因转移产品的过程中重点关注其安全性和有效性（自该产品首次被用于人类领域开始，直至其进入商业流通阶段，并且涵盖其整个使用寿命周期）（Kessler 等，1993）。根据法定条款，FDA 法规中包含大量因存在专有信息而具有保密性质的措施（Wolf 等，2009）。相比之下，RAC 能够处理由基因转移和基因疗法研究所引发的更广泛的科学、社会和伦理问题，与 IRB 不同，RAC 有权在审查个别研究方案的过程中解决此类更广泛的问题（NIH，2016b，Sec.Ⅳ-C-2-e）。此外，RAC 的审查工作由非政府聘用的专家公开进行（Wolf 等，2009）。

---

32 美国食品药品监督管理局还发布了新类别（再生医学先进疗法）及与类别名称相关的规定（http://www.raps.org/Regulatory-Focus/News/2017/01/20/26651/FDA-Begins-Accepting-Regenerative-Therapy-Applications-for-RAT-Designation/）。

33《21 世纪治愈法案》（第 114-255 号公法），HR 34，114th Cong.（2015-2016）https://www.congress.gov/bill/114th-congress/house-bill/34/text?format=txt［访问时间：2017 年 1 月 30 日］。

为了鼓励机构之间的沟通交流，RAC 章程要求 CBER 成员在 RAC 内部担任其中一名无投票权的联邦代表（NIH，2011）。此外，NIH 和 FDA 还统一了不良事件的报告制度。

其他国家的监管机制

FDA 前任局长 Robert Califf 指出："科学的进步不分国界，因此，了解国际同行的观点对我们而言至关重要。"为了实现这一目标，FDA 积极参与国际药品监管机构论坛及其基因疗法工作小组，目的在于交流技术信息并确定监管协调领域（Califf 和 Nalubola，2017）。

其他司法管辖区的基因疗法监管途径在某些重要方面与美国极为相似（参阅附录 B），尤其是在上市前风险和效益评估的集中性方面。例如，韩国针对基因疗法采用的监管途径与美国类似，唯一的区别在于其包含一套条件性批准制度，这套制度适用于缺乏可靠证据基础的情况。与美国一样，英国拥有严格的上市前风险和效益评估制度，但其对涉及配子或胚胎的治疗方法实施了更加严格的监管措施（辅文 2-2）。欧盟对"先进治疗医药产品"实施额外的质量控制措施，其中包括部分基因疗法产品，然而在美国，标签外用途属于许可用途（George，2011）。而日本则采用类似于美国医疗器械法规的基因疗法产品管理制度，将新产品按照预期风险水平进行前瞻性分类，并采取相应的监管措施。新加坡同样采取以风险为基础的监管方式，无论重大操作或最低限度的操作；无论其预期用途属于同源或非同源用途[34]；无论其是否会与药物、装置或其他生物制品相结合。此类标准类似于美国当局采用的多数标准（用于确定组织是否应受移植医学规则或细胞疗法产品销售规则的限制）（Charo，2016b）。辅文 2-2 通过英国的例子阐明了美国与其他监管机制之间的差异。

结论和建议

基因组编辑为预防、减轻或消除多种人类疾病和病症带来了巨大的希望。伴随着这种希望，人们需要的是负责且符合伦理的研究和临床应用方法。

本章探讨的美国现有监管结构为实验室研究、临床前测试、临床试验和涉及人类基因组编辑的潜在医疗用途提供了初步的监管框架，同时也为了解美国和其他国家的监管基础制度的差异提供了基本框架。

---

34 FDA 将同源用途定义为利用 HCT/P（在受体中发挥与供体相同的一项或多项基本功能）对受体细胞或组织进行修复、重建、替换或补充［21 CFR 1271.3（c）］，包括将此类细胞或组织用于自体移植。

辅文 2-2
另类监管机制示例

英国为基因疗法的另类监管机制提供了典型范例。就体细胞基因疗法而言，其监管方法与美国并无不同，但其对涉及配子和胚胎的治疗方法实施更为集中和严格的监管控制措施。

就体细胞基因疗法而言，英国的生物技术咨询体系涉及基因疗法咨询委员会、健康与安全执行局及转基因生物（包含转基因的使用）科学咨询委员会之间的相互作用。根据英国的临床试验法规，基因疗法临床试验必须获得药物和保健产品监管署的批准。此外还需获得基因疗法咨询委员会的批准，并且应遵守其他管理质量控制（针对细胞疗法产品的生产设施）的法律和法规（Bamford等，2005）。此类监管机构和专业学会均应积极征求公众意见。例如，英国基因与细胞疗法学会每年都会举办“公众参与日”活动，各级学生、患者、护理人员和科学家将汇聚一堂，展开讨论和辩论。英国与美国一样，具有临床可用性的基因疗法可用于非标签指定用途。

关于生殖细胞编辑的可能性，英国拥有一套更为集中的垂直一体化监管制度，对是否和何时及由哪些专业人员和诊所完成相关程序实施更为严格的控制措施。相比之下，美国的管理制度包含针对明确用途的正式“研究”阶段，之后需完成商业营销审批（即市场中的临床用途），获批之后，专业人员在其使用方面拥有广泛的自由度。英国制度则放弃此类单独的类别，并限制医生在治疗领域（使用胚胎或配子）的裁量权，这套严格的监管制度可追踪每个用于研究或治疗的胚胎。

为了执行该制度，英国成立了人类受精和胚胎学管理局（HFEA），对卵子和精子疗法及涉及人类胚胎的治疗方法和研究进行独立监管。该机构负责制定相关标准，并且向实施特殊干预措施的特定诊所签发许可证。只有满足以下条件的诊所方能获得许可证：符合安全和质量保证标准；向患者提供咨询服务；监测分娩结果和通过新技术生育的胎儿健康状况；具备持续进行合规性监测的人员和制度。除临床/研究中心（涉及具名个人）之外，HFEA还为特定项目或治疗方法颁发许可证。后者可建立在常规、完善程序的广泛基础之上，或者专门针对某些个案。例如，就植入前基因诊断而言，其许可证最初仅针对特定疾病。凭借丰富的经验，该机构已放宽了许可范围，研究中心目前可针对各类遗传疾病获得许可证，但此类许可仍需经过HFEA的审批，因此不允许在涉及配子和胚胎的应用中将其用于“非标签指定用途”。

不同司法管辖区的产品监管结构具有极大的相似性，其重点在于在上市前平衡风险和利益。细胞疗法产品的条件性批准或其他加速审批机制的可用性及胚胎和配子的管理制度存在一定差异。在临床护理方面，英国通常将标签外用途视为许可用途，但对涉及配子和胚胎的治疗方法实施更为全面的控制措施。

总体而言，美国的监管体系结构足以对人类基因组编辑研究和产品审批实施有效监管，但仍有改进空间。第 3～7 章确定了可做出额外努力的具体领域。

建议 2-1 以下原则将加强人类基因组编辑研究和临床应用的监管体系。

1. 促进福祉
2. 透明度
3. 谨慎注意
4. 科学诚信
5. 尊重人格
6. 公平
7. 跨国合作

3 利用基因组编辑进行基础研究

近年来，基因和基因组 DNA 编辑方法取得的显著进步使科学界受到了极大的鼓舞，并对基础研究和应用研究的众多领域产生了重大影响。早在 60 年前，人类就发现地球上所有生物均按照 DNA 序列进行编码并且代代遗传，该领域的快速发展极大地增强了人类对 DNA 的理解和操纵能力。

本章回顾了涉及人类基因组编辑的各类基础实验室研究及其目的。首先描述了基因组编辑的基本工具和基因组编辑技术的快速发展，之后详细介绍了如何将基因组编辑应用于基础实验室研究，从而增进人类对人体细胞和组织、人体干细胞、疾病、再生医学、哺乳动物生殖发育等领域的了解。最后总结了本研究涉及的伦理和监管问题。本章提供了与基因组编辑基础试验密切相关的关键术语；辅文 3-1 针对此类最基本的术语给出了定义。

基因组编辑基本工具

从细菌到植物甚至人类，虽然其基因组大小和基因数量存在巨大的差异，但所有生物体均使用类似的机制进行编码和基因表达。因此，深入了解任何生命形式均有益于了解其他生命形式，并且可提供跨物种获取的洞察和应用方法，这一事实已在基因和基因组编辑方法的开发过程中发挥了独特的价值。

最早的分子生物学研究与细菌及其病毒相关，相对简单和易于分析的特点使其成为创建遗传密码和基因表达基础的关键，涉及复杂生物体的平行研究均以此类细菌研究取得的进展为基础。20 世纪 60 年代中期，人类了解到细菌、植物和动物在许多方面具有相同的基本分子机制。有关细菌的重要发现揭示了它们抵御病毒的部分机制，包括限制性核酸内切酶（细菌蛋白质，用于切割感染病毒的 DNA 并“限制”其生长）。这项发现使科学家能够以可预测和可复制的方式切割 DNA，并将切割片段重新组装成重组 DNA。

辅文 3-1

基本术语

以下是理解任何 DNA 研究的基本术语。

DNA 是四种类似重复单位（A、T、C、G）的长链聚合物，不同字母表示核苷酸碱基的不同单位。碱基配对的特异性（A 与 T 配对，G 与 C 配对）形成了两条互补碱基链结合而成的 DNA 双螺旋。DNA 序列片段可对复制（转录）自 DNA 的基因进行编码，使其成为第二种核苷酸聚合物（RNA）。部分 RNA 通过与其他 RNA 配对影响其功能，另一部分则促成细胞活动所必需的结构，包括复制部分 RNA 分子对蛋白质进行编码。蛋白质是由 20 种不同类型氨基酸构成的聚合物；复制 RNA 并形成蛋白质的过程称为翻译，这是因为其被翻译成不同的“语言”，并且被“写入”氨基酸而非核苷酸。此类蛋白质聚合物折叠成复杂的三维形状，从而形成组成人体细胞的构建单元，并发挥生物体的各种功能。从 DNA 到 RNA 的转录和 RAN 到蛋白质的翻译，这两种过程的结合被称为基因表达，并且受到严格的调控，以确保基因在适当的时间和位置以正确的数量得到表达。因此，单个细胞的功能取决于它们表达的基因。生物体中的一整套基因被称为基因组。大多数人类细胞均含有两套完整的人类基因组，每套基因组包含 30 亿个碱基对，并且编码大约 2 万个蛋白质编码基因，此外还包含控制其表达的调控因子。人们可将基因组视为“代码”或“软件”，而 RNA 和蛋白质及其结构则构成细胞和生物体的“硬件”。

20 世纪 70 年代中期，重组 DNA 技术显然为 DNA 的有效结合提供了有利的手段，并且在生物技术领域有着广阔的应用前景。然而，这种潜力也引发了新的问题，人们担心此类新方法的应用可能会带来一定程度的风险。考虑到这些令人关注的问题，一组科学家和一些专业人士于 1975 年召开了阿西洛马会议，针对这项新技术讨论了必要的预防措施，并制定出一套指导原则以调解遏制政策和研究过程。此指导原则的衍生制度至今仍在重组 DNA 研究中发挥着监管作用，部分原则已被纳入官方监管体系。事实上，最极端的关切问题并未发生。如今，重组 DNA 技术已在世界范围内得到广泛应用，并且在科学理解和医学进步（包括众多有价值的药物和治疗方法）方面为人类带来了巨大的贡献，生物技术产业也已经成为世界经济蓬勃发展的一部分。

在利用重组 DNA 技术开发的方法中，转基因是指将 DNA 导入其可表达的细胞中。该方法被广泛用于基础实验室研究（详见附录 A）。当此类外源 DNA 被引入到细胞中时，其可大量随机插入到细胞基因组的 DNA 中，并且可被表达为 RNA 和蛋白质（具体取决于插入方式和位置），尽管整个过程不具备充分的有效性。生成分子工具的技术是发展过程中的一项重大进展，此类技术可用于切割特定位置的基因和基因组 DNA，从而使 DNA 序列发生有针对性的变化。双链断裂（DSB）可由在特定位点切割 DNA 的核酸酶产生（最初在酵母中发现的归巢核酸酶，有时也称为大范围核酸酶）（Choulika 等，1995；Roux 等，1994a、b）。在此后的 20

年中，研究人员基于此类突破性发现开发出了可针对特定位点的其他核酸酶类型，并且在改造后将其应用于靶向 DNA 切割（Carroll，2014）。

此类双链断裂也可在 DNA 复制过程中或受到辐射或化学损伤时自然发生，且细胞已通过重新连接末端逐步形成修复机制（一种被称为非同源末端连接或 NHEJ 的过程）。但是，这种重新连接的过程通常并不完善，在修复过程中可能会引入微小的插入和删除操作。此类插入或删除（插入或缺失）操作可破坏 DNA 序列，且通常会使被切割的基因失活。这种通过 NHEJ 进行的靶向切割和不精确修复提供了使基因或基因调控因子失活的方法。虽然由此产生的插入或缺失长度通常是一个或几个核苷酸，但在某些情况下，它们可能由数千个碱基对组成。通过 NHEJ 进行的基因组编辑也可用于创造特定的染色体缺失或染色体易位（在不同位点同时产生两个 DSB，然后在这两个位点进行重新连接）。这些位点可在同一染色体上产生缺失或在不同的染色体上产生易位。

如果在细胞的断裂修复过程中提供与裂解 DNA 共享序列（即同源序列）的额外 DNA 片段，则可实现更加精确的编辑。这种同源修复也被用于正常的细胞修复机制。此类机制也可用于做出精确的改变。如果将与裂解序列存在细微差异的同源 DNA 导入到细胞中，则可将这种差异插入到基因或基因组序列中，该过程被称为同源定向修复（HDR）。HDR 也可用于在精确的基因组位置插入可变长度的新型序列（如一个或多个基因）。与 NHEJ 相反，HDR 介导的基因组编辑有助于科学家预测编辑的位置及最终变化的规模和序列。因此，HDR 介导的编辑与可对文字进行精确更改的文档编辑极为相似。

用于编辑基因和基因组的两种靶向核酸酶已得到广泛开发，即锌指核酸酶（ZFN）和类转录激活因子效应物核酸酶（TALEN）。两者均依赖于其正常功能与相对较短的 DNA 序列相结合的蛋白质。锌指是多细胞生物体通过 DNA 结合控制其基因表达的蛋白质片段（通常也与锌相结合作为其结构的一部分，因而被称为锌指）。它们可由分子生物学家进行设计以识别不同的 DNA 短序列，并且可与切割 DNA 的核酸酶相连接。因此，锌指针对基因和基因组中的特定序列，且附着核酸酶通过切割 DNA 的两条单链形成双链断裂。ZFN 已被开发用于基因编辑，并且正处于临床试验阶段，如使艾滋病患者获得人类免疫缺陷病毒抗体（Tebas 等，2014）。TALEN 研究与 ZFN 类似，其同样利用最初在感染细菌的植物中发现的 DNA 识别蛋白（类转录激活因子效应物或 TALE）。TALE 蛋白的 DNA 识别序列由重复单位组成，每个重复单位可识别 DNA 中的单个碱基对。TALE 拥有比锌指更简单、更易于设计的结构，并且可以类似的方式与切割 DNA 的核酸酶相连接，产生 TALEN。近年来已有报告表明，可在临床前阶段应用 TALEN 创造淋巴球以治疗急性淋巴细胞白血病（Poirot 等，2015）。

因此，此类工具已经成为将基因组编辑用于基因疗法的完善方法，许多相关的安全和监管问题已经得到解决（参阅第 4 章）。然而，设计特定位点的 TALEN 版本甚至更多 ZFN 版本所需的蛋白质工程仍然面临着技术性挑战及耗时和成本高昂等问题。

在过去的 5 年中，研究人员已经开发出一套全新的 CRISPR/Cas9 系统（CRISPR 代表成簇的规律间隔的短回文重复序列）（Doudna 和 Charpentier，2014；Hsu 等，2014）。当与 Cas9（CRISPR 相关蛋白 9——RNA 靶向核酸酶）或其他类似的核酸酶配对时，在 CRISPR 系统上模拟的 RNA 短序列可随时进行编程以编辑特定 DNA 片段。与早期的方法相比，CRISPR/Cas9 是一套更加简便、快速、廉价且高效的系统。与 TALE 一样，CRISPR/Cas9 最初是在细菌中被发现的，其可作为免疫系统的一部分保护细菌免遭病毒侵袭（Barrangou 和 Dudley，2016；Doudna 和 Charpentier，2014）。CRISPR/Cas9 最主要的区别性特征是使用 RNA 序列而非蛋白质片段通过互补碱基配对来识别 DNA 中的特定序列。

在 2012 年进行的第一次重新改造中（Jinek 等，2012），细菌核酸酶 Cas9 与被称为向导 RNA 的单个 RNA 序列相结合以识别任何选择序列。这种双组分系统可通过向导 RNA 与 DNA 中的选定位点相结合，并利用 Cas9 核酸酶切割 DNA。由于合成任何指定序列的 RNA 是一种较为简单的操作，因此，CRISPR/Cas9 靶向核酸酶的生成同样具有易于操作的特点——系统可随时进行编程以指向任何基因组中的任何序列。人们可通过专门的程序选择合适的向导 RNA，虽然并非所有指导都能很好地发挥作用，但通过测试找到有效的指导也并不是一个困难和成本高昂的过程。这种设计的简便性，以及 CRISPR/Cas9 卓越的特异性和效率使得基因组编辑领域发生了革命性的变化，并且对基础研究的进步、生物技术、农业、昆虫控制和基因疗法等应用领域具有重大意义。

图 3-1（彩图 1）对 ZFN、TALEN 和 CRISPR 基因组编辑的方法进行了总结。如前文所述，目前此类基因组编辑的方法已经普遍应用于广泛的生物科学领域，包括细胞和实验动物的基础实验室研究，涉及农作物和农场动物改良的农业应用领域，以及研究和临床应用层面的人类健康应用领域。美国国家科学、工程与医学院的其他研究已经涉及农业领域的应用问题（参阅第 1 章），临床应用潜力将在本报告的后续章节中进行详细讨论。本章的关注重点是利用基因组编辑进行的基础实验室研究。

这项研究解决了在培养细胞和实验性多细胞生物体（如小鼠、苍蝇，植物）中应用和优化基因组编辑方法的基本问题。此类基础研究将在改进基因组编辑的未来应用中发挥至关重要的作用。此外，基因组编辑在实验室研究中的应用增加了功能强大的新工具，有助于人们了解基本细胞功能、代谢过程、病理感染的免疫力和抵抗力，以及癌症和心血管疾病等病症。此类实验室研究需接受标准实验室安全机制的监督。除此类应用领域之外，本章还探讨了在人类生殖细胞的基础研究中使用类似方法的可能性（非生育目的，仅用于实验室研究）。这项研究对早期的人类发育和生殖成功过程提供了有价值的见解，并且可因对人类胚胎和生殖细胞的研究（或通过改进干细胞的体外衍生和维持）而带来临床益处。

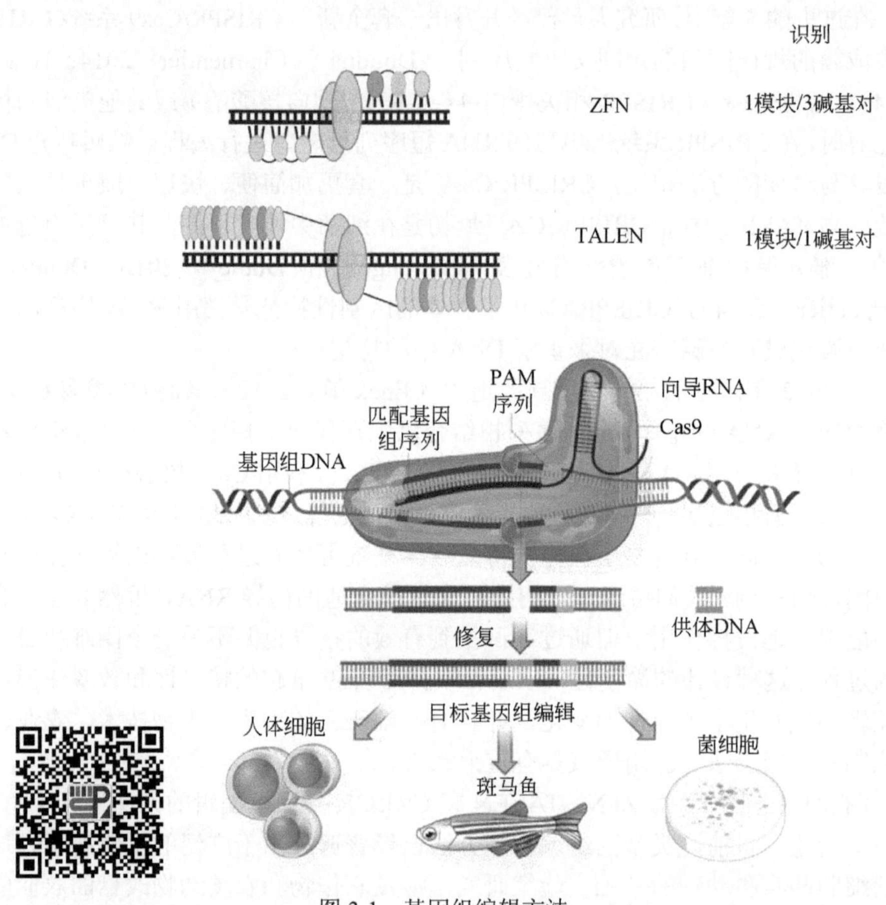

图 3-1 基因组编辑方法

顶部：锌指核酸酶（ZFN）。彩色模块（module）代表锌指，每个模块均可识别 DNA 中 3 个相邻的碱基对（bp）；此类模块与 Fok Ⅰ 核酸酶二聚体偶联，从而在 DNA 中进行双链切割

中部：类转录激活因子效应物核酸酶（TALEN）。每个彩色模块均可识别 DNA 中的单个碱基对；此类模块与 Fok Ⅰ 核酸酶二聚体偶联，从而在 DNA 中进行双链切割

底部：CRISPR/Cas9。需要衍生自成簇的规律间隔的短回文重复序列（CRISPR）的双组分。通过向导 RNA（紫色）使 Cas9（蓝色）等核酸酶导向 DNA 上的特定位点，该向导 RNA 结合与短原型间隔子邻接基序（PAM）序列（黄色）相邻的 20 个碱基序列相结合，并对 DNA 进行靶向双链切割

在上述三种情况下，DNA 切割可通过末端非同源连接或通过一段同源 DNA（绿色）进行修复，使来自任何物种的目标生物体基因组发生变化（更多细节请参阅附录 A）

资料来源：顶部和中部（Beumer 和 Carroll，2014）；底部（Charpentier 和 Doudna，2013）

基因组编辑技术的快速发展

CRISPR/Cas9 的开发使基因和基因组编辑科学发生了革命性的变化，随着更多基于 CRISPR 的系统在各个用途方面得到开发和部署，其基础科学研究也进入了飞速发展的阶段。不同的细菌种类所需的 CRISPR 系统均略有不同，尽管 CRISPR/Cas9 系统因其易于操作的特性而得到广泛应用，但仍需开发可提高方法灵活性的替代系统（Wright 等，2016；Zetsche 等，2015）。

未来需要解决的问题是如何提高 CRISPR 指导核酸酶介导的 DNA 切割的特异性和效率。向导 RNA 识别的大约 20 个碱基序列具有较大的特异性［在 1×10^{12} 个碱基对（相当于数百个哺乳动物基因组）中，精确匹配属于偶然事件，其概率大约为一万亿分之一］，因此出现脱靶（核酸酶未在预期位置进行切割）的可能性较小，特别是在指导 RAN 与 DNA 序列的结合与预期靶标略有不同的情况下。部分早期实验显示出较高的脱靶事件发生率，但随着方法的不断改进，以及其应用领域逐渐转向正常细胞而非培养细胞，脱靶切割的频率似乎已经出现明显的下降趋势。研究人员已经在 Cas9 切割的特异性方面取得了一些进展（Kleinstiver 等，2016；Slaymaker 等，2016），并且已开发出监测脱靶切割频率的方法（更多细节请参阅附录 A）。

关于修饰 CRISPR/Cas9 系统以避免 DNA 裂解的方法，其开发过程已取得另一项重大进展。例如，使 Cas9 的核酸酶功能失活，从而导致指导 RAN 和此类“死亡”型 Cas9（dCas9）的复合物通过向导 RNA 指向特定位点，但不会对 DNA 进行切割（Qi 等，2013）。但是，如果将具有不同活性的其他蛋白质与 dCas9 偶联，则可对 DNA 或其相关蛋白质进行不同类型的修饰。因此极有可能设计出 CRISPR/Cas9、ZFN 或 TALEN 的变体，并利用其打开或关闭相邻基因的特性实现单碱基变化，或者修饰与染色体中的 DNA 相关的染色蛋白质，从而修饰基因的表观遗传调控（Ding 等，2016；Gaj 等，2016；Konerman 等，2015；Sander 和 Joung，2014）。所有此类非裂解变体均无法切割 DNA，因此可减少发生有害脱靶事件的可能性，同时引入许多其他修饰能力以增强特异性并减少脱靶事件（更多细节请参阅附录 A）。最近，CRISPR/C2c2（一种可编程的由 RNA 指导的 RNA 裂解核酸酶）（Abudayyeh 等，2016；East-Seletsky 等，2016）已被指出可用于敲低特定基因的 RNA 复制而不影响基因本身。这项开发成果有望使不可遗传或可逆的编辑成为可能。从以上简要概述可以看出，此类 RAN 指导的基因组编辑系统的快速发展和通用性为操纵基因表达和功能提供了多种方式。关于在多种细胞类型（包括人多能干细胞）和小鼠细胞中进行诱导性敲低或敲除的方法，最新研究报告（Bertero 等，2016）进一步扩展了此类方法的潜力。所有此类进步已经使这些方法迅速发展成为全球范围内的分子生物学基本工具，为过去 40 年间组合的现有工具包增加了新工具。如今，这些方法因其易于操作的特性被广泛应用于细胞和实验动物（如酵母、鱼、小鼠等）基因功能的研究过程中，从而增进人类对生命的认识。此外，这些方法也可用于研究干细胞的衍生和分化，提供与再生医学相关的基本见解，开发人类疾病的培养模型，从而促进人类对疾病过程的理解，同时也可在体外对人类细胞进行药物测试。

基础实验室研究可增进人类对人体细胞和组织的认识

基础生物医学研究旨在发现基因组编辑的更多机制和功能，从而为人类医学提供了重要的发展机遇。在实验室中针对人类细胞、组织、胚胎和配子开展的基因组编辑研究为进一步了解以下领域提供了重要途径：人类基因功能、基因组重排、DNA 修复机制、早期人类发育、基因与疾病之间的联系、癌症的扩散及其他具有强大遗传基础的疾病。通过基因组编辑操纵基因和基因表达有助于人们了解基因在人类细胞中的功能，包括其因疾病出现功能障碍的原因。例如，编辑人工培养的人类细胞以模拟因癌症或遗传疾病发生的变化，为此类疾病的培养模型提供理论分子基础（导致缺陷）的重要依据。此类实验室研究还有助于开发对抗此类缺陷的方法，如在培养细胞的过程中测试潜在药物。与过去相比，所有此类方法的简便性均已得到较大的提升。

衍生自早期胚胎的部分细胞在受精后（植入女性子宫进入发育阶段之前）被称为胚胎干（ES）细胞。此类 ES 细胞具有一定的科研优势，因其可在培养细胞的过程中进行繁殖，虽然其自身缺乏发育成胎儿的潜力，但有可能形成所有不同的身体细胞类型。如今，人们也可操纵成体细胞将其转化为能够形成多种细胞类型的状态，并由此创造出干细胞，从而减少从早期胚胎获取干细胞的需求。此类细胞被称为诱导多能干（iPS）细胞。这种多能干细胞可在体外培养并诱导发育成许多不同的细胞类型，如神经细胞、肌肉细胞或皮肤细胞等。过去几十年间，在了解干细胞及其应用方法的基础上，再生医学领域的基础研究已取得多项进展，该领域旨在修复或替换人体组织内的受损细胞，或者在患病或受伤之后生成新组织。此类用途逐渐成为临床实践的相关领域，虽然本章并未涉及基因变异细胞在人类领域的应用情况（参阅第 4 章），但对科学家致力于人类和动物干细胞基础实验室研究的若干重要原因进行了阐述。

关于在人类胚胎干细胞和 iPS 细胞中进行各种遗传修饰，基因组编辑方法一直发挥着极其重要的作用。在有效的基因组编辑工具出现之前，此类细胞已被证实能够抵抗在小鼠 ES 细胞中有效使用的标准同源重组工具所产生的基因修饰。在人类细胞中使用此类工具可导致极低的靶向重组频率。利用高效的 CRISPR/Cas9 技术可快速生成经过标记的报告细胞系，使其有可能遵循分化途径、寻找相互作用蛋白质、分选合适的细胞类型，并且研究细胞中单个基因和路径的功能及其他众多的应用领域（Hockemeyer 和 Jaenisch，2016）。例如，在特定基因中进行精确靶向突变和纠正的能力可在同一遗传背景下产生具有不同特定疾病等位基因的人类胚胎干细胞，并利用其研究此类致病基因的影响（Halevy 等，2016）。另一方面，基因组编辑还允许针对患者特异性 iPS 细胞系的疾病突变进行靶向纠正，以产生基因匹配的对照细胞系。此类经过修饰的干细胞主要用于开展实验和临床研究、研究特定疾病过程和测试可用于治疗此类疾病的药物。今后，此类经过编辑的干细胞系还可用于各种形式的体细胞疗法（参阅第 4 章）。

基础实验室研究可增进人类对哺乳动物生殖和发育过程的认识

生殖细胞是指能够参与新个体形成过程并将其遗传物质传递给新一代的细胞。生殖细胞包括形成卵子和精子的前体细胞及卵子和精子细胞本身。当受精并产生胚胎时，胚胎的最初阶段被称为合子（受精卵）和胚泡，有可能分裂并形成构成未来个体的所有细胞，包括体（身体）细胞和新的生殖细胞。随着胚胎的继续发育，其细胞将逐渐分化成具有特定功能的细胞类型（如形成神经系统、皮肤或肠道中的特殊细胞）。

在繁殖和发育过程中，直接在配子（卵子和精子）、卵子或精子前体细胞或早期胚胎中发生改变的基因不仅会伴随组织细胞增殖，而且也会遗传给下一代。正如上文所强调的，本章仅关注基因组编辑在实验室的应用情况，而并没有涉及人类或胚胎的应用方法（通过移植技术获得妊娠）。尽管如此，了解参与人类发育及其功能的细胞类型仍然至关重要，研究人员将根据此类信息确定针对特定科学问题的研究方式，此类信息还将为伦理、监管和社会方面的讨论（在基础实验室研究中使用胚胎等人类细胞的时机和原因）提供参考。

生殖系干细胞和祖细胞的基因组编辑

研究人员已经能够在小鼠受精卵（合子）、早期胚胎的个体细胞、多能 ES 细胞或精原干细胞中进行基因组遗传修饰（和体细胞一样）。在所有此类情况下，可直接在胚胎或人工培养的细胞中研究遗传修饰的影响。目前已有多种基因操作方法，并且可对多种细胞类型进行此类操作。下列细胞类型均被认定为生殖细胞系的组成部分，或者有能力促成生殖细胞的形成。

- 衍生自正常早期胚胎的胚胎干细胞（胚泡期）。
- 来自体细胞核移植（SCNT）后早期胚胎的细胞[35]。
- 通过将体细胞重编程为类 ES 细胞状态获得的 iPS 细胞。

在小鼠中，这些细胞类型均可通过基因组编辑进行实验性操作。上述类型的

35 SCNT 技术可从卵细胞中取出原始细胞核，然后替换为取自另一细胞（例如，经过基因组编辑的体细胞）的“供体”细胞核。这是克隆“多莉”的一种技术，“多莉”是第一个利用成体细胞克隆而成的哺乳动物。

干细胞在引入桑葚胚期或胚泡期后可促成体内生殖细胞的形成。该过程通常会形成一个嵌合体胚胎，其中部分细胞来源于引入胚胎的干细胞，其余部分则由最初的胚胎细胞形成。研究人员可通过人工培养获得小鼠或大鼠的精原干细胞，并对其基因组进行编辑，之后可将细胞引入受体小鼠或大鼠睾丸，使其产生可使卵母细胞受精（至少在体外）的精子（参阅附录A，Chapman等，2015）。在所有此类情况下，当产生的胚胎被转移回子宫完成妊娠时，则很有可能建立携带基因突变的小鼠系。此类方法为探索基因组中所有基因的功能和开发人类疾病的啮齿动物模型提供了前所未有的机遇。原理论证实验报告表明，研究人员已经在小鼠合子（Long 等，2014；Wu 等，2013）、胚胎干细胞或精原干细胞（Wu 等，2015）中成功纠正与疾病相关的基因突变，并在此后通过生殖细胞进行传播，从而产生经过基因修正的小鼠。

将基因组编辑技术应用于同等人类细胞类型对于基础研究而言拥有巨大的潜在价值，但无意将此类经过操纵的细胞用于人类生殖。增进对早期人类胚胎发育的了解同样具有重大的意义，此类知识有助于回答与人类早期发育相关的问题，并且可增进人们对各类临床问题的认识，以便制订潜在的预防和治疗措施。下文对若干应用领域进行了阐述。

辅助生殖技术的改良

人类生殖技术和遗传疾病的植入前遗传学诊断（PGD）获得成功的关键因素在于体外受精（IVF）和人类胚胎的人工培养（从合子到胚泡期）。然而，为了确保人工培养的个体胚胎保持正常状态且具备完成妊娠的能力，仍需开发出一种有效的工具。大多数胚胎研究均以小鼠胚胎为基础，此类胚胎在某些方面与人类胚胎相似，但在其他方面却存在较大差异（详见辅文3-2）。人类胚胎的培养条件在很大程度上以小鼠胚胎的培养条件为基础。在人工培养的人类胚胎中发现非整倍体的概率[36]高于其他物种。这种非整倍体通常具有镶嵌性，换言之，胚胎细胞不同，这种非整倍体也有所不同（Taylor 等，2014），但其产生的原因及其与体外培养条件的关联方式仍然有待了解。此外，也有人担心体外人类胚胎可能会出现表观遗传学[37]异常（Lazaraviciute 等，2014），其可能会对发育或健康甚至生命后期阶段产生影响。对人工培养早期阶段的人类胚胎进行研究有助于科学家更好地了解控制早期人类胚胎发育的细胞和分子途径，以及人工胚胎能够成功发育的条件。

此类知识也有助于改善体外受精的结果。

36 染色体数目不是通常单倍体数的确切倍数。

37 术语“表观基因组”是指对基因组DNA及在染色体中结合以影响基因表达方式的蛋白质和RNA进行的一组化学修饰。

辅文 3-2
小鼠与人类之间的发育差异

在过去的几年中，关于允许合子发育成胚泡的研究事件，人类对该问题的认识已经取得了重大进展，胚胎发育的最初阶段将形成不同的细胞类型。此类研究多数以小鼠胚胎为基础。但显而易见的是，小鼠和其他啮齿动物胚胎的发育与人类和大多数其他哺乳动物的发育之间存在很多重要的差异（图 3-2，彩图 2）。因此，人类仍有必要对此开展大型研究，以便了解具体差异、产生差异的原因和此类差异的重要性。在实验室中进行的人类细胞和早期胚胎基因组编辑为解决此类问题提供了重要工具。

小鼠胚泡的发育时间为 3～4 天，而人类胚泡发育则需要 5～6 天。胚泡约有 100 个细胞，直径约为 1/10mm，并且只含有三种细胞类型。被称为滋养外胚层的外层包围着由原始内胚层和外胚层细胞组成的内细胞团。小鼠、人类和其他所有哺乳动物的胚胎均在发育过程的最初几天分化出在子宫、胎盘和卵黄囊内存活所必需的大部分细胞类型，此类细胞分别衍生自滋养外胚层和原始内胚层（Cockburn 和 Rossant，2010）。外胚层细胞是形成整个胚胎（包括其生殖细胞）的多能细胞（Gardner 和 Rossant，1979）。

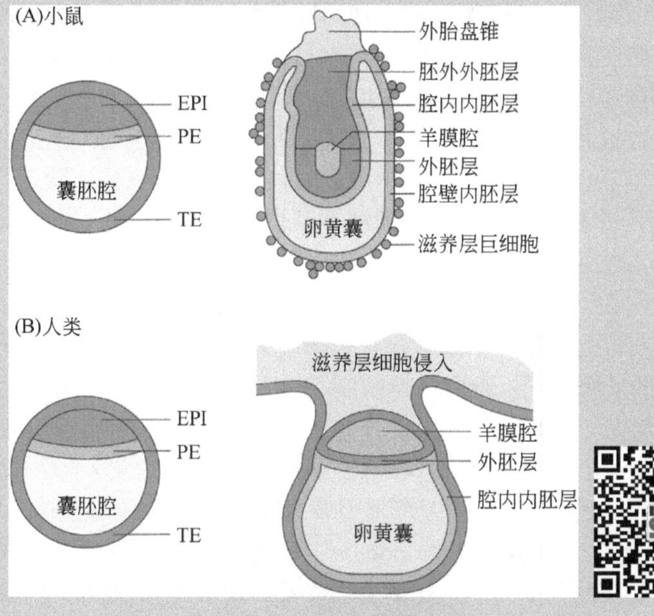

图 3-2 小鼠与人类胚泡和植入后早期发育的比较

EPI：外胚层；PE：原始内胚层；TE：滋养外胚层

资料来源：Rossant，2015

尽管这两个物种的胚泡看起来极为相似（图 3-2 中左图），但植入后阶段（图 3-2 中右图）却表现出显著的差异，特别是在胚外组织中。

（图 3-2A）在植入后阶段，小鼠胚泡的滋养外胚层进入增殖期，并受到来自外胚层（EPI，蓝色）、胚外外胚层（绿色）和外胎盘锥（浅绿色）的 FGF4 信号的刺激。在胎盘发育之前，通过小鼠滋养层细胞对母体子宫的侵入有限。

（图 3-2B）在植入后阶段，人类胚泡的滋养外胚层并未与外胚层保持紧密接触，而是侵入子宫内膜，形成绒膜绒毛。

除了图 3-2 总结的差异之外，这两个物种在早期胚胎的发育控制方面显然还存在其他差异。在小鼠胚胎中，科学家已对促使三种胚泡细胞类型形成的信号通路和下游基因调控途径有了充分的了解（Frum 和 Ralston，2015）。在胚泡期之前，每个细胞的命运都被限制在这三种类型之中。对早期小鼠胚胎活动分子的分析有助于人们理解建立细胞多能性的基本原理。此类信息及 ES 细胞研究的相关知识有助于促进 iPS 细胞的发育，在此过程中，成体细胞可通过已知的在早期胚胎中表达的因子重编程为多能细胞（Takahashi 和 Yamanaka，2006；Takahashi 等，2007）。建立 iPS 细胞的能力是基础实验室研究促成相关领域（再生医学）取得重大进展的典型范例。科学家可以利用此类细胞产生能够用于研究或治疗疾病的细胞，从而极大地减少使用胚胎细胞的需求。由于 iPS 细胞可从人体自身的细胞中产生，因此，如果将来自某一个体的细胞用于另一个体，其同样可将免疫排斥反应控制在最低限度之内。

与小鼠的发育过程相比，科学家对人类胚胎中形成胚泡的细胞和分子活动仍然知之甚少。虽然已经针对细胞谱系限制时间开展了一系列实验，但由于可用于研究的胚胎数量有限，因此其精确性不及使用小鼠的实验。目前，科学家尚未找到适当的方法来应对人类胚胎发育领域的挑战。基因组编辑工具的发展有助于填补这一空白。

小鼠和人类发育的移植后早期阶段在形态学方面存在差异，其具体形式目前尚不明确。最新的数据表明，细胞谱系限制发生在人类胚胎（非小鼠胚胎）的后期阶段，而非胚泡完全发育之后。用于分析少量组织中基因表达（甚至是单细胞基因表达）的新技术正在帮助科学家深入了解控制谱系发育的分子途径。单细胞 RNA 测序是一种研究单细胞全基因组基因表达的方法，该方法已被应用于早期人类胚胎（Blakeley 等，2015；Petropoulos 等，2016）。从这些数据中可以明显看出，人类和小鼠在发育基因表达图谱方面存在一定的相似性和显著的差异性，包括小鼠植入前发育阶段的部分关键遗传驱动因素。虽然已经能够推测驱动人类植入前发育的必要基因，但目前尚不清楚其重要性。诸如 CRISPR/Cas9 等基因组编辑方法可用于确定特异性表达基因在人类植入前发育阶段的作用。

小鼠和人类胚泡构造的差异同样构成了衍生自这两个物种的 ES 细胞特性的显著差异（Rossant，2015）。尽管小鼠 ES 细胞和人类 ES 细胞均衍生自胚泡多能细胞，并且拥有部分相同的关键多能性基因表达，但其仍然具有诸多不同的特性，包括其依赖不同的生长因子进行自我更新。人类 ES 细胞的大多数特性更接近于小鼠发育的植入后早期阶段发现的外胚层细胞。这一事实引发的疑问：人类胚胎是否真正经历了在小鼠胚泡和ES细胞中观察到的所谓多能性“原始”状态（Huang 等，2014；Pera，2014）。

除了从胚泡中的多能细胞谱系获得 ES 细胞之外，还可在小鼠中衍生与外胚层和胚外内胚层祖细胞（专业术语为 TS 和 XEN 细胞）相对应的干细胞（Rossant，2015）。这些干细胞类型对于理解分化的分子机制和此类细胞谱系的特性具有重要价值，此类细胞谱系与健康和疾病状态下的胎盘和卵黄囊生物学相关。然而，从人类胚泡中获得同等胚外干细胞类型的尝试尚未成功（Hayakawa 等，2014）。此类细胞系拥有重要的价值，特别是考虑到各种哺乳动物的胎盘类型在进化趋异水平方面存在极大的差异。与小鼠和其他哺乳动物相比，这种趋异性包括构成人类胎盘的细胞类型的显著差异。例如，存在于类人猿胎盘中的合体滋养层细胞（侵入子宫内膜并与子宫内膜直接相互作用的子宫内膜细胞）可能在人体中具有独特的特性。因此，依靠从小鼠细胞研究中获得的知识来了解人类胎盘的正常发育过程是不可行的。同样，此类知识也无法帮助人类了解某些病理学，如因胎盘问题或胎盘与母体未能形成有效的相互作用而导致的流产，或者因胎盘侵入子宫而导致的绒毛膜癌。

上文所探讨的人类与小鼠之间的所有差异意味着科学家无法在研究小鼠的过程中准确推断人类胚胎中的发育活动。这种局限性对于体外受精（IVF）技术的改良及最佳多能干细胞或其他干细胞的衍生（用于人类疾病建模和未来再生疗法）将产生实际影响。因此，在允许针对人类胚胎进行此类研究的司法管辖区内，对人类植入前发育阶段的实验研究正受到广泛关注。这项研究的目标是了解基本的受精活动、胚胎基因组的活化、细胞谱系发育、表观遗传事件（如 X 失活）及此类事件与小鼠研究的比较和对比情况。

类似的研究也可为人类自然受孕早期具有较高妊娠丢失率（10%～45%，具体取决于母亲的年龄）及导致不育的原因提供参考。深入了解精子的发育过程是解决男性不育问题的重要环节。多能干细胞来源于早期胚胎，此类细胞可在人工细胞中生成 ES 细胞。深入了解人类胚胎的发育过程将为多能细胞的起源和调控提供见解，并且有助于人们了解如何将此类知识转化为用于再生医学的改良干细胞。此类研究的潜在益处不仅限于胚胎干细胞，也可用于植入前在早期胚胎中确定形成卵黄囊和胚胎的细胞类型。卵黄囊和胎盘将在妊娠期与母体建立至关重要的联系，并且将提供使胚胎能够存活的营养物质和其他要素。此类组织的缺陷会对妊娠期造成影响，或者导致流产、早产或新生儿异常。深入了解卵黄囊和胎盘的起源有助于改进克服不孕症和预防早期流产的技术，也有助于了解和预防先天性畸形。虽然科学家对人体内的此类过程几乎一无所知，但此类胚外细胞类型也为胚胎移植后早期阶段的模式提供了线索。表 3-1 总结了本章讨论的此类可能性和其他相关方面。

表 3-1 针对人类胚胎开展实验室研究的原因

体外研究	临床成果
体外受精研究	体外受精（IVF）和植入前遗传学诊断（PGD）得到改进 避孕方法有可能得到改进
改进早期人类胚胎的培养过程	IVF 和 PGD 得到改进 了解导致流产和先天性畸形的原因
胚胎外组织（卵黄囊和胎盘）的发育	了解植入失败和流产的原因
多能干细胞的分离和体外分化	人类疾病的体外建模（针对药物和其他疗法的实验测试） 用于体细胞基因或细胞疗法和再生医学的改良细胞
精子和卵母细胞发育研究	治疗不育症的潜在新方法

了解人类的发育过程

通过 CRISPR/Cas9 进行的基因组编辑和类似技术在开展此类实验所需的工具集中占据重要地位。CRISPR/Cas9 引导的特定靶标通路的激活或失活有助于理解发育过程中的整体基因调控。事实上，随着 CRISPR/Cas9 效率的不断提高，利用基因组编辑敲除[38]合子中的基因将成为可能，此外还可直接对转基因胚胎的影响展开研究。此类实验均未涉及人类妊娠，因此不会产生可遗传的生殖细胞修饰。所有实验均在体外进行，并且将重点对发育过程第 1～6 天的胚泡期进行分析。

某些情况下，在人类发育的下一阶段改变特定基因所产生的影响也引起了人们的关注，尤其是在胚胎植入子宫后的早期阶段。目前，已经有许多国家允许在胚胎层形成之前的阶段（受精后 14 天或形成“原始条纹”）对人类胚胎进行人工培养。目前，促使人类胚胎在培养期间成功发育的培养系统正处于改良阶段。最新的研究结果表明，此类系统可用于研究胚外结构和外胚层形成“胚胎盘”的细化阶段，该过程在人体内的发生方式并未在小鼠体内发现（Deglincerti 等，2016；Shahbazi 等，2016）。如果将此类经过改良的细胞培养系统与通过基因组编辑得到优化的基因功能分析方法相结合，将有助于科学家深入理解人类早期发育的基本

38 “敲除”基因是指通过替换或中断原始 DNA 序列而使基因失活。

过程。目前至少有两个国家（英国和瑞典）的研究小组已获得监管许可，因此可针对人类胚胎开展 CRISPR/Cas9 实验，从而解决此类基本的生物学问题。

通过此类研究获得的知识有助于改善体外受精程序、提升胚胎着床率并降低流产率。另一方面，此类研究还可能带来新的避孕方法。此外，此类研究有助于科学家以更好的方式建立和维持来自早期胚胎阶段的干细胞，从而获得用于研究和治疗疾病与创伤性损伤的细胞类型。通过在早期人类胚胎中应用基因组编辑方法的实验室研究获得的知识，还将使科学家了解此类方法对任何潜在临床应用的适用性。换言之，基础研究有助于人们了解在基因组中产生可遗传非镶嵌性变异的可行性(参阅第 5 章)。由于可用于研究的人类胚胎属于宝贵且相对稀缺的资源，因此，关键在于确保将最有效的方法应用到此类基础生物学实验室研究中。在研究过程中，改善基因组编辑在人类胚胎中的应用所产生的各类技术问题将得到解决。相关问题包括以下几点。

- 需要引入的基因组编辑组件类型和形式。
- 是否使用 Cas9 或其他核酸酶。
- 采用何种方法引入基因组编辑组件，如 DNA、mRNA、蛋白质或核糖核蛋白复合物。
- 是否使用单个指导性 RNA、成对或多个指导性 RNA 作为编辑“机器”的一部分。
- DNA 模板的大小及是否需要该模板。
- 基因组编辑的最佳时机，即是否可通过使用双细胞胚胎获得信息，是否需要使用单细胞胚胎，或者是否最好在体外受精期间将试剂与精子一同引入。
- 是否可以接受镶嵌现象，值得注意的是，由于需要遵循细胞命运，这一点对于某些实验来说可能是一种有利条件，但在其他情况下可能需要避免，如有关分泌蛋白基因的研究。
- 如何测试和改进 Cas9 等核酸酶的修饰版本或某些修复机制的抑制剂［例如，如果需要在实验中进行同源性定向修复，则可能需要非同源末端连接的有效抑制剂（Howden 等，2016)］。

了解配子发育和不育

来源于成年小鼠睾丸的精原干细胞（SSC）系提供了丰富的细胞来源，可用于研究睾丸移植后的体外和体内精子发生过程。科学家可从基因方面改变这些细胞，并研究此类变化对精子发生过程的影响，或者通过小鼠研究其对后代的影响。此外，也可运用 CRISPR/Cas9 在体外纠正干细胞中的基因突变。该方法的原理验证已经发布（Wu 等，2015）。这项研究在小鼠 SSC 中运用 CRISPR/Cas9 编辑来纠正导致小鼠白内障的基因突变。经过编辑的 SSC 被移植回小鼠睾丸，并收集圆形精子细胞进行卵质内单精子注射（ICSI）（一种体外受精形式）以产生胚胎。所产生的后代能够以100%的效率进行正确编辑。研究人员已经使用其他物种（包括猕猴）的SSC开展类似实验（Hermann等，2012）。虽然尚无稳定人类SSC的相关报告，但其显然是了解男性不育问题的重要工具，并且有助于探索与年龄相关的高突变率等问题。这是一个较为活跃的研究领域，因其可在放疗或化疗后恢复男性癌症患者的生育能力。然而，如果将细胞移植回睾丸或用于体外受精，则培养和操纵人类SSC的能力将增加人类生殖细胞变异的可能性。

从小鼠ES细胞中产生卵母细胞和精子祖细胞的实验引发了一系列相关问题。衍生自ES的卵母细胞可通过正常精子受精，而衍生自ES的精子细胞可通过ICSI使卵子受精（Hayashi等，2012；Hikabe等，2016；Saitou和Miyauchi，2016；Zhou等，2016）。尽管最新发表的两篇论文显示，可从人类ES细胞中生成早期生殖祖细胞（Irie等，2015；Sasaki等，2015），但目前尚无法从多能干细胞中成功生成人类配子。通过使用基因编辑组方法，该研究同样强调了参与原始生殖细胞构成的人类和小鼠基因之间的显著差异。有证据表明，研究小鼠精子发生晚期阶段所获得的知识未必适用于人类的相同过程。此类研究结果反映出人类细胞研究在解决人类生物学问题过程中所发挥的作用。如果可以从人类多能细胞中生成人类单倍体配子（和小鼠一样），则将为人类了解配子发育和不育的原因开辟新的途径。此外，利用可遗传的基因组修饰来解决源自遗传因素的健康问题也将迎来更多可能性。

基础研究中的伦理和监管问题

正如第2章所述，在实验室中对体细胞进行的基础科学研究将受到安全监管，以确保实验室工作人员和环境的安全性，其中包括机构生物安全委员会对重组DNA研究的专项审查。如果细胞和组织来自可识别活体，则捐献者的知情同意和隐私将成为关键问题，但极少出现新的伦理问题，在大多数情况下，研究方案至少应在某些方面接受机构审查委员会的审查。

涉及胚胎的研究具有较大的争议性。如前文所述，在美国的少数几个州使用可用胚胎开展研究属于非法行为（NCSL，2016），虽然大多数地州允许进行此类研究，但使胚胎面临风险的研究通常无法获得卫生与人类服务部（HHS）的资助；该规定源于《迪基-威克修正案》（第114～113号公法H部分标题Ⅴ第508条），自20世纪90年代以来，该修正案一直被视为HHS拨款程序的一部分，包括针对2017年拨款提出的法案（参阅第2章）[39]。该修正案规定了以下内容。

（a）本法案所提供的资金不得用于以下用途。

（1）出于研究目的创造人类胚胎。

39 第508（a）部分请参考美国S.3040号和H.R.5926号法案。

（2）需要创造或破坏胚胎的研究，或者明知胚胎将面临损伤或死亡风险的研究，其风险程度高于 45 CFR 46.204（b）和《公共健康服务法》[42 U.S.C.289g（b）] 第 498（b）条允许的子宫内胎儿研究的风险程度。

（b）就本条规定而言，术语"人类胚胎"包括自本法颁布之日起，未被视为本法 45CFR46 规定的人类受试者进行保护的任何生物体（来自受精、单性生殖、克隆技术，或者一种或多种人类配子或人类二倍体细胞等其他方式）。

地州和联邦法律的结合将使胚胎研究在美国的大部分地区具备合法性，但通常不符合 HHS 的资助条件。

此外，根据美国国家科学院关于胚胎干细胞研究的建议，干细胞研究监督委员会对人类胚胎实验室研究的法外监督已得到了广泛采用（IOM，2005；NRC 和 IOM，2010）。最近，国际干细胞研究学会（其成员包括来自世界各地的研究人员）通过了一套指导原则，要求将此类志愿性的干细胞研究监督委员会转型成为人类胚胎研究监督（EMRO）审查委员会，并负责监督：①涉及人类发育植入前阶段、人类胚胎或胚胎衍生细胞的所有研究；②涉及体外产生人类配子的研究（此类配子将通过受精进行测试或用于创造胚胎）（ISSCR，2016）。审查工作包括提案的细节和研究人员的资格证书，并由独立的多学科科学家、伦理学家和公众成员主持。拟议委员会将在伦理框架内评估研究目标，确保以透明和负责的方式开展研究。项目提案应包含备选方法的讨论内容，并提供采用所需人体材料的基本原理，包括确定植入前胚胎数量、拟议方法及在人类而非动物模型系统中进行实验的理由。

结论和建议

涉及人类基因组编辑的实验室研究（即不涉及与患者接触的研究）所遵循的调控途径与涉及人体组织的其他基础实验室体外研究相同，其引发的问题已经在现有的伦理规范和监管制度下得到解决。

此实验室研究不仅包括体细胞研究，还包括在获准开展研究的情况下出于研究目的而捐赠和使用的人类配子及胚胎。虽然部分群体并不同意某些规则所体现的政策，但此类规则仍然有效。与人类生育和生殖相关的重要科学和临床问题需要持续对人类配子及其祖细胞、人类胚胎和多能干细胞开展研究。该研究在医学和科学方面均具有一定的必要性，虽然此类目的并未涉及可遗传的基因组编辑，但其将为未来的可遗传基因组编辑提供有价值的参考信息和技术。

建议 3-1 应使用现有的监管基础设施和流程（审查和评估涉及人类细胞和组织的基因组编辑基础实验室研究）评估将来针对人类基因组编辑开展的基础实验室研究。

4　体细胞基因组编辑

运用人类基因组编辑对体细胞进行编辑以治疗基因遗传疾病已经进入临床试验阶段。体细胞是构成身体组织（非生殖细胞）的一类细胞，与可遗传的生殖细胞编辑（参阅第 5 章）相反，体细胞变化所产生的影响仅限于治疗个体，且不会遗传给下一代。使体细胞产生基因变异即为基因疗法，这一概念已非新鲜事物[40]，在过去的几十年里，基因疗法在治疗疾病的临床应用领域已经取得了巨大进展（Cox 等，2015；Naldini，2015）。尽管 2016 年只批准了两种基因疗法（Mullin，2016），但仍有数百个早期试验和一小部分后期试验正在进行中（Reeves，2016）。用于基因疗法的现有技术方法以涉及单个细胞和非人类生物的广泛实验室研究成果为基础，确定了在活细胞或生物体中添加、删除或修饰基因的方法。通过基因组编辑方法，特别是基于核酸酶的编辑工具（参阅第 3 章）的应用，基因疗法未来的应用前景已经得到了极大的提升。

本章首先介绍了体细胞基因组编辑的背景信息，包括关键术语的定义。之后总结了基因组编辑相对于传统基因疗法和早期方法的优势，并简要回顾了基于核酸酶的基因组编辑的修复方法（同源和非同源）。紧接着探讨了体细胞基因组编辑在人类领域的应用潜力，并且依次考察了科学和技术方面的因素及伦理和监管问题。本章末尾提出了相关结论和建议。附录 A 提供了有关基因组编辑方法的更多科学和技术细节。

背景

基因、基因组和遗传变异

人类均拥有来自父母的两套遗传基因；每套基因被称为一个基因组，并且被包装进 23 对染色体中。单倍体（单个）人类基因组的长度约为 30 亿（3×10^9）个碱基对，每个体细胞（二倍体）中的两个遗传基因组对整个生命周期内组装人体细胞和发挥功能所需的信息进行编码。每个基因组均与众多其他位置的基因组有所不同（约 1000 个碱基对，或约 300 万个位置），此类遗传差异形成了每个人

---

40 基因疗法是指替换有缺陷的基因或添加新的基因，从而达到治疗或提高疾病体抗力的目的。

类个体与众不同的因素（The 1000 Genomes Project Consortium，2015）。多数此类差异的影响甚微或几乎没有影响，但部分差异会对基因表达和（或）功能产生影响。人类基因组中包含大约 20 000 条编码蛋白质的基因、构成人类细胞和身体的分子及控制基因表达时间、位置和方式的众多其他 DNA 元件（Ezkurdia 等，2014）。部分基因变异可改变其编码的蛋白质特性，而其他基因组变异则可能影响基因表达。尽管大多数人类特征均受到多个基因相互作用之间的影响，但此类变异主要影响头发或眼睛的颜色、血型、身高、体重和许多其他个体特征。此外，饮食、运动、教育和环境等其他因素也会通过与人的基因构成相互作用而产生重大影响。

基因组序列中的多数变异来源于细胞分裂过程中复制（拷贝）DNA 所产生的碱基对序列的变化（可将其视为印刷变化）。此类变异以一定的速率持续发生，尽管细胞拥有校对和纠正此类变异的机制，但部分变异避开了校对过程并持续存在。此外，辐射（如太阳光中的紫外线、宇宙辐射或 X 线）或环境中的化学物质（如香烟烟雾和其他致癌物）将增加 DNA 变异的频率。如上文所述，多数此类变体的影响甚微或几乎没有影响，但其他变体则具有积极或有害的影响。人类作为一个独立的物种进化并持续至今，这种人类基因组变异过程在不断地进行。进化过程依赖于持续产生的变体——选择有利的变体，同时抵抗有害的变体。然而，特定变体的有利性和有害性可因具体环境的变化而变化，并且可在决定是否针对临床益处编辑变体的过程中予以考虑。

基因遗传疾病

基因组编辑技术的最新进展在临床领域的应用潜力正日益受到关注，主要原因在于其为治疗和预防人类疾病的新途径提供了可能性。其一种潜在用途是治疗数以千计的已知基因遗传疾病[41]。部分有害的基因变体可能遗传自父母一方或双方，而另一部分可能在胚胎中重新产生，而非遗传自父母中的任何一方。遗传模式随着变体的性质发生变化。如果导致基因功能丧失的变体遗传自父母一方，则通常不会产生显著的影响，因为遗传自父母另一方的未发生变化的变体足以提供所需的功能。遗传学家将这种遗传模式称为隐性遗传。当受精卵（合子）及随后的儿童和成人阶段存在两种不同的变体时，隐性基因变体通常（但不总是）在所谓的杂合状态中影响甚微或没有影响。换言之，人类通常不会患有由隐性有害基因变体导致的疾病，除非该变体遗传自父母双方。如果父母双方都是杂合子，且双方均携带一个有害变体的副本，则他们的子女将有 25%的机会遗传该变体的两个副本，即所谓的纯合状态。在此情况下将无法获得可用的功能变体，且最终可能导致基因遗传疾病。关于此类现象已有大量实例（例如，特定形式的严重联合

41 OMIM（在线人类孟德尔遗传数据库），https://www.omim.org［访问时间：2017 年 1 月 10 日］，遗传联盟 http://www.diseaseinfosearch.org［访问时间：2017 年 1 月 25 日］。

免疫缺陷，如“泡沫男孩”病、镰状细胞贫血和泰-萨克斯病）。

尽管存在功能性基因变体，但即使存在于单拷贝基因中，其他变体也可能会产生医学问题。这种显性变体即使在杂合状态下也会产生有害影响。亨廷顿病就是一个明显的例子，这是一种由显性致病变体的单拷贝引起的迟发性疾病。

一些影响血液凝固的遗传疾病（如某些形式的血友病）涉及存在于X染色体上的基因（X连锁）。由于男性只有一条X染色体，而女性有两条，男性携带的一个异常X连锁血友病基因将导致该疾病成为显性疾病，而带有一个有害变体的女性将成为变异基因的携带者，且通常不会出现出血症状（即潜伏病源携带者）。

上述观察结果增加了人类了解遗传疾病的复杂性，部分变体的有害性和有利性取决于具体的环境。最典型的例子是镰状细胞病，这是由一种编码血红蛋白基因变异引起的疾病，血红蛋白是红细胞中具有载氧功能的蛋白质。如果镰状血红蛋白变异体遗传自父母双方（纯合状态），将使血红蛋白在特定条件下聚集，并导致红细胞形成干扰血液循环的镰刀状，从而造成多重困难和极大的痛苦，正常的组织功能也将因此受损。仅继承一种镰状细胞变体的杂合子个体（杂合子）几乎无任何发病迹象，但其携带的镰状细胞变异体可遗传给子女，因此被称为携带者。事实表明，该变体的杂合性将使携带者对感染其红细胞的疟疾寄生虫具有一定的抵抗力。换言之，镰状细胞变体在存在疟疾的地区拥有明显的生存优势，因此其普遍流行于非洲、印度和地中海等地区，与其他地区相比，此类地区的携带者更为常见。此外还有其他基于杂合优势的平衡选择实例，其平衡了遗传两种疾病相关变体的劣势。

最后，值得注意的是，大多数人类疾病均被认为受到多种基因变体的影响，但每个变体仅对病情的发展产生轻微的影响。因此，虽然人类基因组编辑治疗基因遗传疾病的前景在某些情况下具有极大的吸引力（如可将单一基因明确识别为致病原因），但对大多数的人类疾病而言并非如此。

基因组编辑相对于传统基因疗法和早期方法的优势

基因疗法是将外源基因引入细胞以改善疾病状况的过程。该过程的有效完成取决于病毒载体（利用病毒进入细胞的天然能力）。病毒载体用于引入功能性转基因并补偿遗传突变基因的功能障碍（基因替换）或指导修饰细胞中的新功能（基因添加）。载体还包括驱动转基因表达的外源转录调控序列（启动子）。由于病毒载体的运载能力有限，转基因和启动子均必须对基因组中存在的自然版本进行修饰，因此可能无法恰当地概括生理表达模式。根据载体和靶细胞类型的选择，遗传修饰可能具有短暂性、持续性或永久性。利用慢病毒或γ-逆转录病毒载体（通过物理方法插入受感染细胞的基因组）可实现永久修饰。但是，由于插入过程具有半随机性，其可能影响插入位点或邻近基因的功能和表达，由此会有潜在的风险（插入诱变）。目前，慢病毒和重组腺相关病毒（rAAV）等病毒载体的改进已经推动基因疗法取得了重大进展，此类策略正处于深入的临床研究阶段。然而，尽管大多数接受治疗的患者均报告了显著的益处（Naldini，2015），但仍需要更加灵活和精确的遗传修饰（如通过靶向基因组编辑实现的修饰），从而进一步提高基因疗法的安全性，并将其应用范围扩展至更多疾病和病症。

过去十年间，利用基因组修饰技术治疗基因遗传疾病的过程（也称为基因靶向）需要将携带所需序列的DNA模板导入人工培养的细胞群中，然后通过随机位点的插入或依靠罕见的同源重组事件将该模板序列并入到基因组中的预期位点。将DNA模板导入细胞的过程通常需要运用重组质粒（DNA的小圆片）或病毒载体等系统，此类系统可利用病毒进入细胞的天然能力。获得所需序列的稀有细胞必须经过基因选择和克隆扩增。尽管同源重组方法存在局限性，但其已被广泛用于修饰酵母、脊椎动物细胞系甚至小鼠，以便从基因角度剖析各类生物过程，基因靶向作为实验工具的重要性也因此得以体现（Mak，2007；Orr-Weaver等，1981）。

使用此类旧有策略成功实施基因靶向的频率为10^{-6}（百万分之一，针对质粒DNA）至10^{-3}～10^{-2}（千分之一至百分之一，利用rAAV等病毒载体）。然而，如果科学家利用在基因组中的预期位点产生双链断裂（DSB）的核酸酶修饰DNA，则基因组编辑的成功频率将急剧增加（Carroll，2014；Jasin，1996）。产生靶向基因突变的基于核酸酶的系统是本报告所讨论的基因组编辑技术的根源。借助基于核酸酶的编辑系统，目前可通过非同源末端连接DSB修复所引入的小片段插入或缺失进行切割，并因此修饰基因组中高达100%的所需靶序列，或者依靠同源重组在目标位点引入新序列，尽管其效率相对较低。效率方面的显著提升促使科学家和临床医生开始考虑将基因组编辑应用于更广泛的范围，包括治疗疾病。

灵活性

基于核酸酶的基因组编辑包含改变细胞DNA序列的各种方法。这种编辑技术可达到若干类型的效果，具体取决于DNA中的编辑位点和编辑目的。目前可利用基因组编辑做出的更改包括以下几种。

- 基因编码序列的靶向断裂/失活（基因破坏）。
- 一个或多个核苷酸的精确置换（如基因变体向野生型或另一种等位基因变体的原位转化）。
- 将转基因靶向插入蛋白质编码基因的预定位点。
- 使调节基因表达水平的非蛋白质编码遗传元件（如启动子、增强子和其他类型的调节元件）发生靶向改变[42]。
- 在选定的基因组位点产生大片段缺失。

42 形成小片段插入或缺失可使元件失活；大片段缺失可移除整个元件；可在元件中替换特定核苷酸；或者可将新的遗传元件插入基因组中的精确位点。

安全性和有效性

基于核酸酶的基因组编辑可消除插入诱变的风险，该风险与在整个基因组中进行半随机整合的基因替换前载体存在本质上的联系，目前使用的晚生代整合载体可以减轻这种风险。此外，应用基因组编辑对遗传突变进行基因的原位修正重构了突变基因表达的功能和生理控制。这种方法提供了比基因替换更加安全和有效的修正策略，其中的治疗性转基因表达由重建的人工启动子驱动。这种随机插入的转基因可能无法忠实地再现生理表达模式，并且可能受到插入位点的强烈影响，从而导致转导细胞群的显著多样性。实际上，体外基因组编辑的第一个潜在应用领域可能是干细胞介导的原发性免疫缺陷修复，这是对原有转基因方法的改良，因其治疗性基因的异位或组成型表达可能构成癌性转化或功能障碍风险。如果临床相关细胞类型的靶向编辑频率足以在治疗方面发挥作用，则最终基因组编辑可能会在安全性方面优于基因替换（传统基因疗法），前提是脱靶变化不会通过修饰基因造成类似的与癌症相关的风险。

基因组编辑的另一个潜在广泛应用领域是精确地将基因表达盒靶向整合至基因组安全港中，因其有助于稳健的转基因表达和安全插入，且不会对邻近基因产生不利影响。该方法可确保治疗性基因的可预测和稳健表达，且不会因无意插入的致癌基因激活而造成癌症风险。如果靶细胞在临床应用之前能够进行广泛的体外培养选择和扩增，则安全港的靶向整合及基因突变的原位修正均有可能广泛应用于基于干细胞的治疗方法。由于不同类型人工细胞的生长和分化能力不断得到提高（特别是与多能细胞的分化相结合），此类基因组编辑的应用领域也将随之增加（Hockemeyer 和 Jaenisch，2016）。

基因破坏

就标准的基因治疗策略而言，基因组编辑其中一个独特的应用领域是靶向基因破坏。事实上，利用锌指核酸酶（ZFN）进行基因破坏的临床试验已经在进行中，其对 T 细胞具有一定的益处（Tebas 等，2014），最近，这种方法已经扩展至造血干细胞（HSC）。此类试验旨在破坏细胞因子受体 CC 趋化因子受体 5（CCR5）的表达（其作为 HIV 感染的共同受体发挥作用，且并非 T 细胞功能所需的关键因素），从而使 HIV 感染个体的 T 细胞对病毒感染产生抗体[43]。一般而言，基因破坏也可用于消除显性致病基因变体。

---

43 目前共有六项临床试验涉及使用 ZFN 来破坏 CCR5 的表达。其中三项试验已经完成，一项正在进行中，另外两项正在招募参与者。更多信息请参阅 https://www.clinicaltrials.gov/ct2/show/NCT02500849 term = zinc + finger + nuclease + CCR5 & rank = 1［访问时间：2017 年 1 月 10 日］。

可及性

在过去的 5～10 年中，科学家已经开发或改进了多种核酸酶平台，不久的将来有望开发出更多此类平台。自 2012 年开发出 CRISPR/Cas9 核酸酶平台以来，研究和临床领域及患者群体均对其前景持乐观态度，基因组编辑已经实现大众化，并且可应用到更多的实验室研究中。因此，CRISPR/Cas9 提升了人们将基因组编辑作为一种治疗手段的意识，同时也促使社会各界开始考虑与其应用相关的伦理和监管问题（Baltimore 等，2015；Corrigan-Curay 等，2015；Kohn 等，2016）。然而，此类问题并非新鲜问题，且并非 CRISPR/Cas9 系统特有的问题；其中诸多问题已在早期的基因疗法和基因组编辑应用背景下得到了解决。

用于核酸酶基因组编辑的同源和非同源修复方法

基于核酸酶的基因组编辑依赖于设计人工酶（即核酸酶）来结合基因组中的一个特定靶序列，其可在该序列中产生 DNA 双链断裂或被称为"缺口"的 DNA 单链切割。细胞通常通过以下两种主要机制中的一种进行断链修复：①在修饰过程中经常使基因或遗传元件失活的非同源末端连接（NHEJ）；②通常被描述为基于同源性的机制的同源性定向修复（HDR）（参阅第 3 章）。

通过 NHEJ 进行的基因组编辑将在断链位点形成插入或缺失（"插入缺失"）以改变编辑基因的序列。重要的是，尽管通过 NHEJ 进行的基因组编辑被精确定位于产生 DNA 断裂或缺口的位置，但不可能预测单个细胞中变化的大小、序列或者细胞群中变化（插入缺失）的变异性。

在通过 HDR 进行的基因组编辑中，DNA 模板将用于产生一个或多个可能与已知人类参考序列相匹配的核苷酸变化，或者在精确的基因组位置插入新的序列（如一个或多个基因）。与 NHEJ 相反，HDR 介导的基因组编辑有助于科学家预测编辑发生的地点及变化的大小和序列。因此，HDR 介导的编辑类似于文档编辑，其能够精确改变 DNA 序列。

体细胞基因组编辑在人类领域的应用潜力

基因组编辑的应用领域可基于若干总体特征进行分类。

- 被修饰的细胞或组织——尤其需要注意的是，是否针对以下细胞或组织进行修饰：不会对后代产生影响的体细胞或组织；可能将遗传变异传递给后代的生殖细胞或生殖祖细胞；受精卵，在此情况下，体细胞和生殖细胞均会被修饰（本部分重点关注体细胞编辑；生殖细胞编辑将在第 5 章进行讨论）。
- 编辑发生的地点——在试管内进行编辑，然后将细胞或组织转移回个体（体外）或直接在人体内进行编辑（体内）。

- 修饰的具体目标——例如，治疗或预防疾病，或者引入额外的或新的特征。实现此类目标的方式包括将致病 DNA 变体修饰为存在于人类参考序列中的已知的非致病性变体，或者将基因修饰为非已知的现有人类序列。
- 修饰的确切性质——致病基因突变或风险相关等位基因变体的简单修饰或更复杂的变化，如内源基因的破坏或异位/过表达、增加增强生物反应的新功能、建立对疾病或病原体的抗性。

此类修饰的目的是治疗或预防疾病，也可在需要治疗的细胞或组织中修饰（或在原则上产生新的）表型性状。例如，值得注意的是，人们可出于治疗疾病的目的通过基因组编辑增强细胞特性（如分泌超常量的蛋白质或抵抗病毒感染），以修改疾病过程为目标的细胞增强不同于创造预期的或新的人类生物特征而进行的细胞增强（该主题将在第 6 章中详细讨论）。

表 4-1 提供了可通过体细胞基因组编辑治疗的人类疾病类型示例。虽然该列表并不完整，但其突出了该技术广泛的应用潜力。

使用基因组编辑治疗疾病的典型范例是利用同源重组使导致镰状细胞病的变体恢复成编码野生型β血红蛋白的序列（Dever 等，2016；DeWitt 等，2016）或纠正严重的联合免疫缺陷（Booth 等，2016）。关于利用基因组编辑修正致病变体，一种更为精细的应用方法是将 mRNA 的野生型 DNA 复制（互补或 cDNA）插入内源基因座以校正下游突变（Genovese 等，2014；Hubbard 等，2016；Porteus，2016）。关于将肝脏作为靶器官，有证据表明，部分肝细胞中白蛋白基因启动子下游的凝血因子转基因的靶向插入可挽救小鼠模型中的血友病出血表型（Anguela 等，2013；Sharma 等，2015）

表 4-1 体细胞编辑的潜在治疗应用实例*

疾病名称	遗传/传递模式	体外或体内	NHEJ 或 HDR 介导的编辑	发展阶段	总体策略
镰状细胞病	常染色体隐性遗传	体外（HSPC）	HDR	临床开发	编辑为非致病变体
镰状细胞病/β-珠蛋白生成障碍性贫血（β-地中海贫血）	常染色体隐性遗传	体外（HSPC）	NHEJ	临床前	胎儿血红蛋白药物诱导
重症联合免疫缺陷 X 连锁（SCID-X1）	X 连锁隐性遗传	体外（HSPC）	HDR	临床开发	敲入完整或部分互补 DNA（cDNA）以纠正下游致病变体
X 连锁高 IgM 综合征	X 连锁隐性遗传	体外（T 细胞）	HDR	临床前开发	敲入完整的 cDNA 以纠正下游致病变异体
血友病 B	X 连锁隐性遗传	体内（肝脏）	HDR	临床试验*	从强启动子表达凝血因子

续表

疾病名称	遗传/传递模式	体外或体内	NHEJ 或 HDR 介导的编辑	发展阶段	总体策略
囊性纤维化	常染色体隐性遗传	体外（肺）	HDR	发现	编辑为非致病变体
HIV	病毒感染	体外（T 细胞和 HSPC）	NHEJ	临床试验	设计 HIV 抗体
HIV	病毒感染	体外	HDR	发现	设计抗 HIV 因子的组成性分泌
癌症免疫疗法	NR	体外（T 细胞）	NHEJ 或 HDR	概念性临床试验	通过基因组编辑设计更有效的癌症特异性 T 细胞
进行性假肥大性肌营养不良（DMD）	X 连锁隐性遗传	体内	NHEJ	临床前	删除将 DMD 转变为贝克肌营养不良的病理变体
亨廷顿病	常染色体隐性遗传	体内	NHEJ	发现	删除致病的扩展三联体重复序列
神经退行性疾病	多种模式	体外或体内	HDR	概念	设计可分泌神经保护因子的细胞

注：HDR=同源定向修复；HSPC = 造血（血）干细胞和祖细胞；NHEJ = 非同源末端连接；NR = 不相关，编辑对象是为杀伤癌细胞而设计的淋巴细胞。

* 如需了解临床试验的最新信息，请登录 clinicaltrials.gov。

基因组疗法的若干潜在应用方式需要引起基因破坏，前提是核酸酶递送不会因毒性或免疫排斥而导致处理细胞的损失。其中包括破坏亨廷顿病等神经退行性疾病（Malkki，2016）中的显性突变和扩展三联体重复序列，以及通过删除或强行跳过携带致病突变基因的外显子来重建进行性假肥大性肌营养不良症中的功能性肌萎缩蛋白（Long 等，2016；Nelson 等，2016；Tabebordbar 等，2016）。其他例子包括破坏内源基因阻遏物以挽救胚胎基因表达，从而补偿存在缺陷的成体形态，正如目前通过破坏红细胞系中的 BCL11A 表达所尝试的那样；挽救胎儿珠蛋白基因表达以补偿在重型地中海贫血中缺乏的成人β-珠蛋白基因表达；或抵抗镰状细胞贫血中的镰状β-珠蛋白突变体（Hoban 等，2016）。在 T 细胞免疫疗法中，基因组编辑的应用潜力涉及单个或多重基因破坏，可阻断、抵抗或抑制导入 T 细胞的外源细胞表面受体的活性，从而引导其抵抗肿瘤相关抗原（Qasim 等，2017）。此类策略可在很大程度上加强目前基于细胞的免疫治疗策略，并且有望克服限制大多数实体瘤疗效的障碍。

与基因组编辑策略的设计和应用相关的科学和技术因素

所有类型的基因组编辑都需要考虑特定参数，此类参数共同决定了基因组编辑工具的功效和潜在毒性。此类科学和技术方面的考虑因素将为选择特定方法达到研究或治疗目标的方式和原因提供参考；同时也将影响潜在的临床前试验、临床试验、审查及对此类方法进行持续监督的监管评估所使用数据的性质。

工程化核酸酶平台的选择

核酸酶的选择包括可基于蛋白质-DNA 识别模式（如大范围核酸酶、ZFN 或 TALEN）或基于核酸碱基配对识别（如 CRISPR/Cas9）的平台类型，以及设计和生成靶向预期基因组序列的组分。在开发使用锌指和 TAL 效应子构成的基于蛋白质的 DNA 结合结构域时，可对每个特定的序列结合结构域进行全面的设计和改进，因此很难对整体平台的性能和特异性进行常规预测。换言之，就 ZFN 和 TALEN 而言，性能的优化（活性和特异性）需要针对可能或不可能转化为另一种核酸酶的所有核酸酶进行研究。

相比之下，在开发基于 RNA 的核酸酶时（如 Cas9），平台本身将得到总体改善，并且将转化为每个特定的靶序列。由于 CRISPR/Cas9 系统之间唯一的主要区别是靶向向导 RNA，因此，一种 Cas9 核酸酶的优化通常会推广到其他核酸酶的性能改进中。将专为某一种临床应用方式设计的基因组编辑系统应用于其他领域，这一事实为其易用性或速度提供了重要启示。

递送策略：体外和体内基因组编辑

基因组编辑可在体外或体内进行。就体外编辑而言，由于将首先在实验室中对细胞进行操作，因此可在将编辑细胞施用于患者之前对其进行多次检查。但是，在体外发生的编辑仅适用于特定的细胞类型。相比之下，体内编辑允许对其他类型的细胞和组织进行编辑，但由于其涉及将基因组编辑工具直接施用于患者的体液（如血液）、体腔或器官以便原位修饰靶细胞，因此也带来了额外的安全和技术挑战。

体外基因组编辑的操作方式是在体外分离和操纵预期的靶向细胞群，然后将此类细胞移植到个体中。细胞来源包括自体和同种异体：自体细胞来自同一个体，同种异体细胞则来源于免疫匹配的供体。无论细胞是否来源于同一患者或匹配的供体，施用的细胞通常具有干细胞样特性，使其可在体内实现自我更新和长期维持，并利用其转基因后代重新处理经过处理的组织。部分方法允许在培养过程中处理细胞，以便在施用给患者之前诱导其向预期的细胞类型或谱系定向分化。此外，编辑细胞可以是分化的体细胞。例如，经过体外扩增和遗传修饰的短寿命或长寿命免疫效应细胞，将能够增强对抗肿瘤或感染因子的活性。科学家已经针对若干体细胞类型完成分离、遗传修饰和移植，包括造血（血）干细胞和祖细胞、成纤维细胞、角质形成细胞（皮肤干细胞）、神经干细胞和间充质基质/干细胞。随着科学知识和技术的发展，以上清单还将持续增加。不断扩充的细胞类型有望扩大体外基因组编辑的潜在应用范围。

在体内基因组编辑过程中，需要传送至细胞的编辑“机器”包括切割 DNA 的核酸酶，以及（在使用 CRISPR/Cas9 的情况下）将编辑目标指向特定基因组位置的向导 RNA。如果计划使用 HDR，则需要一个同源模板。体内基因组编辑的目标可包括长寿命的组织特异性细胞，如肌纤维、肝细胞、中枢神经系统的神经元或视网膜中的光感受器，同时也可包括稀有的组织特异性干细胞和其他不易获取和移植的细胞类型。然而，与体外方法相比，体内方法面临着更大的挑战，因其需要将基因组编辑“机器”有效递送至正确的体内细胞，以确保基因组中的正确位置得到成功编辑，并且将脱靶编辑导致的错误控制在最低限度内。

其他考虑因素

与体外和体内基因组编辑相关的其他科学和技术考量可为人类基因组编辑系统的发展提供参考信息。

分离相关细胞类型的能力

为了实施体外基因组编辑，首先必须从合适的组织来源分离或者从多能干细胞中产生相关细胞类型，然后在体外对其进行培养和修饰，最后将其施用于患者，以便植入和（或）传递预期的生物活性。体外编辑策略的优势包括：仅将预期的细胞暴露于编辑试剂；可在多种递送平台中选择适用于各种细胞类型和应用方法的最佳平台；可在施用之前对编辑细胞进行特征化、纯化和扩展处理。目前，该过程仅适用于少数细胞类型，包括最终形成皮肤、骨骼、肌肉、血液和神经元的细胞。体外基因组编辑的潜在应用范围将随着科学知识的发展不断扩大，包括分离其他原代细胞类型、从多能细胞中衍生其他细胞类型、在体外培养细胞并成功安全地将其移植回患者体内。

体外基因组编辑策略存在若干局限性，在所有细胞的体外培养过程中也极为常见。此类局限性包括需要从少数细胞甚至单个生成细胞开始进行延长培养和扩增，这两种细胞均存在累积突变的风险，并且可能导致复制性耗竭。该问题对于基因组编辑而言具有重要意义，因为启动该过程所需的双链 DNA 断裂可能触发细胞凋亡（细胞死亡）、分化（改变细胞类型）、细胞衰老（老化）和复制停滞（细胞停止分裂）等细胞反应。所有此类细胞的反应均不利于细胞扩增和多能性的维持。

上述局限性代表体外基因组编辑面临着重大障碍，其原因在于大多数治疗应用均需要输注大量细胞。克服此类障碍需要更好的细胞培养方法，需要深入了解与此类环境中随机突变的基因组累积相关的安全风险，以及评估此类事件的可靠测定法。其他障碍还包括充分控制人工细胞的定向分化及从源性多能细胞中纯化细胞的能力。这是一个重要的考虑因素，因为未成熟细胞的施用可能与肿瘤发生的风险或组织内功能性整合的失败存在关联。尽管存在此类局限性，但体外基因组编辑仍然具备一定的优势，其不仅可以选择带有预期变异的细胞，还可在移植给患者之前验证变异的准确性。

控制基因组编辑工具的生物分布

体内基因组编辑的其他考虑因素与编辑“机器”递送平台的选择有关，因为选择结果将对基因组编辑工具的操作范围、时间进程和体内生物分布产生影响。这项考虑因素对于潜在疗效、急性和长期毒性及免疫原性甚至生殖细胞的无意识编辑风险均有重要意义。预期基因组位点的高效编辑通常需要高水平的细胞内核酸酶表达，尽管这只能在短时间内预防过量毒性和脱靶活性。虽然体外培养的细胞可相对容易地获得基因组编辑核酸酶的短期高水平表达，但其在体内环境中将面临更大的挑战。体内环境可能存在对生殖细胞或原始生殖细胞的无意识修饰；因此，体内编辑的临床前开发阶段应当解决修改生殖细胞并导致可遗传变异的风险（此类遗传变异有可能遗传给后代），并针对参与临床试验的人类受试者将此类潜在风险最小化。

一般而言，如果能够证明编辑试剂不会与经过处理的细胞保持关联状态，且不会在施用时以活性形式脱落，则与施用体外基因编辑细胞相关的种系传递风险将有所降低。在此类情况下，可能无须开展种系传递的非临床研究。另一方面，如果在体内施用编辑试剂，则需评估其针对生殖腺的潜在生物分布及有关生殖细胞基因组的活性。此类参数将受到所用递送平台及递送时间和路径的强烈影响。如果使用病毒载体递送核酸酶，则临床前研究可能需要考虑通过特定的动物和人类研究（有关此类载体到达生殖细胞的可能性）积累的知识。非人类灵长类动物等动物模型的临床前研究可用于监测载体或媒介物的生物分布及非靶标组织（包括生殖腺）细胞中的核酸酶活性。研究此类非临床模型中种系传递潜力的方法可遵循决策树，积极的成果将触发下一阶段的研究。科学家可将其在生殖腺中的活性试剂和（或）基因组信号（插入缺失）作为研究的开端，然后鉴定其在生殖细胞（分离自生殖腺）中的实际存在情况及这项发现的瞬时性和持续性，最终涉及遗传修饰向试验动物成活后代的传递情况。分子测定法可用于追踪预期或替代核酸酶靶位点发生的插入缺失，前提是此类位点存在于所研究的物种基因组中，并且对核酸酶具有足够的亲和力以支持测定法的灵敏度。根据已经在若干基因疗法产品中发现的事实，针对替代物种进行此类研究的过程存在诸多局限性，包括可用测定法的低灵敏度、媒介物生物分布的物种特异性、生殖腺细胞的可及性及测试传递过程（针对女性和男性生殖细胞）中普遍面临的困难。由于存在上述局限性，无论非临床生物分布数据的结果如何，在有意义或适用的情况下，通常建议参与体内基因疗法临床试验的患者实施避孕措施（至少在从体液中清除载体或媒介物的预期时间内），且通常应包含至少一个精子产生的周期（64～74 天）。在此期间内，可在不同的时间点进行精液检测，如果样本呈阳性，则应继续向前推进并通知相应的监管部门。另一方面，目前尚无可用于监测女性种系传递的非侵入性手段。

限制对传递载体或基因组编辑蛋白质的免疫应答

目前有两种平台被用于蛋白质及核酸的体内递送。第一种平台以化学结合物[脂质和（或）糖复合物]为基础，其在多种不同的组织类型中提供短寿命但相对低效的表达水平，已经在针对特定细胞类型（如肝细胞）的过程中取得进展（Yin 等，2014）。这种方法将使患者体内与治疗过程无关的细胞类型暴露于核酸酶的潜在毒性中。第二种平台依赖于病毒载体，可提供稳健的组织特异性表达，但其通常也拥有较长的寿命，且更有可能引起免疫应答。经证明，自身互补型 rAAV8 载体（scAAV）能够介导工程化核酸酶的持续表达。持续的核酸酶表达将增加 DNA 损伤和遗传毒性风险，随之而来的潜在风险包括广泛的细胞死亡（尽管该过程可能较慢）或患者细胞恶性转化。此外，目前编辑“机器”所有的公式均包含衍生自常见微生物病原体蛋白质的成分，此类成分可能会引发接受治疗者的原发性或继发性免疫应答。病毒基因疗法研究已经充分证明，病毒载体蛋白的免疫识别可能导致已经接收编辑机制的细胞被快速且充分地清除，该疗法的益处也将随之消除。已经存在的免疫性和抗原表达程度及持续时间加剧了编辑细胞被清除的风险。

在非分裂细胞中进行基因组编辑的能力

体外和体内编辑的另一个主要障碍是无法将 DNA 序列靶向插入神经元等分裂后的细胞，原因在于其同源重组活性较低或缺乏活性。相比之下，活跃于分裂细胞的 NHEJ 主要用于形成插入缺失以使基因失活。然而，NHEJ 可通过修改方法来产生位点特异性基因插入（Maresca 等，2013；Suzuki 等，2016a）。最新报告表明，一种名为同源独立基因靶向整合（HITI）的方法可在分裂细胞（如干细胞）和非分裂细胞（如神经元）中靶向敲入 DNA 序列（体外和体内）（Suzuki 等，2016a）。

体内基因编辑是一种认可度极高的应用方法，其可行性和潜在的治疗作用已在部分小鼠模型中得到了证明。但是，将其转化为临床实践的过程仍然面临着重大挑战，至少在目前的实施形式下是这样的。此外，在动物模型中预测免疫应答也同样存在若干公认的难题，尽管核酸酶的稳定表达在某些动物模型中表现出良好的耐受性，但其可能并非临床开发的首选途径。

评估基因组编辑的活性和特异性

所有靶向核酸酶均可通过 DNA 切割的效率和特异性进行特征化。效率的测量方式较为简单（对靶位点进行排序），反映靶标和脱靶活性的特异性也可通过各种测定法进行测量，每种测定法均有各自的优点和缺点（详见附录 A）。全基因组测序可作为分析单个细胞或克隆细胞的“金标准”，但这种测序的深度不足以评估细胞群中的脱靶范围。

对比编辑脱靶率与人类基因组的自然突变率

值得注意的是，基因组编辑方法特异性的准确评估要求将基因组编辑过程中发生的突变和整个生命周期内自然发生的突变区分开。正常基因组复制的自然误差频率取决于基因组中的不同位点，但大致的比例为 10^{-10} 个碱基（每轮 DNA 复制）。由于每个人类细胞均含有约 60 亿个 DNA 碱基对，这意味着在每轮细胞复制过程中，DNA 复制可平均产生一个或数个新生突变。因此，随着细胞不断增殖，此类突变将以相同的速率进行自然积累。除了背景突变频率之外，正常的环境暴露因素（如环境中的辐射、氧化应激和 DNA 损伤剂）也可造成大量 DNA 损伤。科学家尚未对基因组编辑核酸酶产生的突变频率和自发突变频率进行对比，但此类分析结果取决于具体涉及的特定核酸酶和接受检查的细胞类型。核酸酶技术的错误率正处于持续改善的阶段，并且可能在特定情况下低于自发突变频率（在尚未得到改善的情况下）。

测量各种递送平台的效率和特异性

关于基因组编辑的应用方式，系统（核酸酶和靶序列）必须在细胞内进行递送。由于递送平台的选择结果决定了基因组编辑“机器”的表达程度、水平和时间进程，因此，其将影响特定实验条件下的效率和特异性，并进一步确定毒性和免疫原性现状。此外，所选递送平台（DNA、RNA 或蛋白质；递送机制）的若干本质特征也会影响其潜在毒性（参阅附录 A 表 A-1）。正常的固有靶细胞对外源性分子的反应是造成此类影响的常见因素，与 RAN 或蛋白质相比，其对 DNA（尤其是质粒 DNA）的影响更为强烈。而对病毒的先天反应可能会因不同的病毒和细胞类型而有所不同：其对人体细胞中的 AAV 或慢病毒通常会表现出极低的反应水平（Kajaste-Rudnitski 和 Naldini，2015），不包括树突状细胞和巨噬细胞等拥有大量内置病毒传感器并可能触发干扰素和炎症反应的免疫细胞类型（Rossetti 等，2012）。试剂的纯度和构成（质粒与线性化 DNA、RNA 中的突变碱基、组分的高效液相色谱法纯化）同样发挥着重要作用。

最后，预期靶序列和相关序列在基因组中出现的频率和靶位点的局部染色质环境也可能影响基因组编辑方法的效率和特异性。上述所有因素可随着不同的细胞类型和处理形式（体外和体内）发生变化。此外，靶向和脱靶活性的比例也受到靶细胞类型内在生物学的影响，包括细胞周期状态、DNA 损伤反应和修复能力的差异。

通过临床前研究评估效率和特异性

在开发人类基因组编辑应用方法的过程中，需开展临床研究，以确定每个编辑核酸酶系统的活性和特异性。此类临床前研究的设计受靶细胞选择和实验条件的影响，其结果应被视为相对值而非绝对值。需要额外注意的是，大多数此类临床前研究测量的是大量细胞群的核酸酶活性和特异性，其中的核酸酶表达将有所变化。由于靶向-脱靶活性的比例也会随着核酸酶的表达水平而发生变化，因此，核酸酶表达水平较高的细胞可能具有不太理想的比例，其靶向活性将呈现饱和状态，而脱靶位点的活性将更加明显。另一方面，具有较低表达水平的细胞可能会表现出更为有利的比例，因其预期靶位点的活性较为突出。这项考虑因素表明，准确率和脱靶率的剂量依赖性应被视为基因组编辑方法验证过程的一部分。

核酸酶特异性的评估方法将随着科学知识和技术的发展不断演变。截至本报告撰写之时（2016 年底），从操作的角度考虑，以下是进行此项评估工作的合理方法。

- 运用生物信息学和无偏的筛选方法识别潜在的脱靶位点（参阅附录 A）。
- 利用两种细胞系和原代靶细胞类型的深度测序确定靶向-脱靶位点发生插入缺失的频率（验证）。
- 评估经过验证的脱靶位点的潜在生物学效应，并消除预计可在具有生物效应的位点产生脱靶活性的核酸酶。值得注意的是，迄今为止确定的大部分脱靶位点均位于基因组的非蛋白质编码区，因此难以评估其功能重要性。
- 使用测量染色体完整性的测定法，如核型分析、单核苷酸多态性（SNP）阵列和易位分析。此类测定法的灵敏度相对较低。
- 运用相关靶细胞的多种测定法衡量克隆的主导风险，并评估基因组编辑制作过程的实际可行性、效率和毒性。

值得注意的是，为了开发用于临床的基因组编辑方法，用足够高的灵敏度进行全面的效率和特异性研究以捕捉所有潜在的脱靶编辑，可能并不具备必要性和可行性。例如，针对标准基因疗法持续开展的研究表明，不受控制的慢病毒插入所造成的破坏性变化大于双链断裂的非同源修复，但其在若干细胞和组织类型中可能相对安全且具有良好的耐受性。即使在引入大量插入物（在每名患者的数量高达 10^8 或 10^9 个）时也是如此。另一个考虑因素是脱靶活性根据序列而定。为了确定靶向效率和特异性，科学家已经利用非人类生物体（特别是小鼠）开展一系列早期临床前试验。然而，由于人类和小鼠的基因组存在显著的差异，因此，小鼠或其他啮齿动物基因组中的人工核酸酶的特异性评估对于人类领域同样的基因组编辑方法只能发挥有限的预测能力。

总结

总而言之，基因组编辑已经被纳入到体细胞基因治疗方法中，且此类应用领域还将持续扩展。与基因组编辑策略存在竞争关系的其他治疗方法包括小分子疗法、生物制剂和其他最引人关注的基因治疗方法，如用于基因置换的慢病毒载体和 rAAV 载体。最后，各项策略均需在效率、风险、成本和可行性等方面进行评估，以便与其他策略进行对比。

体细胞基因组编辑带来的伦理和监管问题

在大多数情况下，体细胞基因组编辑将利用基因组疗法领域坚实的技术知识基础，并在现有的监管体系和伦理规范管理下进行开发。此类规范对目前世界范围内的体细胞和基因疗法研究及临床前开发起到了促进作用，其中包括澳大利亚、中国、美国、日本和欧洲（参阅第 2 章）。此类监管体系涵盖广泛的临床前模型和研究设计（支持基于编辑细胞治疗方法的临床开发），以及首次人体临床试验和最终营销的路线图。

美国的监管体系

如第 2 章所述，如果试验性新药（IND）申请未能获得美国食品药品监督管理局的批准，则不得在美国开展体细胞基因组编辑的临床试验，临床方案需获得 IRB 的批准并持续接受审查（FDA，1993）。此外，美国国立卫生研究院重组 DNA 咨询委员会（RAC）的审查意见也将为 FDA 和 IRB 的审议工作提供参考，并且将提供公众讨论场所。正如第 2 章所述，其他国家也有类似的监管途径，但在细胞疗法可以上市的研究阶段和撤销条件方面有所不同。

临床应用的审批问题在很大程度上取决于确定预期利益超过风险的时间（用于标签或预期用途的情况下）（Califf，2017）。临床试验数据的审查框架正日益呈现结构化趋势，该框架将确定具体需求、替代方法、存在不确定性的领域和风险管理途径[44]。FDA 前专员 Robert Califf 说：“FDA 产品审核小组必须权衡科学和临床证据，并且考虑社会各界对利益价值和风险承受能力的看法。他们必须考虑替代疗法的存在和有效性、疾病的严重程度、受影响患者的风险承受能力及来自上市后数据的其他见解。此类决定需要在高度可靠的证据和早期获取之间、保护美国公众和鼓励可能促进健康的创新方法之间，以及利益和风险之间寻找适当的平衡点”（Califf，2017）。

---

44 药物监管决策中效益风险评估的结构化方法，PDUFA V 计划（2013～2017 财年）。2013 年 2 月（草案）。http://www.fda.gov/downloads/ForIndustry/UserFees/PrescriptionDrugUserFee/UCM329758.pdf［访问时间：2017 年 1 月 30 日］。

基因疗法的审批取决于其进入临床应用领域之后对风险和利益的监控程度。关于这个问题，FDA 已针对与基因组编辑试验相关的基因疗法试验发布了一套具有影响力（但无约束力）的指导原则（FDA，2006）。例如，如果与载体序列、整合和潜伏期等因素相关的临床前数据表明长期风险较低，则无须进行长期随访。但是，在存在长期风险的情况下，“基因疗法临床试验必须进行长期随访以减轻此类风险”。如果缺乏长期的随访观察计划，则试验可能会因存在不合理的风险而无法获得审批。该指导原则提出了长达 15 年的试验后接触、观察和体检期（但该期限可根据载体的持久性或受试者的预期寿命等因素相应缩短）。在受试者参与试验之前，必须针对长期随访计划获得其自愿同意或知情同意，受试者可随时退出试验，但应在参与试验期间遵守该计划。

基于基因的疗法将受到上市后监测和不良事件报告制度的约束，FDA 针对特定人群和适应证做出审批决定之后，如果其表现出不安全性或无效性，则需针对该产品添加特殊警告或完全撤回该产品。此外，如果存在重大问题（可能影响无额外控制措施的审批决定），则需实施上市后风险评估和缓解策略（REMS）。例如，要求医生具有特定的熟练程度或要求患者进行登记。

在美国和欧洲等一些国家，细胞外实施的基因组编辑应用有望合法化，对于患者群体（例如，如果获批使用对象为成人，其用途也可能扩展为儿科人群的标签外用途）或不同程度的疾病症状而言也属于预期范围内的用途[45]。标签外用途的前景已经引起诸多猜测，如该技术是否会在不受控制的情况下扩展至不安全、未经验证或不公平的领域。虽然标签外用途是创新医学的一个重要方面，有时也可能导致在缺乏严格证据的基础上进行使用。但此类编辑细胞的特异性可能会限制无关适应证的非标签指定使用范围，并且比许多药物更为显著[46]。拥有健康肌肉组织且希望变得更加强壮的人群可能会对治疗肌肉萎缩症的基因组编辑细胞疗法有所关注，但其他方面的例子将更加难以想象，至少在短期之内的确如此。这一点与恢复或保持正常健康状态之外的用途有关（参阅第 6 章），因为编辑细胞的特异性将使此类应用方法的可行性有所下降。

常规的体细胞基因疗法已经能够应对将体细胞基因组编辑转向临床试验过程中所面临的若干技术挑战。就体外策略而言，该疗法以修饰人类细胞类型为基础，因此可在体内培养模型中进行测试，或者将修饰细胞异种移植到免疫功能受损的小鼠体内进行测试。此类研究将探索细胞活力、生物分布和体内生物学功能，包括自我更新、多能性、克隆形成能力及干细胞的所有关键特性。体内策略可能需要在非人灵长类动物中进行毒性和生物分布的临床前测试，包括未发生生殖细胞

---

45 FDA 于近期举行了一次公开听证会，目的在于讨论其针对制造商通讯（关于基因疗法等医疗产品的未批准或标签外用途）制定的法规和政策（FDA，2016a）。

46 FDA 通信（2016 年 12 月 15 日）。

无意识修饰的证据。事实上，基因疗法领域已经确定不得批准对生殖细胞进行无意识修饰的体内方法。但值得注意的是，大多数种系传递测定法灵敏度较低，因此在考虑临床开发和监管的过程中可能需要对一定程度的不确定性进行管理。

美国和欧洲国家的监管部门及国际协调会议（ICH）已经发布了若干指导性文件，针对非临床研究中调查和解决基因疗法产品的无意识生殖细胞整合风险制定了一套指导原则，并且为尽量减少临床试验人类受试者面临的潜在风险提供了考虑因素（EMEA，2006；FDA，2012a；ICH，2006）。此类指导方针可能适用于设计体细胞基因组编辑策略的临床前研究。

为了加快再生医学的发展进程，新的公私合作伙伴关系应运而生。国际标准协调机构“旨在推动程序、测量和分析技术的进步，从而为细胞、基因、组织设计、再生医学产品及基于细胞的药物研发产品的全球可用性提供支持。制定标准的目的在于创造更加统一的合规环境，并且通过未来的努力在全球范围内协调监管框架”[47]。活动领域包括细胞遗传修饰，其中特别提到了基因组编辑脱靶事件的衡量标准（Werner 和 Plant，2016）。

根据方法和适应证监管体细胞基因组编辑

对体细胞基因组编辑未来应用领域进行的伦理和监管评估取决于编辑技术方法和预期适应证。与传统基因疗法一样，体细胞基因组编辑可将潜在的基因突变恢复成与疾病无关的变体，从而使部分靶细胞恢复正常功能。体细胞基因组编辑也可用于细胞设计，使其表型与正常细胞有所区别，并且能更好地抵抗或预防疾病。例如，可改变细胞使其产生超常量的蛋白质，或使其具备抵抗病毒感染的能力。基因组编辑的体外和体内方法均可用于治疗或预防疾病，此外，基因组编辑还可用于改变与疾病无关的特性（参阅第 6 章）。

无论最终采用何种框架评估人类体细胞基因组编辑的应用方法，其关键在于监管机制必须具备充分的法定权力和执行能力，以便识别和阻止未经授权的应用方法。截至目前，现有的结构已经能够成功阻止未经授权的基因疗法应用方式，现行的框架则为关键要素提供了指导原则。尽管人类基因组编辑可能比传统的基因疗法更加难以控制（因为技术的进步使得编辑步骤更加易于执行），但细胞操作和编辑细胞在患者体内的递送仍然需要高质量的实验室和医疗设施，从而确保监管措施落实到位。

防止不成熟或未经检验的基因组编辑应用

就干细胞/再生医学领域而言，未受监管的治疗方法是一个极其严重的问题，

47 参阅 http://www.regenmedscb.org［访问时间：2017 年 1 月 10 日］。

世界各地的“诈骗集团”对干细胞疗法提出了毫无科学根据的说法，并且从急需治疗的患者群体中获得收益（Enserink，2016；FDA，2016b；Turner 和 Knoepfler，2016）。这在某种程度上可归因于过去对再生医学短期前景过于乐观的言论，另一部分原因则涉及未实施监管措施的司法管辖区和对政府监管部门的阻力（至少在美国）。在美国，联邦法院已经确认 FDA 对操纵细胞应用的管辖权，但仍然存在一定程度的混淆[48]。经过编辑的细胞（特别是从患者身上取得，并在之后转移回患者体内的细胞）可能会产生同样的混淆问题——此类产品属于受监管产品或仅仅是医学实践，监管部门需要从一开始就对此加以明确规定。总体而言，监管机构需要具备法律权威、领导承诺和政治支持来行使其法定权利，从而阻止未经监管审批的使用人类基因组编辑的产品进入市场（Charo，2016b）。关于干细胞疗法，人们普遍关心的问题是 FDA 不具备针对激进应用方式的执行权力（Turner 和 Knoepfler，2016），尽管意大利关闭某家诊所的经验说明了实施此类措施所需的法律和政治权力（Margottini，2014）。

与胎儿基因组编辑相关的特殊考虑因素

在特定情况下，最有效且唯一的方法是在分娩之前尝试编辑胎儿的体细胞。可能适用此类特殊情况的疾病包括多系统疾病和早发性疾病，就此类疾病而言，产后干预措施无法及时使胎儿受益，或者在技术方面具有一定的挑战性。此外，由于胎儿拥有极大的发育可塑性，在特定情况下，胚胎编辑可能比出生后的编辑更为有效。恢复影响大脑神经元的致病变体是该领域的另一种尝试。

从更广泛的意义上讲，治疗性的编辑过程可在体外进行，即获取胎儿细胞之后在体外进行编辑，然后将其移植回胎儿体内。目前，分离和移植自体胚胎细胞的现有方法只能用于有限的细胞类型，但未来适用的细胞类型范围还将继续扩大。

针对胎儿的治疗性编辑也可在体内进行，在此情况下，编辑“机器”将被递送至胎儿体内并进行细胞的原位修饰。如上文所述，在发育早期对致病变体进行原位修复可能比出生后的体内编辑更加有效，因为多数器官系统将在胎儿出生后进一步发育成熟。干细胞疗法已经在子宫内尝试实施但收效甚微（Couzin-Frankel，2016；Waddington 等，2005），因此，科学家已经在某种程度上对子宫内疗法的一般概念和新兴的医学领域进行伦理分析。国际胚胎移植和免疫学会每年召开一次会议，目的在于审查胎儿基因疗法[49]的前景和进展。

虽然胎儿基因组编辑具有潜在的优势，但至少还需要解决两个特殊的伦理问题：①特殊的知情同意规则（参阅第 2 章）；②通过修饰生殖细胞或生殖细胞祖细胞/干细胞而使生殖细胞产生可遗传变异的风险日益增加。

48 U.S.v.再生科学，741 F.3d 1314（D.C.Cir 2014）.

49 参阅 http://www.fetaltherapies.org［访问时间：2017 年 1 月 30 日］。

对于第一个问题，现有的监督机制已经能够解决与知情同意相关的关键问题，胎儿手术已被用于临床护理实践，并且在子宫内胎儿基因疗法领域日益引起人们的关注（McClain，2016；Waddington，2005）。与产后或成人干预措施相比，其风险/利益的计算方式有所不同，如果后代无法在将来获得医疗方面的益处，则胎儿可能面临的风险程度将受到严格的控制。但是，如果可获得此类益处，则可以采用更为普遍的风险/利益平衡标准。有关胎儿手术的决定需要以一个重要的共识为基础——孕妇拥有给予知情同意的伦理和法定权力。美国也和其他国家一样需要产妇给予知情同意（Alghrani 和 Brazier，2011；O'Connor，2012），而以产妇健康为目标的研究则只需获得产妇的知情同意[50]。但是，接受美国国立卫生研究院资助的研究应遵守美国联邦法规第 45 卷第 46 章 B 部分的特殊规定，如果研究仅对胎儿有益，则需获得父母的知情同意（如适用）。即使未获得 NIH 的资助，美国的多数研究项目也均采用此类相同的规则。

第二个问题：如果试图在胎儿体内进行体细胞编辑，则评估是否会发生无意识的生殖细胞编辑将成为一大挑战。生殖细胞发育的一个关键特征是在关键的发育阶段从体细胞中分离出可形成干细胞的原始细胞。在生殖细胞和体细胞的分离现象发生之前，或者在早期发育阶段完成分离之前，生殖细胞将和预期的体细胞一样得到有效的编辑。因此，与胚胎发育后期实施相同的干预措施相比，胚胎发育早期的无意识生殖细胞编辑面临的风险更高。由于只能在分娩后评估生殖细胞或生殖细胞祖细胞的编辑是否已经发生，因此，在此时改变结果已经为时已晚。

结论和建议

一般而言，公众对基因疗法（以及使用基因组编辑的基因疗法）在治疗、预防疾病及失能方面的应用提供了大量支持。

体细胞中的人类基因组编辑为治疗或预防多种疾病，以及改善目前正在使用或处于临床试验阶段的现有基因治疗技术的安全性、有效性和效率带来了巨大的希望。虽然基因组编辑技术正不断得到优化，但适用该技术的最佳领域仅限于治疗或预防疾病和失能方面，而非其他紧迫性较低的领域。

已经针对基因疗法制定的伦理规范和监管制度也适用于此类应用领域。和体细胞基因组编辑临床试验相关的监管评估与其他药物疗法的相关监管评估类似，包括风险最小化、根据潜在利益分析参与者所面临的风险是否合理，以及确定是否在自愿和知情同意的前提下招募参与者。监管体系还需包含法定权力和执行能力，以防止在未经授权或条件不成熟的情况下应用基因组编辑技术，监管机构需要针对其所应用的技术不断更新特定的技术知识。其评估工作不仅需要考虑基因

50 涉及孕妇或胎儿的研究，45 CFR，Sec.46.204。

组编辑系统的技术背景，还需考虑拟议的临床应用方法，以便权衡预期的风险和利益。由于脱靶事件将随着平台技术、细胞类型、基因组靶序列和其他因素发生变化，因此，目前无法针对体细胞基因组编辑的特异性（如可接受的脱靶事件发生率）制定单一标准。

建议 4-1 应使用现有的监管基础设施和流程(审查和评估用于治疗或预防疾病和失能的体细胞基因疗法）评估使用基因组编辑技术的体细胞基因疗法。

建议 4-2 目前,监管部门授权的临床试验或批准的细胞疗法应仅限于与治疗或预防疾病和失能相关的适应证。

建议 4-3 监督机构应根据预期用途的风险和利益来评估拟议的人类体细胞基因组编辑应用方法的安全性和有效性，并且应认识到脱靶事件可能会随着平台技术、细胞类型、基因组靶位点和其他因素而发生变化。

建议 4-4 在考虑是否针对治疗或预防疾病和失能以外的适应证授权进行体细胞基因组编辑临床试验之前，应开展具有透明度和包容性的公共政策辩论。

5　可遗传的基因组编辑

对于已知可能将严重遗传疾病遗传给子女的准父母而言，可遗传的基因组编辑[51]技术将为其提供一种新的可能性，使其在基因上有关联的子女不受该疾病的影响，这是面临此类情况的父母共同的愿望（Chan 等，2016；Quinn 等，2010）。单基因突变是大多数遗传疾病的致病原因[52]。虽然单独的遗传疾病极为罕见，但此类疾病作为一个整体仍然影响着相当一部分人群（5%～7%）。此类遗传疾病的传播将对个人家庭的情感、经济和其他方面造成极大的负担，而对于部分家庭而言，生殖细胞编辑有可能帮助其减轻这种负担。基因组编辑技术开发过程的最新进展将使此类技术应用于人类生殖细胞的最终可行性成为现实。正如本报告其他部分所讨论的，基因组编辑技术的进步使得基因组编辑的效率和准确性不断得到提高，同时也降低了脱靶事件的风险。由于生殖细胞基因组编辑具有遗传性，其影响范围可能涉及多代人。因此，潜在的益处和危害也将随之增加。此外，有意识的生殖细胞基因改变使这种人为干预形式的明智性和适当性及其可能带来的文化影响产生了强烈的社会争议和各种猜测。如下文所述，此类争议包括对降低人类尊严和尊重其多样性的担忧；未能意识到自然世界的重要性；在改变世界和人类的过程中对人类的智慧和控制力缺乏谦逊的态度（Skerrett，2015）。有关线粒体替换技术的讨论正在进行中，借助这套相关技术，线粒体 DNA 携带的遗传疾病将通过来自供体的健康线粒体得以避免。由于卵子中的线粒体将通过代代相传的方式进行传递，因此，此类技术的作用是产生可遗传的基因变异，尽管其不会改变细胞核中的 DNA。墨西哥（Hamzelou，2016）和乌克兰（Coghlan，2016）已经开始使用线粒体替代品，虽然尚未在英国使用，但已经获得批准（HFEA，2016a）。根据美国国家科学院最近的一项研究，美国允许针对线粒体替代品开展临床试验，但必须严格遵循相关标准和监管制度（IOM，2016）（参阅辅文 5-1）。2017 年初有报道称，乌克兰已有通过这种技术出生的婴儿（在与不孕症相关的病

---

51 “生殖细胞编辑”是指对生殖细胞、原始生殖细胞［PGCs］、配子祖细胞、配子和胚胎进行的所有操作（参阅第 3 章）。本章将重点讨论“可遗传的生殖细胞编辑”，这是生殖细胞的一种编辑形式，包括转移编辑后的妊娠材料，目的是产生可向后代传播“编辑结果”的新人类。这种差异性表现在意图而非技术干预方面，这两种情况都非常相似。

52 参阅 https://www.omim.org［访问时间：2017 年 1 月 3 日］和 http://www.diseaseinfosearch.org［访问时间：2017 年 1 月 4 日］。

辅文 5-1

线粒体替换技术

线粒体替换技术重新引发了人们对可遗传基因修饰的讨论。所有人都拥有可编码大多数人类特征的核中DNA，而且我们细胞内的线粒体中也含有极少量的DNA。当突变线粒体通过母亲的卵子从父母传递给孩子时，便会引发各种疾病。将这些存在缺陷的线粒体替换为来自其他女性卵子的正常线粒体可大大降低孩子面临的遗传疾病风险，从而满足准父母对具有亲缘关系后代的期望。男性无法将捐赠的线粒体传递给自己未来的孩子，但女性可通过其经过修饰的卵子将捐赠的线粒体遗传给自己未来的孩子，使其成为生殖细胞变异的潜在遗传形式。

2016年，IOM委员会建议采取谨慎、渐进式方法进行实验，其试验范围局限于已知可能传播严重疾病的情况。此外，委员会建议在初级阶段仅将该技术应用于男性胚胎，以确保捐赠效果仅对第一代子女产生影响。更多研究和安全性证据表明其可能会扩展至线粒体替换技术的可遗传形式（包括女性胚胎）。英国人类受孕与胚胎学管理局也对线粒体替换技术程序进行了审查，并得出结论认为其已经足够成熟，因此可继续应用于男性或女性胚胎。虽然该程序目前已被批准，但尚未正式执行。

症不符合HFEA或美国国家科学院报告标准的情况下）（Coghlan，2017）。

本章首先回顾了可遗传基因组编辑的潜在应用领域和替代方法，之后对科学和技术问题、伦理和社会问题及与此类应用相关的潜在风险进行了论述。然后转向可遗传基因组编辑的相关法规。最后一节提出了结论和建议。

潜在的应用方法和替代方案

预防遗传性疾病的传播

关于生殖细胞基因组编辑是否应该用于预防基因遗传疾病的传播，社会各界众说纷纭。生殖细胞基因组编辑并非实现这一目标的唯一方法。其他选择包括放弃生育、领养孩子，或者使用捐赠的胚胎、卵子或精子。但此类方法不允许父母与子女建立遗传联系，然而这对大多数人而言是非常重要的问题。此外，也可以采用进行胚胎植入前基因诊断（PGD）的体外受精（IVF），以确定受影响的胚胎，以便准父母可以选择植入没有诊断出基因突变的胚胎。然而，此类选择并不是没有潜在的风险和成本，其同样涉及丢弃受影响的、不可接受的胚胎。通过对胎儿进行产前基因诊断，可以选择性放弃受影响的胎儿，从而避免将基因突变传递给下一代。但就 PGD 而言，有人认为，无论下一代的健康预测结果如何，终止正在持续的妊娠过程都是不可接受的做法。

在此类情况下，对于可能传递基因突变的群体而言，可遗传的生殖细胞基因组编辑为其提供了一种潜在的途径，可使具有亲缘关系的后代免受基因突变的影响。这种编辑形式可在配子（卵子和精子）、配子前体或早期胚胎中完成，但需要注意的是，IVF 程序需要产生胚胎以便用于随后进行的基因组修饰。在大多数情况下，PGD 可用于识别未受影响的胚胎，以便完成植入程序。

但在某些情况下，所有或大部分胚胎都会受到影响，从而导致 PGD 的难度增加或不可行。例如，亨廷顿病等显性迟发性遗传疾病在一些孤立的人群中（亲本对于基因突变具有纯合性）发生率较高。在此类情况下，所有胚胎都会携带导致儿童疾病的主要致病等位基因，而 PGD 也将无法发挥作用。在其他人群中，特定致病性突变的超高频率足以使准父母成为相同的基因突变携带者，如肿瘤抑制基因、*BRCA1* 和 *BRCA2*。由于未受影响的基因拷贝丢失，即使遗传自单拷贝基因也可能增加乳腺癌和卵巢癌风险，以及泰-萨克斯病和其他早发性溶酶体贮积症（因遗传到两个拷贝的隐性突变而引发的疾病）的风险。在此类情况下，只有 1/4 的胚胎可免受致病突变的影响。PGD 可鉴定未受影响的胚胎，但可用于植入的胚胎数量将显著减少。目前也有由特定基因中两种不同突变配对引发的“共显性”及两种或更多基因的特定等位基因组合，这些都将增加 PGD 的难度。

随着医疗技术不断进步，严重隐性疾病患者（如囊性纤维化、镰状细胞贫血、地中海贫血和溶酶体贮积症）的生存率也得以提高，但亲本对于基因突变具有纯合性的情况仍然可能有所增加。此类人群面临的社会和医疗压力通常会使其聚集到更有可能进行互动并建立密切关系的社交群体中。在患有常染色体显性遗传疾病的患者群体中也可能建立类似的关联，此类遗传疾病可发展至生育年龄（如软骨发育不全和成骨不全），且同样会增加传播遗传疾病等位基因的可能性。由于传统疗法和基因组编辑疗法使得治疗儿童和成人严重遗传疾病的能力得到提升，随之而来的需求是解决父母将此类疾病遗传给其子女的潜在风险。此类情况可能会增加疾病携带者和受影响个体对基因组编辑技术的关注度——即利用该技术避免将有害基因传递给其子女和后代。

如果出现影响生育能力的基因突变，则携带突变基因的女性可能会面临脆性 X 综合征和 *BRCA1* 基因突变等问题（de la Noval，2016；Oktay 等，2015），此类问题可在发育期间或出生后导致卵母细胞丢失。对于希望避免传播遗传疾病的女性，除了遗传性突变外，癌症治疗和环境化学物质等外部因素也有可能降低卵巢储备功能。在此类情况下，女性在每个超排卵周期拥有的可用于筛选的胚胎数量较少，且通过未受影响的胚胎获得妊娠（IVF 和 PGD）的机会低于没有携带此类突变基因的女性。因此，受影响的女性可能需要经历多次超排卵周期才能确定未受影响的胚胎，同时也会面临风险、不适和成本问题。

在所有此类情况下，如果使用可遗传的基因组编辑技术来校正突变具有一定的安全性和有效性，则考虑 PGD 方法的准父母可能更倾向于这种替代方法。上述情况可能仅存在于少数群体，但面临此类困难选择的人群所提出的担忧却是真实存在的。

治疗影响多种组织的疾病

部分基因遗传疾病会影响特定的细胞类型或组织，如特定类型的血细胞。此类疾病可通过体细胞基因组编辑进行治疗，事实上，其中一些治疗方法已经投入使用（参阅第 4 章）。但是，体细胞基因组编辑并非治疗影响多种组织的其他遗传疾病的最佳方法，因为其可能无法针对疾病的所有方面，或者难以在受影响的组织中产生足够数量的细胞来减轻症状。已经针对其进行体细胞基因组编辑研究但可能无法充分发挥作用的病症包括影响多种上皮组织（肺、肠和其他器官组织）的囊性纤维化，以及可影响多种肌肉类型（包括心肌）和其他组织（如脑组织）的肌营养不良症。拥有亲缘关系后代的患病夫妇有望成为生殖细胞基因组编辑技术的未来适用人群，编辑生殖细胞中存在缺陷的基因可在所有组织中发挥治疗作用。

关于应用生殖细胞基因组编辑所面临的挑战，进行性假肥大性肌营养不良（DMD）可作为一个非常具有启示意义的例子。DMD 是一种 X 连锁疾病，每 3600 名新生男婴中会有一名男婴受到此病的影响，症状在其出生后的头几年开始出现并逐渐恶化。DMD 患者的平均预期寿命约为 25 岁。DMD 是由基因组中最大的基因之一——表达肌萎缩蛋白基因的突变引起的，其中包含多个重复的相似片段。肌萎缩蛋白基因及其重复序列的大小使其极易发生突变，这种遗传疾病也因此成为相对常见的疾病。研究人员已经开发出体细胞基因组编辑方法以去除肌肉前体细胞中肌萎缩蛋白基因的有害变异。这种体细胞基因组编辑方法可缓解病症，但无法纠正所有组织中的症状。

此类体细胞编辑方法经过临床测试之后，可尝试通过生殖细胞编辑来纠正所有组织中的缺陷。但是，携带 DMD 基因突变的女性可通过 PGD 方法避免孩子受到影响。此外，大约 1/3 的 DMD 病例是由新生突变造成的，由于此类变异在出生之后才能被识别，因此不适合进行生殖细胞基因组编辑。目前，体细胞编辑方法似乎比生殖细胞编辑更为有效。然而，基因组编辑方法和干细胞生物学的发展速度可能会改变这种状况。

科学和技术问题

从实践的角度来看，将基因组编辑应用于合子和早期胚胎仍然存在相当大的技术难题。虽然拥有较高的瞄准效率和准确度，并且有充分的理由相信其可大大降低脱靶效应（参阅第 3 章和附录 A），但仍需确保将具有正确靶向等位基因的胚胎返回子宫以完成妊娠。

镶嵌现象

如果在合子（受精卵）或早期胚胎中进行基因组编辑，则很可能会导致早期胚胎中的部分细胞无法进行必要的（甚至是任何）编辑。这种情况被称为“镶嵌现象”，生殖细胞基因组编辑在合子或胚胎中的应用过程将因此面临重大的挑战。通过 PGD 方法筛选编辑胚胎以测试镶嵌现象并不能确保植入胚胎的正确编辑，因为单个细胞可能无法反映胚胎中其他细胞的基因型，且清除多个细胞进行测试会使胚胎遭到破坏。

镶嵌现象的影响在一定程度上取决于被瞄准的基因。如果目的基因编码必要的细胞功能，则镶嵌现象属于较为严重的问题，但如果该基因编码分泌因子（如生长激素或促红细胞生成素）或引起所需分子（如血液凝固因子）的分泌，则仅在一个细胞子集中修正基因就已足够。此外，由于新生儿的生殖细胞也可能存在镶嵌现象，因此仅编辑一个细胞子集可能无法针对后代解决问题。但是，其可能提供在 PGD 后发现无病胚胎的最佳机会，或者允许培养和选择经过编辑的精原干细胞（参阅下文：可遗传编辑的潜在替代路径），从而使此类新生儿拥有不受影响的后代。总体而言，镶嵌现象目前仍将严重阻碍人类生殖细胞基因组编辑在合子或早期胚胎中的临床应用，尽管最新的进展表明这种障碍最终将迎刃而解（Hashimoto 等，2016）。

可遗传编辑的潜在替代路径

编辑胚胎基因组并非实现可遗传基因修饰的唯一方法。在受精前直接修饰配子基因组（卵子和精子）或其前体可以克服镶嵌现象带来的问题，并且有可能在体外受精前预先选择适当的靶向配子。

配子基因组编辑有许多潜在的路径，部分路径已用小鼠进行了试验，其他路径则有待充分开发。例如，精原干细胞（可产生精子）可通过睾丸活检进行分离，在培养过程中进行编辑之后检测正确的基因编辑，然后将其重新植入睾丸。此外，也可诱导多能干细胞（iPS）产生精子或卵母细胞祖细胞，从而对干细胞群进行基因组编辑。目前已经能够鉴定出正确的靶向克隆，并将其用于在体外或体内产生精子细胞或精子，从而使供体的卵子受精。此类技术在针对小鼠和其他哺乳动物（包括非人灵长类动物）的试验中已经取得了重大进展（Hermann 等，2012；Hikabe 等，2016；Shetty 等，2013；Zhou 等，2016）。未来可对这种方法进行扩展，以确保配子中的致病变体得到精确和有效的校正（进一步讨论参阅第 3 章和附录 A）。如果人类卵子和精子祖细胞中的基因组编辑成为现实，则可遗传的生殖细胞基因组编辑在人类领域的应用前景将发生巨大变化。

对人类基因库的影响

另一个考虑因素是某些导致严重遗传疾病的基因（如镰状细胞贫血）必须经过阳性选择，维持群体中的致病等位基因，这是因为其在拷贝（杂合子）中的存在可针对传染病发挥一定的保护作用。对于其他致病变异体而言也是如此，尽管尚未确定，但有证据表明囊性纤维化也可能属于这种情况（Poolman 和 Galvani，2007）。此类实例已经使部分群体产生怀疑——即通过可遗传的生殖细胞编辑消除致病基因变异能否显著改变人类基因库。正如前文所述，如果需要获得批准，则通过人类生殖细胞编辑治疗疾病的病例数量将显著减少，并且在可预见的将来几乎没有可能对基因库产生任何显著影响。此外，也有人提出将任何可遗传的生殖细胞编辑局限于人类群体中自然发生的变化［将有害的致病变异（突变）等位基因转化为常见的非致病性 DNA 序列］，从而将下一代面临的意外修饰影响控制在最小限度内（参阅第 6 章关于针对增效目的的基因编辑的内容）。目前，在任何预想的治疗应用中，将致病基因突变改变为已知的现有非致病序列就属于这种情况，因此，针对治疗目的进行的任何此类生殖细胞基因组编辑对人类基因库产生的影响微乎其微。

选择适当靶基因的能力

最后一个问题：目前与人类基因、基因组和基因变异相关的知识，以及基因和环境之间的相互作用是否足以安全实施生殖细胞基因组编辑。虽然我们目前掌握的知识已经足以对特定基因进行编辑，但在多数情况下并非如此。例如，对于 *APOE4* 等位基因（与阿尔茨海默病风险的增加存在明显关联）为何以较高的频率出现在人类基因库中，研究人员尚无定论。其中一种理论认为其可能在其他方面具有优势，类似于针对疟疾提供保护的镰状细胞突变的杂合优势。*APOE4* 等位基因不适合进行生殖细胞基因组编辑，原因在于其可能对丙型肝炎病毒感染引起的肝损伤提供一定程度的保护（Kuhlman 等，2010；Wozniak 等，2002），并且其不良影响并未充分渗透。随着大型项目将基因组序列与健康、环境和生活方式方面的细节相连接（如英国的“10 万人基因组计划”和美国的“精准医学计划”），基因组和环境之间的相互作用将随着时间的推移得到改善。随着人们不断增进对基因组进程和基因组编辑/干细胞技术的了解，未来编辑可遗传生殖细胞以改善人类健康和福祉的可能性将成为需要持续慎重考虑的因素。每个潜在的靶基因都需要在科学和伦理的基础上进行仔细评估，只有人们充分了解的基因才能成为生殖细胞基因组编辑的最佳选择。

编辑生殖细胞以校正致病特征的伦理道德与监管问题

近半个世纪之前，Bernard Davis 发表的一篇文章预见性地概述了今天仍在进行的讨论，即与遗传研究（包括使生殖细胞发生可遗传变异的研究）相关的前景、风险和路线图（Davis，1970）。他在文章的开头呼吁“通过各种手段客观地评估修饰人类基因模式的前景”，并在之后谨慎地提醒“与智力、性情和身体结构相关的最有趣的人类特征均具有高度多基因的特点”，因此依靠大量基因，以复杂的方式与环境产生相互作用。这至今仍然是不变的真理，但人们每年都会发现更多关于基因调控回路（控制复杂特性）的知识，并且需要持续考虑生殖细胞基因组编辑的潜在益处和风险。

平衡个人层面的利益和社会层面的风险

关于可遗传生殖细胞编辑的辩论，其中一个具有挑战性的特征是需要针对个人面临的风险及社会和文化层面的潜在危害平衡个人（如准父母和孩子）的潜在利益。这是一个复杂的伦理分析过程，很大程度上是因为个人的利益和风险更为直接和具体，而对文化效应的担忧则更加分散。此外，对技术创新的历史进行审查有助于人们对文化变迁做出预测，但这仍然属于推理性的预测，因为随着新技术而发生的文化变迁都需要时间来发展完善。因此，此类辩论由于持不同论点的各方无法正面交锋而变得困难重重。

在美国，对社会和文化问题的适当考虑通常是在公民权利法理学和法律体系的背景下解决的，即将“个人自由的责任或此类责任的歧视性影响”与“是否对此类特定国家的限制条件存在合理或迫切需求”进行比较。

在此类挑战中，结果往往并非取决于针对技术或个人选择的实质性辩论，其在很大程度上是由维护限制条件所需的合理性水平决定的。在普通自由受到限制的情况下，法院将仅针对政府的限制规定维护合理依据。就基本自由而言（如《权利法案》中明确规定或法院认定的基本自由），法院将维护更加令人信服和精心制定的合理依据。该类别的轮廓可能存在不确定性，但是，围绕着方法和司法裁决合法性进行的持久辩论认为，尽管部分权利未被纳入《权利法案》，但仍有部分权利属于基本权利。生育权即属于存在争议的领域，因此，如果对一个或多个方面的政府限制提出质疑，将难以预测需要何种程度的合理依据（Murray 和 Luker，2015）。

父母益处

遗传性生殖细胞基因组编辑的好处将以最直接的方式对孩子产生影响，但其同时也存在传播疾病的风险。对亲缘关系的渴望可通过以下事实得到证明：在通过上述方式拥有具有亲缘关系的孩子和生下面临遗传疾病风险的孩子之间，大多数准父母更倾向于选择后者（Decruyenaere 等，2007；Dudding 等，2000；Krukenberg 等，2013）。如果对已被充分了解的基因进行编辑，且此类改变是一种已知且常见的非病理性序列的转换，则生殖细胞基因组编辑可能会提供一种在某些情况下比 PGD 更有效或更易于接受的选择。因此，父母将从中受益，并有机会拥有一个健康状况更好的孩子。对于一些低龄化的致命疾病，该技术可使孩子正常出生，并拥有更加正常的寿命。

对生殖细胞基因组编辑技术的使用权体现出美国对父母自主权最广泛的法律和文化解释。人们可能出于各种原因而渴望拥有具有亲缘关系的后代。例如，希望从孩子身上看到自己或先祖的影子，或者需要通过生物学方面的联系实现传承性、延续性甚至某种形式的不朽（Rulli，2014）。禁止使用此项技术可被视为对父母自主权的限制，具体根据不同的国家和文化背景而定。事实上，部分群体认为拥有具有亲缘关系的孩子肩负着宗教或历史使命。还有部分群体并不同意有关父母自主权的这种观点，他们认为生殖细胞编辑是将孩子视为人造产物的一种措施，并且这将提高父母的期望值，使他们越来越无法接受不可避免的缺陷和失败（Sandel，2004）。还有部分群体认为，满足人们对亲缘关系的渴望并非一项纯粹的福利，在这个领养、同性婚姻、捐赠配子、代孕行为和继父母养育日益正常化的时代，其可能会使某些观点发展成为过时的亲属关系和家庭观念（Franklin，2013）。

在美国，生育自由以法律案件为基础（此类案件涉及根据个人意愿生育孩子的权利），并且在养育行为方面具有极大的自由度[53]。相关案件重点关注以下权利：抚养子女的权利（并在极大程度上塑造符合父母偏好的特性）；在自愿的情况下实施绝育手术的权利；服用避孕药以避免妊娠的权利；对自己身体的控制权（在胎儿尚不能在子宫外存活且必须终止妊娠的情况下）；在必须终止有效妊娠的情况下保护自己身体健康的权利。在与《美国残疾人法案》法定解释相关的案例中，美国最高法院承认生育是一项重大的生命活动[54]。此类案例的广泛视角包含获得妊娠的方法及使用相同技术降低此类新生儿患病和失能风险的权利。

然而，美国宪法案例并不直接涉及破坏子宫外胚胎的权利，也未涉及 PGD 或体外受精的合法性。就上述宽泛的视角而言，其对生育自由的解释的广泛程度仍未经过检验，且有关父母权利和生殖的案例并未明确支持这种解释（Nelson，2013）。与所有自由一样，生育自由可被视为一种针对政府禁令提供保护的消极权利，也可被视为迫使政府促进选择或提供服务的积极权利。在美国，生育权的消极权利分析可使父母免于在生育选择的关键方面（如使用避孕药具）和父母的决定权方面（如对教育语言的选择）受政府禁令的约束。但对于保护受影响者健康

53 迈耶诉内布拉斯加州，262 U.S.390（1923）；皮尔斯诉姊妹协会，268 U.S.510（1925）；法林顿诉德重聪，273 U.S.284（1927）；普林斯诉马萨诸塞州，321 U.S.158（1944）；威斯康星州诉约德，406 U.S.205（1972）。

54 布拉顿诉阿伯特，524 U.S.624（1998）。

和福利的技术，即使可以提出宪法权利要求，也可对其进行完全合理的监管。此外，其从未延伸至要求政府资助甚至批准新生殖技术的积极权利。

潜在风险

与生殖细胞基因组编辑的潜在利益相对应的是一系列潜在的风险。正如上文所述，在其当前状态下，基因组编辑技术仍然面临着技术性难题，在将其应用于人类生殖细胞基因组编辑之前，首先需要克服此类技术难题，并且需要以谨慎认真的态度审查任何进入临床试验阶段的方案。

非预期后果

其中一个关切问题是人为干预可能会产生非预期后果。就生殖细胞基因组编辑而言，这一关切问题包含两个不同的组成部分。首先是编辑过程中发生脱靶效应的可能性（在进行体细胞基因组编辑的情况下），正如本报告其他章节所述（详见附录 A 和其他章节的相关内容），这个技术性问题正日益受到科学界的关注。虽然基因组编辑技术的改进正在减少脱靶事件的发生率（评估其发生率的方法正在开发之中，且部分方法已获批用于体细胞疗法），但其尚未达到可授权进行生殖细胞基因编辑临床试验的程度。在任何应用生殖细胞基因组编辑的临床试验获得批准之前，必须证明编辑程序不会导致非预期变体的显著增加。此类变体的需求水平必然低于体细胞基因组编辑的需求水平，但是鉴于短期内不会进行生殖细胞基因组编辑，毫无疑问，用于控制和评估脱靶事件将得到显著改善。此外，与体细胞基因组编辑相关的经验有助于人类深入了解可接受或不可接受的非预期变体发生率。

无论为体细胞应用采用何种开发标准，对生殖细胞应用过程中的脱靶效应的接受度都将有所下降。根据定义，受编辑影响的群体（未来的后代）并未决定成为研究对象或尝试接受治疗，且不良反应可能会因跨代影响而成倍增加。这两个因素导致人们对风险和利益的平衡采取更加保守的方法。

第二个问题是预期的基因组编辑可能会产生非预期的后果（即使在未发生脱靶效应的情况下）。如果利用生殖细胞基因组编辑将已被充分了解的致病基因变异转换为广泛存在的非病理性变异，则编辑变化将成为已知不会产生有害后果的基因版本。此类基因已经广泛存在于人群中，因此，编辑行为产生非预期效果的概率微乎其微。另一方面，在通过具有针对性的编辑行为改变人群中尚未普遍存在的 DNA 序列的过程中，确实存在出现非预期后果的问题，如针对所谓的“增效”目的做出的编辑行为。在生殖细胞编辑领域，由于此类变化可能会对后代产生影响，因此与之相关的担忧也因此被放大，第 6 章将对此进行深入讨论。

长期随访

与任何新程序一样，生殖细胞基因组编辑的临床试验方案需要接受严密的监控，并重点监测脱靶事件及特定编辑行为的效率和正确性。与传统的临床试验不同，生殖细胞基因组编辑试验可能需要在随后的几代人中进行长期的前瞻性随访研究，研究对象包括受干预措施影响的后代，此类群体不会成为研究试验初步参与决定的当事方。此类数据是确定相关技术是否达到目标的关键信息（Friedmann等，2015）。即使是自愿成为研究对象的群体也不能在被迫的情况下参与长期的随访研究，但可对其采取鼓励措施。异种移植的经验及部分药物和设备试验表明，此类鼓励措施具有一定的成效。尽管在研究后代（非同意成为研究对象的群体）的过程中面临着特殊的挑战，但其他生殖技术的应用经验表明，随访研究的次数应足以就众多潜在的长期影响得出结论（Lu 等，2013）。

社会影响

部分群体认为，生殖细胞编辑可被证明不仅仅是父母的选择。有一种观点认为，对于因其特性而使子女和后代处于不利地位的人群而言，生殖细胞修饰可为其创造公平的竞争环境（Buchanan 等，2001）。其他群体则认为生殖细胞基因组编辑可为公众带来健康益处，因其可在某种程度上降低许多破坏性疾病的流行率，如泰-萨克斯病和亨廷顿病。尽管如此，仍然需要注意的是，虐待性和强制性优生学的历史与此前出于善意的公共健康和卫生运动可能有着紧密的关联性，这也是有关公众健康利益的讨论往往也伴随着怀疑和忧虑的原因之一。

部分当代超人类主义者指出，人体存在的各种缺陷包括容易患病、需要大量睡眠、存在各种认知限制且最终将走向死亡。他们认为，从提高人类对疾病的抵抗力、道德水平和智力的角度来看，改善人类物种属于有意义的做法（Hughes，2004）。还有一部分人（如哲学家 John Harris）认为，在某些情况下，增强人类基因是一种道德上的义务（Harris，2007）。但此类论点仅限于增效目的，而非恢复或维持正常的健康状态。第 6 章将对该主题进行深入的讨论。

“自然”人类基因组与适当的人类干预程度

反对生殖细胞基因组编辑的社会和文化论点中包含支持“自然”基因组的立场。尽管人们普遍能够接受人类对农业和医学领域的干预行为，但部分群体认为人类基因组属于例外情况，且由于其自然性的某些方面（无论其是否被定义为具有“常规性”“真实性”或其他特性），基因组在很大程度上均取决于人为干预之外的其他因素（Nuffield Council，2015）及其“人性”的某些方面（Machalek，2009；Pollard，2016），因此应避免对其进行刻意操纵。然而，人类基因组并不仅限于“人类”，其中还包括尼安德特人和丹尼索万人的DNA（Fu等，2015；Pollard，2016；Vernot等，2016），也并非存在于任何单一的静止状态中。正如第4章所述，每当细胞分裂时，DNA序列会产生多种变化，放射物和化学物质（无论天然物还是合成物）等环境污染也会产生序列变化。此外，与受精过程相结合的减数分裂可在每个个体中（甚至是在单个个体的细胞内）产生一种新型的基因变体（Kasowski等，2010；Zheng等，2010）。每个人（单卵双胞胎除外）均起源于一个独特的基因组，之后随着细胞分裂分化为两个基因组，每个基因组均属于“自然”基因组，且不存在由所有人类共享的单一人类基因组。

在此之后，人们关注的问题发生了变化——即应当以谦逊的态度对待人类基因组，人类应该意识到智慧和科学的极限，以及人类的干预措施甚至比自然过程更加危险或更加难以预测。这种担忧常常表现为“扮演上帝的角色”，这个概念所体现的观点是人类缺乏通过安全的方式使基因组发生变化（并且预测这种变化能够在实质上达到预期目的）所必要的“上帝”视角。即使从非神学角度看待这个问题的群体也可以利用该术语代表一个更为普遍的概念——关于有意识的控制环境或人类基因组的适当限度（President’s Commission，1983）。

在某种程度上，这种争论以隐含的方式接受了这样一个论点，即自然和进化的力量优于人为干预措施。但是，人类基因组的自然变异也会偶尔出现，并通过始祖效应和气候、营养及传染病等选择压力在进化过程中被选中或被排除，其中一部分可能在现代世界中不再具有相关性。因此，虽然认识到人类认知的局限性和谨慎注意的重要性，但这并不一定意味着放弃一切人为干预措施。

总体而言，从科学的角度来看，有关生殖细胞基因组编辑潜在利益和风险的部分结论可得到一定程度的确定性支持，而其他结论仍然存在不确定性，需要进一步展开研究和社会辩论，并且呼吁对此类结论采取谦逊的态度。评估功效和风险概率是临床试验的重点，其可被视为对人类知识局限性的重视。

除了对风险和不确定性进行科学评估，长期以来，人们还一直在精神和宗教方面就人类对自然界的适当干预问题进行讨论。在当代西方社会，基督教的传统对当今的宗教多元化和世俗文化有着重大的影响，围绕改善和管理自然的主要任务或人类和“上帝”义务展开的讨论体现了此类观点（Cole-Turner，1993；Vatican，2015）。这种思想反映了存在于各种传统和多个世纪的信仰，其中包括圣弗朗西斯的“创造颂”（St. Francis’ Canticle of Creation）和部分美洲原住民的信仰体系。

另一方面，在犹太传统中有一项明确的义务——以任何有利于人的方式建设和发展世界，而这种改良行为被视为上帝与人类之间的积极合作，而不是对创造过程的干涉（Steinberg，2006）。同样，大多数穆斯林教徒和佛教徒都认为基因工程只是众多受欢迎的干预措施之一，因其有助于减少疾病带来的痛苦（HDC，2016；Inhorn，2012；Pfleiderer等，2010）。始终存在的问题是如何界定人类对自然界和人类自身的干预程度是否处于适当且合理的范围？这是一个由宗教和非宗教人士提出的精神和实践问题，虽然前者提出问题的频率更高（Akin 等，2017）。即使在宗教群体中，来自不同信仰的信徒也会对该问题表现出不同程度的关注（Evans，2010）。

人类尊严与优生学引发的担忧

国际公约、条约和国家宪法（包括禁止生殖细胞修饰的欧洲条约）通常会援引有关尊严的概念（Hennette-Vauchez，2011）。虽然该术语拥有多层含义，但在关于生殖细胞基因组编辑的争论中，该术语经常被用于强调人类自身（而非能力）的价值，借此表明人类不应沦为他人意志的工具（Andorno，2005; Sulmasy，2008）。Emmanuel Kant 认为人类的能动性和自由意志是人类尊严的本质所在。该术语也体现了对人类而非其他物种的特别关注、对人类智力的欣赏及促进自主性和人类繁荣的承诺。由于权利和其他个人论点难以解决关于后代或人类关切的问题，因此，引用“尊严”概念的目的是“为防止滥用新兴生物技术力量提供最终的理论依据”（Andorno，2005）。即使仅限于预防严重疾病或残疾，可遗传生殖细胞基因组编辑的应用前景仍然引发了人们的担忧——纯粹自愿的个人决定汇聚而成的力量可能会改变“接受轻度残疾”的社会准则（Sandel，2004）。

残疾人权利共同体并非单一的整体，关于产前筛查等基因技术，有人对此表示支持，也有人持怀疑的态度（Chen 和 Schiffman，2000；Saxtonk 2000）。残疾人群体的不同组成部分对于使用筛查技术这一方面的讨论由来已久。这种紧张的局势具有实际性和持续性，且无法被彻底解决。尽管如此，在应用技术进行筛查或确定遗传品质方面，残疾人活动家一直是最显而易见的批评者。Jackie Leach Scully 也对此表达了深切的担忧——如果将自愿性产前诊断技术应用于基因组编辑，将有可能使人类陷入“滑坡效应”（下文将对此概念进行深入讨论），最终导致对残疾的接受度降低，甚至可能面临恢复过去强制性实践的风险（Scully，2009）。

其他人则认为，通过基因筛查（和扩展基因组编辑）实施的预防政策似乎反映出这样一种看法——在身体残疾的状态下生活将给孩子及其家庭和社会带来沉重的负担，因为其规避措施是医疗保健工作的重中之重。这种看法夸大和误判了许多或大部分与残疾相关的困难（Wasserman 和 Asch，2006）。人们就残疾人群体和医疗专业人员对特定病症引起的痛苦所持有的不同看法也进行了同样的观察（Longmore，1995）。研究表明，“许多医疗专业人员认为，儿童残疾对儿童自身及其家庭而言多为负面因素，与之形成鲜明对比的是残疾人士及其家庭实际表现出来的生活满意度”（Parens 和 Asch，2000，第 20 页）。

事实上，人们对该技术可用性的担忧可能会导致这样一种判断——父母放弃生殖细胞基因组编辑是一个轻率的决定，该理论在其成为常规做法时已针对基因筛查进行严肃认真的讨论（尽管最终仍被放弃）（Malek 和 Daar，2012；Sayres Magnus，2012；Wasserman 和 Asch，2012）。其他人担心的问题则是如果直接受影响的群体数量不断减少，则在制定残疾人无障碍权益保护法律和政策方面取得的来之不易的成功将失去支持。

有人可能会认为，这些担忧反映出一种错误的二元对立观念及对残疾儿童无条件的关爱，此外，尊重所有先天或后天残疾的群体与出生或受孕前避免疾病和残疾的干预措施自相矛盾。数十年来，产前诊断（伴随着受影响胎儿的选择性流产）和植入前诊断技术（伴随着未受影响胚胎的选择性植入）得到了快速的发展，公众对残疾群体的接受度也越来越高，这两个事实其实本质相同（Hernandez 等，2004；Makas，1988；Steinbach 等，2016）。“鼓励减少遗传疾病的发病率”与“尊重天生患有疾病的群体并为其独特需求提供支持”具有一致性（Kitcher，1997，第 85 页）。

残疾人群体的特点是在使用筛查技术方面存在长期持续的紧张局势。相关文献似乎也公开承认这种紧张局势具有实际性和持续性，且无法得到彻底的解决，此外，使用基因组编辑消除残疾的任何步骤均需以谨慎的态度进行公开讨论，委员会对持续开展公开审议的呼吁表示支持（Kitcher，1997）（参阅第 7 章）。

公共政策已经转向消除就业或公共服务方面的歧视，为了改善社会、物质和就业环境以实现这一目标，公共投资也有所增加，其中包括无障碍建筑、手语演示、十字路口的声音信号等各种措施。然而，此类措施的覆盖范围仍有不足，如果基因筛查和流产的相关法律难以减少先天畸形的患病率，则无法得知这种态度的转变是否会更加剧烈。尽管如此，这一进展仍在一定程度上解决了其中一个关切问题——减少疾病流行率必然会降低人们对该群体的同理心、接受度或融合度。

经济和社会正义

由于意识到生殖细胞基因组编辑技术不太可能在短期内得到广泛应用，且物种的剧烈变化或文化规范的即时变化均有可能降低其可行性，因此，部分社会正义观点强调只能将该技术的可及性控制在较小的范围之内。在这种框架下，该技术是社会调动大量资源进行开发的另一个实例，只有少数经济状况较好的人群才能从这些技术中受益，而社会可利用因此获得的资金通过现有技术减轻数百万贫困人口的痛苦（Cahill，2008）。其中一个反驳的论点是，研究阶段可能会涉及不太富裕的群体，即使罕见但具有紧迫性的疾病治疗往往以富人为第一批受益群体，其最终都将发展成为贫困人群可以承受的治疗方法。此外，使生殖细胞基因组编辑成为可能的研究所提供的见解将引出针对其他疾病的健康护理干预措施。更重要的事实是，医疗保健预算并未涵盖全球范围，因此，针对某个地区的支出限制不会导致资金被重新定向到其他有此需求的地区（至少在美国）。

另一个关切问题是，如果可遗传的基因组编辑在富人或在被保险人群体中得到普及，则可能会改变可避免疾病在优势群体和劣势群体的患病率，并可能永久确定 Harris（2007）所称的“平行群体”。巨大的不平等性已经存在，争论仍在继续，生殖细胞基因组编辑会将文化因素决定的不平等性转变为生物学方面的不平等性。这种现象已经通过更好的营养和疫苗的作用效果存在于世界范围内的优势群体中，与此同时，部分评论家对另一种更加持久的促进健康的有效方式表示担忧（Center for Genetics and Society，2015）。此类担忧涉及医疗保健领域取得的各种进步，并不仅限于基因组编辑。

滑坡效应

许多支持（或至少不反对）生殖细胞修饰的学者针对可接受性的连续性对基因组编辑的潜在用途进行了调整。这种连续性几乎总是开始于最可接受的一端，将单基因疾病转化为常见的无害序列，并在最不可接受的一端转向与疾病无关的增效手段。根据滑坡效应理论，如果以单基因疾病作为开端，则可能会在若干年之内发展出许多人希望禁止的非治疗性增效手段。参与体细胞修饰的一个研究小组在 *Nature* 发表的一篇文章中写道，“许多人反对生殖细胞修饰的理由是，即使是毫无疑义的治疗性干预措施，也可能使我们走向非治疗性基因增效的道路”（Lanphier 等，2015）。

大多数评论家提出的滑坡效应理论主张的是概率性而非必然性，其以预测性社会学为依据（即社会以何种方式发挥实际作用），他们并不认为在滑坡上设置障碍和减速带可充分避免不当使用（Volokh，2003）。过去的科技进步［从重建手术（发展出美容整形手术）到致命疾病的产前筛查（发展出致病基因携带者筛查和非致命性疾病甚至迟发性疾病的筛查）］对紧迫性较低甚至具有反社会性用途的滑坡效应提出了类似的担忧。

生殖细胞编辑的反对者未必会反对利用常见的非致病基因替换致病基因变体，因为此类改变不会赋予后代社会优势，并且属于直接针对后代的工具性行为（目前是现代医学的组成部分）。然而，许多反对者并不认为基因组编辑会维持现有的局面，并且已观察到一系列加剧滑坡效应的社会进程。医疗行业的部分专业人员可能会更加致力于提供服务，而患者群体可能会日益寻求服务，从而形成有利于维护甚至扩大的强大利益集团。例如，最初为了应对输卵管堵塞而开发的 IVF 技术，然而该技术的应用范围得到了迅速的扩展，包括避免与年龄相关的生育能力下降，甚至绝经后不孕症及后来发展成为 PGD 的赋能性技术。同样，PGD 最初仅用于对具有严重有害突变的胚胎做出选择，但在之后被扩展应用于未被公认为疾病或残疾的症状及性别选择。

另一方面，滑坡效应的批评者指出其固有的不确定性，且尚有许多类似的主张并未成为现实。事实上，尽管存在相反的预测，但 IVF 和 PGD 均未应用到便利性目的或微不足道的特征选择。即使是通过廉价的方法“优化”男性遗传贡献的人工授精也未被视为普遍的做法，除非缺乏男性伴侣、患有不孕症或存在传递严重有害突变的风险。此外，对于那些需要使用供体配子的女性而言，几乎没有人利用从“诺贝尔精子库”获得精液的机会（Plotz，2006），尽管有证据表明更加强大的“优化”趋势出现在捐赠卵子的情况下。反对滑坡效应的群体通常比支持者更加关心可能被视为斜坡底部的情况。

在人类基因修饰的进化过程中，于滑坡上设置减速带或摩擦力的诸多尝试均集中于易于掌握的身体/个体与后代/社会之间的语言/认知差异（据此可确定体细胞编辑和生殖细胞编辑之间的区别）。批评者认为，目前关于跨越认知障碍（即跨越生殖细胞）的辩论证明了滑坡效应的存在。

总体而言，滑坡效应并非取决于对可遗传基因组编辑最具紧迫性的初步应用领域的谴责。但是，很多人认为监管措施能够设置有效的减速带，而滑坡效应的支持者则提出另外一个问题——社会能否及如何制定足够健全的监管法规来消除人们的担忧（关于从紧迫性较低的应用领域转向更具争议性的领域）。事实上，他们可能认为监管法规对于阻止滑坡效应而言只是杯水车薪，因为法规的制定以文化观念为基础，而文化观念的根本变化恰恰是滑坡效应的体现。

监管法规

美国的监管法规

在美国，可遗传的基因组编辑需遵守复杂的地州和联邦法规（参阅第 2 章）。由于各地州实施不同的胎儿和胚胎研究法律，因此，研究的合法性乃至临床应用均因州而异。由于目前的立法针对涉及人类胚胎的研究规定了资助方面的限制条件，因此可能无法通过联邦政府获得研究资金。如果可遗传的生殖细胞基因组编辑进入临床研究阶段，则 FDA 应具有监督管理权。经过改变的细胞（无论配子还是胚胎）均需完成植入才能获得妊娠，如果确定生殖性克隆未获得授权无法进行时，则这种转移行为将触发 FDA 在 2001 年行使的相同管辖权（FDA，2009）。该管辖权来源于 FDA 对组织移植的监管权力。IVF 和 PGD 均在 FDA 针对该领域制定全面的监管政策之前开发，因此，其并未像新近开发的产品一样受到严密监管，而基因组编辑则完全处于 FDA 的管辖范围。

谨慎的渐进式程序（参阅第 2 章的详细介绍）包括美国国立卫生研究院（NIH）重组 DNA 咨询委员会（RAC）的公众意见征集和透明度审查、当地机构审查委员会（IRB）和当地机构生物安全委员会（IBC）的审查及 FDA 审查，完成上述程序后方可就临床试验做出审批决定。如果生殖细胞基因组编辑在研究试验中取得成功并获准进行市场营销，则在获得批准之后同样需要受监督机制的约束。

由于生殖细胞基因组编辑将涉及其他辅助生殖技术，因此对其应用过程的监督可能会涉及适用于 IVF 和 PGD 的相同法令和条例。其中部分法规侧重于供体材料的安全性、透明度和报告要求或者（在使用 IVF 方法的情况下）针对 PGD 的实验室质量控制（尽管未必属于实际的诊断）。可遗传生殖细胞编辑将与 IVF 和 PGD 一起进行，因此可能涉及适用于此类技术的法令和法规。例如，IVF 方法需要遵守的规定包括设施注册、供体配子的传染病筛查和良好的组织处理标准（FDA，2001）。此外，使用 IVF 方法的计划必须向疾病控制和预防中心（CDC）报告妊娠成功率[55]。

美国国家科学院就线粒体替换技术发表了报告，认为该技术可能导致卵子中的少量线粒体 DNA（即非核 DNA）发生可遗传变异，中国也针对基因组编辑研究（使用无法存活的人类胚胎）发布了研究报告，在此之后，NIH 在一份声明中表示其不会资助涉及人类胚胎的基因组编辑研究[56]。NIH 院长 Francis Collins 博士表示，NIH“不会资助涉及人类胚胎的任何基因编辑技术”。他指出，“出于临床目的而改变胚胎中的人类生殖细胞多年来一直处于不同角度的争论之中，并且几乎被普遍视为一条不能跨越的界限”（NIH，2015b）。但由于《迪基-威克修正案》（禁止 HHS 为此类研究提供资金）和 RAC 政策（根据 NIH 资助项目的要求拒绝审查此类研究）所造成的法律障碍，NIH 已无法为此提供资金（参阅第 2 章）。

NIH 的声明还强调了 FDA 批准 IND 申请的要求（涉及转移和孕育编辑胚胎的临床试验）。FDA 从未接收或批准修饰生殖细胞的提案，但显然也对研究方向感到担忧，美国国会于 2015 年 6 月举行了“人类 DNA 科学与伦理”听证会[57]。第 2 章提及的综合支出法案条款不允许 FDA 使用其任何资源资助甚至考虑开展临床试验的申请[58]。该限制条款至少将持续至 2017 年 4 月底，在该日期之后，该禁令将根据下一次预算活动的具体情况被延期或取消。如果取消该禁令，则 FDA 可再次接收针对该领域开展临床试验的请求，但针对联邦资金的限制条款仍将继续有效。

其他机构的声明和意见

几十年来，遗传基因工程一直是公众和学术讨论的主题。具有法律效力的重

55 辅助生殖技术计划，42 U.S.C.§263a-1（目前已通过公法 114-38）。

56 可通过以下网站查看 NIH 声明：https://www.nih.gov/about-nih/who-we-are/nih-director/statements/statement-nih-funding-research-using-gene-editing-technologies-human-embryos［访问时间：2017 年 1 月 30 日］。

57 “工程化人类 DNA 的科学与伦理”听证会于 2015 年 6 月 16 日在科学、空间与技术内务委员会的研究与技术小组委员会的见证下正式举行。https://science.house.gov/legislation/hearings/subcommittee-research-and-technology-hearing-science-and-ethics-genetically［访问时间：2017 年 1 月 30 日］。

58 《2016 财年综合拨款法案》HR2029，114 Cong.，1st sess（2015 年 1 月 6 日）https://www.congress.gov/114/bills/hr2029/BILLS-114hr2029enr.pdf［访问时间：2017 年 1 月 4 日］。

要文件包括欧洲的《奥维耶多公约》，该公约仅允许将基因工程应用于预防、诊断或治疗目的，并且仅限于不改变后代基因组成的基因工程，从而将生殖细胞基因组编辑排除在外。虽然该公约由 35 个国家签署，但其仅对批准该公约的 29 个国家具有约束力（还有 6 个国家并未全面批准），甚至需要通过国内立法予以实施（COE，2016 年）。

正如第 1 章所述，美国、英国和中国的科学院及医学院于 2015 年 12 月召开了国际峰会，会议组织者呼吁针对可遗传生殖细胞编辑领域的任何尝试暂停某些尚未明确的持续时间。具体声明如下所示。

> 除非且直至满足以下条件，否则生殖细胞编辑的任何临床应用均属于不负责任的行为：
>
> （i）基于对风险、潜在利益和替代方案的适当理解与平衡，相关安全性和有效性问题已得到解决。
>
> （ii）关于拟议应用领域的适当性存在广泛的社会共识。此外，任何临床应用均应遵循适当的监管程序。
>
> 截至目前，尚无任何拟议的临床用途满足此类标准；安全问题尚未经过充分的研究；最引人关注的利益存在局限性；许多国家均对生殖细胞修饰制定了法规或监管禁令。但是，随着科学知识的进步和社会观念的发展，应定期对生殖细胞编辑的临床应用进行重新审视（NASEM，2016d）。

同样，国际干细胞研究学会（ISSCR）发布的 2016 年再生医学研究专业指南还包含以下内容："在科学和伦理方面进一步取得明确进展之前，ISSCR 认为，以人类繁殖为目的而在修饰人类胚胎核基因组领域做出任何尝试均为时尚早，目前应予以禁止"（ISSCR，2015）。

2015 年，名为 Hinxton 的自发性跨国专家组织发表了一份声明，探讨了接受可遗传生殖细胞基因组编辑的可能性，尽管其仍然面临诸多警告（Hinxton Group，2015）。该声明表示，"在转向人类生殖应用领域之前，必须先解决一系列关键的科学挑战和问题"。该声明列出了若干与安全性和功效相关的技术性问题，强调了探索文化态度的必要性，并且探讨了是否及如何针对特定用途制定相应法律界限。

法国国家科学院似乎也认为，虽然可遗传生殖细胞基因组编辑目前仍然是不可接受的，但在其获得许可的情况下，人们应当考虑"在符合科学和医学原理的前提下开展与生殖细胞和人类胚胎相关的研究"（ANM，2016）。

此类声明均认识到与可遗传生殖细胞基因组编辑相关的安全性和功效问题远未解决，目前也不应该尝试应用这种基因组编辑。然而，所有此类声明均指出，科学技术正处于持续快速发展的阶段，因此应避免呼吁永久禁止此类技术。事实上，Hinxton 小组建议"制定详细而灵活的路线图，从而为安全性和有效性标准的制定提供指导”（Hinxton Group，2015）。

结论和建议

在某些情况下，可遗传的生殖细胞编辑将为渴望拥有亲缘关系的父母提供唯一或最可接受的选择，同时最大限度地减少下一代患有严重疾病或残疾的风险。然而，虽然可通过该技术的应用避免遗传疾病，但生殖细胞基因组编辑仍在很大程度上引发了公众的不安，特别是在病症较轻且存在替代方法的情况下。此类担忧均来源于一种观点——即使对受影响个体和整个社会的非预期后果感到焦虑，人类也不宜干涉其自身的进化过程。

在任何生殖细胞干预措施能够满足授权临床试验的风险/收益标准之前，还需要开展更多的相关研究。但由于卵子和精子祖细胞基因组编辑所面临的技术障碍已经得到克服，因此，通过编辑行为防止基因遗传疾病也将成为可能。

美国主要的生殖细胞基因组编辑监管机构（FDA）在其决策过程中纳入了与风险和收益相关的价值判断。关于可遗传生殖细胞编辑的利益和风险价值观，仍需积极开展公众讨论活动，从而以适当的方式将此类价值观纳入风险/收益评估程序，在针对临床试验做出授权决定之前，应当先完成上述工作。但是，在决定是否批准之前，FDA 不具备考虑公众意见（关于技术的内在道德性）的法定授权。该层面的讨论活动应在 RAC、立法机构和其他公众活动场所举行，第 7 章将对此进行深入讨论。

必须以谨慎的态度开展可遗传生殖细胞基因组编辑试验，但谨慎并不意味着必须禁止此类试验。

如果已经克服了技术难题并且与风险相对的利益处于合理范围之内，则可在最具紧迫性的情况下启动临床试验，但需要通过全面的监管框架保护研究对象及其后代；并采取充分的安全措施防止其扩展至紧迫性较低且尚未得到充分了解的领域。

建议 5-1　只能在健全和有效的监管框架内利用可遗传生殖细胞基因组编辑开展临床试验，该框架应包含以下内容。

- 缺乏合理的替代方法。
- 仅限于预防严重的疾病或病症。
- 仅限于编辑已证明可导致或诱发严重疾病或病症的基因。
- 仅限于将此类基因转换为已经在人群中普遍存在的版本，并且已知其与正常的健康状态相关，极少出现或并未出现不良反应。
- 针对程序的风险和潜在健康益处提供可靠的临床前和（或）临床数据。
- 关于试验程序对研究参与者健康和安全的影响，应在试验期间持续进行严格的监督。
- 针对长期的多代随访制订全面的计划，同时应尊重个人的自主权。
- 在与患者隐私权保持一致的前提下提供最大的透明度。
- 持续开展广泛的公众参与活动并征集公众意见，以便持续对健康和社会利益及风险进行重新评估。
- 通过可靠的监督机制防止其用途扩展至预防严重疾病或病症以外的领域。

鉴于修饰生殖细胞的时间长短一直是有关道德边界和社会价值多元化争论的核心，因此无法令所有人都对上述建议表示支持。即使是持赞同观点的人也不可能出于相同的理由对此表示支持。对于部分群体而言，其重点在于尊重父母对亲缘关系的期望。对于其他群体而言，则是希望孩子能够健康地出生。但正如本章之前所述，部分人群认为可遗传生殖细胞基因组编辑并不会给新生儿（本不应通过编辑获得的新生儿）带来益处。而对于其他群体来说，携带遗传疾病基因的父母可通过该技术拥有与其存在亲缘关系的孩子（而非不具有亲缘关系的孩子），且这种做法尚未超出社会的关切范围。此外，也有人认为建议 5-1 的最终标准难以得到满足，一旦启动生殖细胞修饰，则已经建立的监管机制可能无法将该技术限制在上述建议所确定的应用范围之内。如果确实无法满足建议中所述的标准，则纳菲尔德委员会认为不应在此情况下批准进行生殖细胞基因组编辑。纳菲尔德委员会呼吁在基础科学的发展过程中继续开展公众参与活动并征集公众意见（参阅第 7 章），同时制定相应的监管保障措施以满足上述标准。

可遗传生殖细胞基因组编辑引发了人们的担忧，即该技术是否会应用到不成熟或未经检验的领域，且本书中针对负责任的监管措施所列的标准有可能在部分（非所有）司法管辖区内得到满足。这种可能性使得人们担忧“监管天堂”的出现，供应商或消费者可能因此前往监管环境更加宽松或不存在限制性法规的司法管辖区（Charo，2016a）。其结果可能导致“向下竞争”，这将促使国家在寻求医疗旅游收入方面实施更加宽松的标准，正如干细胞疗法和线粒体替换技术所面临的局面（Abbott 等，2010；Charo，2016a；Turner 和 Knoepfler，2016；Zhang 等，2016）。如果技术能力存在于监管环境更加宽松的司法管辖区，则医疗旅游现象（包括寻求更快捷、更廉价的治疗方案及更新或更少的监管干预措施）无法完全得到控制（Cohen，2015；Lyon，2017）。因此，关键在于强调综合监管的必要性。

截至 2015 年底，无论上述标准能否得到满足，美国尚无法考虑是否启动生殖细胞基因组编辑试验。如上文所述，预算法案通过了一项条款（有效期至少持续至 2017 年 4 月）[59]，国会在其中做出了如下规定。

59 《2016 财年综合拨款法案》 HR 2029，114 Cong.，1st sess（2015 年 1 月 6 日）https://www.congress.gov/114/bills/hr2029/BILLS-114hr2029enr.pdf［访问时间：2017 年 1 月 4 日］。

根据本法案提供的资金不得用于通知保证人或以其他方式确认已收到根据《联邦食品、药品和化妆品法》第 505（i）条规定［21 U.S.C.355（i）］或《公共卫生服务法》第 351（a）（3）条规定［42 U.S.C.262（a）（3）］提交的材料（用于药物或生物制品研究性用途的豁免，此类研究将有意创造或修饰人类胚胎，以使其包含可遗传的基因修饰）。任何此类提交物均应被视为未被秘书处接收，且豁免不得生效。

这项规定目前将使美国当局无法审查生殖细胞基因组编辑的临床试验提案，并因此推动该技术发展到其他司法管辖区，部分管辖区将接受监管，其他管辖区则不适用该条款。

6 增 效

体细胞基因和细胞疗法被广泛认为是道德上可接受的治疗方法。事实上，在已经使用了几十年的骨髓移植疗法中，不同基因组成的细胞已经被引入到无数患者的体内。此外，目前已成为治疗手段之一的基因疗法也被用于治疗患有严重联合免疫缺陷病（即“泡沫男孩病”）的儿童（De Ravin 等，2016）。除了安全性、有效性问题和知情同意之外，普遍认可现代医疗手段的群体并未担忧体细胞和基因疗法的合法性。基因组编辑将在体细胞基因疗法中日益发挥重要作用，从而达到治疗和预防疾病的目的（参阅第 4 章）。

但是，最新取得的进展增加了基因组编辑用于上述基因疗法和其他医疗干预措施以外目的的可能性，同时也因此引发了新的问题——是否应该规范或禁止出于增效（enhancement）目的的应用方式？是否存在取决于体细胞增效或遗传性增效的重要差异？

本章探讨了基因组编辑在实现“增效”目的方面的应用潜力，该术语本身就存在问题，“增效”意味着基于现有条件做出改进所取得的变化。增效目的涉及的范围较为广泛，其中包括最普通的外表变化（如改变发色）、身体方面的干预措施（如选择性整容手术）及更具危险性和争议性的手段（如运动员在竞技过程中使用的类固醇和其他药物）。

“增效”通常被理解为改变增效之前的“正常”特性，无论是对于整个人类还是对于特定个体而言。随之而来的问题是如何确定“正常”一词的含义。其是否是指“平均”水平？其是否属于自然规律？其是否带有运气的成分？考虑到人类针对任何特性所展现出的广泛能力，在确定平均水平时，将任何一种条件视为正常条件或界定任何有意义的值均属于缺乏根据的判断。尽管如此，人们仍然试图在适当的环境下描述条件范围（与感受生活和参与世界的能力保持一致）。

本章首先就出于增效目的的基因组编辑回顾了若干关键问题，之后依次探讨了出于增效目的体细胞（不可遗传）和生殖细胞（可遗传）的基因组编辑，最后提出了相关的结论和建议。

人类基因变异与“正常”和“自然”的定义

在开始讨论所谓的“增效”目的之前，首先需要探讨的重要问题是与人类基因疗法和基因组编辑相关的术语可在何种程度上对人们的判断产生潜移默化的影响？许多疾病均与 DNA 变异有关，“突变”是最常用于描述变异的术语，因此在常用说法中被赋予负面含义。“正常”和“突变”或“疾病（致病）”基因通常存在一定的区别，后者往往带有负面含义。“正常”一词同样适用于表型或基因型和环境之间的相互作用所产生的个体特征。值得注意的是，任何特性的“正常”分布可涵盖广泛的范围，并且可能受诸多因素的影响，包括但不限于基因变异，其经常产生相互作用，同时也可与环境产生相互作用。因此，“正常”一词是指特定的范围或幅度，而非某种理想状态。

“自然”一词同样具有正面的含义，其反映出一种普遍的观点，即自然产物比任何人造产物都更加健康，并且更具整体优势，尽管有证据表明“自然”产物可能同时具备安全性和固有的危险性。在当前环境下，自然界中存在的基因变异可能会促进健康或导致疾病，且人类群体包含大多数基因的变体（参阅第 4 章）。因此，不存在单一的“正常”人类基因组序列，但存在多种变异的人类基因组序列（IGSR，2016），所有此类现象均存在于全球人类基因库中（从此意义上讲属于“自然”现象），并具备一定的优势或劣势。

在基因组中的任何位点，部分变异比其他变异更为常见，并且均具备一定的有利性和有害性，其效果的决定性因素包括一个人是否具有该变体的一个拷贝（杂合性）或两个拷贝（纯合性），或者该基因是否属于性染色体连锁（Y 染色体上的基因半合子和 X 染色体上的基因杂合子或纯合子）。另一个因素可能与特定的个人生活环境有关。镰状细胞贫血就是一个最为人熟知的例子，血红蛋白是红细胞中具有载氧功能的蛋白质，这种最普遍的变体可编码拥有完善功能的蛋白质，而镰状细胞变体可引起蛋白质聚集，且如果基因的两个拷贝都属于该变体（纯合状态），则将使红细胞变形为镰刀状，从而引发镰状细胞病的症状。然而，正如第 5 章所述，这种变体的杂合性可对疟疾产生一定的抵抗力，因此，来自疟疾多发地区（如非洲、印度和地中海地区）的群体的自然选择一直是镰状细胞变体得以维持的主要原因，人口层面的镰状细胞病劣势与抵抗疟疾的优势处于平衡状态。因此，在这种情况下，具有优势的自然变体取决于环境因素。

在本报告中，委员会倾向于使用“变体”，并尽可能避免使用“突变体”或“正常”来指代基因变异。但是应注意以下区别：多数变体均具有“自然性”，并且可将与疾病相关的基因变体（如血红蛋白的镰状细胞变体）变成人群中普遍存在的变体（即“自然”变体），而不是通过治疗性或预防性手段改变致病变体。然而，人们也可尝试将基因改变成人类基因库中不存在（或罕见）的变体形式，但由于其可能会带来一定的有益效果，因此可将其视为“增效”手段。与利用已知的非致病人类变异体替换致病变异体相比，这种增效变异则更为激进。

了解公众对增效手段的态度

个人的增效手段包含多种形式，但可能需要付出大量的个人努力（如上钢琴课），同时也包括很大程度上不依赖于个人努力的形式（如佩戴矫正牙套）。增效手段的效果可能具有临时性（如受益于早餐咖啡中的咖啡因）或长效性（如针对疾病的免疫能力）。此类效果可能被轻易逆转（如染发），也可能具有一定的难度（如整容手术）。增效手段可与纠正性的干预措施一同实施。例如，在完成白内障摘除手术后植入人工晶状体可使患者获得比之前更好的视力。所有此类因素均影响在公正性和公众接受度方面对增效手段的评估情况。

调查结果显示，公众对改善现有个体和未出生子女健康状况的基因疗法和基因工程表现出明显的支持态度（表 6-1），但是，以更广泛的新方式达到“增效”效果的可能性将引发公众焦虑和热情。2016 年，皮尤研究中心（Pew Research Center）对 4000 多人展开的一项调查研究表明，公众对体细胞基因组编辑达到的增效效果及机械性和与移植相关的增效手段的焦虑程度已经超过了对其的热情程度（Pew Research Center，2016）。单一的研究无法得出确定性的结论，关于其他争议性领域（如体外受精）的新型干预措施，公众态度随着时间的推移和成功的证据而日益倾向于支持。但皮尤研究和其他许多研究表明，需要在充分关注公众态度和公众理解的情况下制定该领域的政策。

表 6-1 根据一系列调查结果总结公众对基因疗法或基因组编辑的态度

问题	投票活动（年份）	支持率（%）
如何看待将基因疗法和基因编辑应用于成人和儿童领域		
改善接受治疗者的健康状况		
批准通过基因工程治疗疾病	Times-CNN-Yankelovich（1993）	79
如果可以通过改变基因来治疗致命疾病，您是否认为应当允许人们采取这种方法	Troika-Lifetime-PSRA（1991）	65
批准科学家改变人体细胞结构以治疗致命性遗传疾病	March of Dimes-Harris（1992）	87
	OTA-Harris（1986）	83
批准科学家改变人体细胞结构以减少晚年发生致命疾病的风险	March of Dimes-Harris（1992）	78
	OTA-Harris（1986）	77
政府对基因疗法的资助和监管		
联邦政府应资助开发新基因疗法的科学研究	STAT-HSPH-SSRS（2016）	64
FDA 应批准用于美国的基因疗法	STAT-HSPH-SSRS（2016）	59

续表

问题	投票活动（年份）	支持率（%）
改善子女遗传的健康状况		
批准向父母提供一种改变自身基因的方法，以防止其子女患上遗传疾病	Hopkins-PSRA（2002）	59
批准科学家改变人体细胞结构，以防止子女继承致命的遗传疾病	March of Dimes-Harris（1992） OTA-Harris（1986）	84 84
批准科学家改变人体细胞结构，以防止子女继承非致死性出生缺陷	March of Dimes-Harris（1992） OTA-Harris（1986）	66 77
如果您的子女患有致命的遗传疾病，您是否愿意让其接受治疗以纠正此类基因	March of Dimes-Harris（1992） OTA-Harris（1986）	88 86
改善智力、身体特征或外貌		
批准通过基因工程改善个人智力	Times-CNN-Yankelovich（1993）	34
批准科学家改变人体细胞结构，以提升子女继承的智力水平	March of Dimes-Harris（1992） OTA-Harris（1986）	42 44
批准通过基因工程改善个人外貌	Times-CNN-Yankelovich（1993）	25
批准科学家改变人体细胞结构，以改善子女继承的身体特征	March of Dimes-Harris（1992） OTA-Harris（1986）	43 44
批准科学家向父母提供一种改变自身基因的方法，以使其子女更加聪明、强壮或拥有更好的外貌	Hopkins-PSRA（2002）	20
批准科学家向父母提供一种改变自身基因的方法，以使其子女更加聪明或拥有更好的外貌	Family Circle-PSRA（1994）	10
对于在出生前改变人类基因组的态度		
改善未来的健康状况		
改变未出生婴儿的基因以减少发生某些严重疾病的风险应被视为合法行为	STAT-HSPH-SSRS（2016）	26
改变未出生婴儿的基因以减少发生严重疾病的风险应被视为对医学进步的合理应用	Pew（2014） VCU（2003）	46 41
如果未来的科学能够通过改变胎儿在子宫中的基因结构来改变其遗传特征，并且您正在做出此类决定，您是否会考虑通过这种方式改善他（她）的身体健康状况	ABC（1990）	49
改善智力、身体特征或外貌		
改变未出生婴儿的基因以改善其智力或身体特征应被视为合法行为	STAT-HSPH-SSRS（2016）	11

续表

问题	投票活动（年份）	支持率（%）
改变婴儿的遗传特征以使其更加聪明应被视为对医学进步的合理应用	Pew（2014）	15
如果未来的科学能够通过改变胎儿在子宫中的基因结构来改变其遗传特征，并且您正在做出此类决定，您是否会考虑通过这种方式改善他（她）的智力水平	ABC（1990）	28
如果未来的科学能够通过改变胎儿在子宫中的基因结构来改变其遗传特征，并且您正在做出此类决定，您是否会考虑通过这种方式改善他（她）的身体特征（如身高和体重）	ABC（1990）	13
如果未来的科学能够通过改变胎儿在子宫中的基因结构来改变其遗传特征，而且您正在作出此类决定，您是否会考虑通过这种方式改善他（她）的发色、眼睛的颜色或面部特征	ABC（1990）	8
政府对研究的资助政策		
联邦政府应资助改变未出生婴儿基因的科学研究，以降低其发生某些疾病的风险	STAT-HSPH-SSRS（2016）	44
联邦政府应资助改变未出生婴儿基因的科学研究，目的在于改善其智力或身体特征（如运动能力或外貌）	STAT-HSPH-SSRS（2016）	14

注：ABC＝美国广播公司；CNN＝美国有线电视新闻网；FDA＝美国食品药品监督管理局；HSPS＝哈佛 T.H.Chan 公共卫生学院；OTA＝技术评估办公室；PSRA＝普林斯顿调查研究协会；VCU＝弗吉尼亚联邦大学。

资料来源：Blendon 等，2016。

治疗、预防和增效手段之间的模糊界线有时容易混淆，关于需要治疗或预防的“疾病”，其定义也需要进行公开辩论。因此，预防或治疗疾病和残疾（即“治疗”）与“增效”概念之间的区别可能无法充分反映公众的态度或公共政策选择。将基因疗法用于预防而非治疗疾病可能会引发公众不安，就此而言，其与“自然干预”或“越过禁区界限”等更为普遍的关切问题相关（Macer 等，1995）（参阅第 5 章）。与疾病治疗或预防无关的干预措施尤为如此。如上文所述，美国对于“增效”概念似乎并未表现出极大的热情（Blendon 等，2016；Pew Research Center，2016）（参阅表 6-1）。

缺乏热情的原因可能源于其对创新技术的犹豫态度，这在整个历史进程中已被证明是一种普遍现象，包括目前已经极为普遍的事物（如咖啡和制冷技术），以及仍然处于激烈辩论阶段的事物（如转基因作物）（Juma，2016）。持反对或怀疑态度者可能担忧创新技术对文化认同的影响程度，或者担忧其可能会以至少对部分人口有害的方式扭曲社会经济模式。如果可通过补救措施解决此类问题或证明其并无根据，则符合需求且理想的创新技术将会得到广泛认可。

目前尚不清楚的是，出于增强目的而进行的基因组编辑是否会遵循这种模式？

这种新技术的破坏性应用是否会使阻力随着时间的推移持续存在？技术的进步和新应用领域的出现是否会带来新的问题？“现状偏见”是指对熟悉事物的偏好会影响人们对创新优势的判断方式。偏向于现状的倾向可能源于对转变成本（即人们应如何适应创新技术带来的新环境）、风险（相对于现状而言创新风险可能不受量化控制）、偏离自然观点（人们毫无根据地认为过去的自然进化过程已经使人类针对当前的环境完成优化）及个人影响（担心技术会降低人际关系的质量）的担忧。

关于现状偏见是否会影响新技术的评估，人们已经提出一种专门的测试方法。例如，在这种“反序测试”中，对于那些认为人类不应过多影响其身体特征的人，同样也会认为人类具有较小的影响力是一种理想状态（Bostrom 和 Ord，2006）。该测试旨在区分对创新本身的担忧及对摆脱现状的担忧。当与“滑坡效应”（参阅第 5 章）的论点并存时，该测试将发挥一定的作用，因其有助于区分对当前技术的担忧及对该技术未来意外扩展的担忧。

划定界线：治疗与增效

考虑到人们为改变其身体和个人情况而采取的其他各种干预措施，任何有关“增效”的讨论都必须从一个有效的定义开始。“增效”一词包含多种含义：“增强个人能力，使其超出该物种的标准水平或根据统计数据得出的正常功能范围”，“旨在改善或扩展人类特性的非治疗性干预措施”或“使现有个人或后代的能力得到提高”（Daniels，2000；NSF，2010；President's Council on Bioethics，2003）。其中一项定义侧重于改善身体状况或功能的干预措施，以使其超出恢复或维持健康所需的条件（Parens，1998）。该定义对意图和技术性干预给予了同等的关注，因为大多数干预措施均可用于“增效”或恢复。例如，根据这一定义，改善肌肉萎缩症患者的肌肉组织属于恢复性的干预措施，而对于不存在已知病理条件且具备正常能力的个体而言，此类措施属于增效性的干预措施。认识到意图在“增效”方面的重要性将大有裨益，因为大多数生物医学干预措施将受到 FDA 的监管（在美国），其法定权力将明确获得审批所需的初步风险/利益平衡与产品的“预期”用途相联系起来，尽管批准后的用途仍有可能超出最初的预期使用范围。

另一个定义方面的问题涉及“治疗”的含义，其中包括对疾病的治疗（其定义本身存在争议，具体见下文有关公正性和增效的讨论）。但是，对疾病的预防往往也被视为一种治疗手段。例如，降低健康人群和带有无害变体人群所面临的乳腺癌风险，这种做法的目的并非治愈疾病，甚至不是为了预防可能发生的疾病，这种增强抵抗力的做法通常被视为治疗性的预防措施，类似于抵抗传染病的免疫方法。类似的观点同样适用于将人体内的胆固醇降低至平均风险水平之下以预防心脏病的情况，这在美国已经成为普遍的做法。此外，他汀类药物和阿司匹林也已广泛用于在药理学方面增强对心脏病的抵抗力，即使在低风险人群中也是如此。出于该目的进行的基因组编辑同样能起到促进健康的作用（辅文 6-1）。

辅文 6-1
区别对待

20 世纪 70 年代，科学家已总结出部分主要区别（Juengst，1997；Walters 和 Palmer，1997）。首先确定的是体细胞和生殖细胞基因组修饰之间的区别：体细胞增效只能影响单一个体，而遗传性增效则可代代相传。有关遗传性增效的讨论包含对以下问题的担忧：对基因库的潜在影响和回归某种优生学的趋势。其次是治疗或预防疾病（治疗）和增效之间的区别。关于增效功能的讨论主要侧重于安全性和不公平的优势（特别是在体育运动等竞争环境中）等问题，“不公平”的定义在很大程度上取决于具体的语境。

现有的技术和杰出科学家缓解社会焦虑（关于遗传学）的愿望（特别是在科学家 1975 年组织召开的阿西洛马会议之后，重组 DNA 技术的风险和益处一直处于激烈的讨论阶段）促使辩论方向进一步转向“药物”或“治疗”和“增效”之间的区别。值得注意的是，任何富有责任心的科学家均可借助当今的技术实施体细胞疗法以治疗极为严重的疾病。

20 世纪 70 年代初期，科学家制定了具有一定影响力的示意表（表 6-2），其将细胞 1 和细胞 2 分别定义为“药物”和“遗传性疾病的治疗”（Anderson 和 Kulhavy，1972，第 109 页），与之相对的是细胞 3 和细胞 4 的增效（体细胞或遗传性增效）。

表 6-2 “治疗”与“增效”的区别示意

目的	体细胞	生殖细胞
疾病治疗	体细胞疗法（细胞 1）	生殖细胞疗法（细胞 2）
增效功能	体细胞增效（细胞 3）	生殖细胞
增效（细胞 4）		

20 世纪 80 年代中期，科学家和生物伦理学家开始呼吁确定治疗疾病和增效功能之间（非体细胞和生殖细胞）的道德界限。美国国立卫生研究院（NIH）生物伦理学负责人 John Fletcher 写道，“最具相关性的道德界限介于以下两种应用方法之间——缓解实际痛苦和改变与疾病几乎无关或完全无关的特征”（Fletcher，1985）。基因疗法先驱 Theodore Friedmann 写道，“关于有效的疾病控制措施及在发育早期阶段或难以接近的细胞中预防损伤，此类需求最终将有可能证明生殖细胞疗法的合理性”（Friedmann，1989）。1991 年，随着三项体

细胞基因疗法试验的进行，NIH 重组 DNA 咨询委员会（RAC）的人类基因疗法小组委员会主席做出呼吁——针对人类领域生殖细胞基因干预的相关伦理问题开展细致的公众讨论（Walters，1991）。疾病校正被定义为恢复“正常功能”，但已超出“优生学”范围。

体细胞（不可遗传）基因组编辑、公正性和增效

考虑到以上此类差异，科学家通过数十年的基因疗法研究和临床试验达成了广泛的国际共识——鼓励（而非仅仅只是许可）出于治疗疾病的目的而采用修饰人类基因结构的体细胞干预措施，但需要证明其安全性和有效性。

在开发修饰 DNA 所需的现代工具之前，政府支持的研究主要集中于实体器官的移植方法，以便替换受损或患病器官，以及进行骨髓移植和重建，从而治疗白血病和其他危及生命的疾病，即使此类治疗方法需要使用供体 DNA 替代患者实体器官或造血细胞中的 DNA。此类情况明显属于标准的医疗保健范畴。很多国家政府支持的研究项目也推动了基因疗法和再生医学及人类基因组编辑发展，从而修改镰状细胞病和其他血液疾病或某类癌症患者造血细胞中的 DNA。此类先例和许多其他类似的实例均已具备健全的科学、监管和伦理监督结构（参阅第 4 章）。

如上文所述，大多数围绕增效功能进行的伦理讨论均基于“治疗”和“增效”概念之间的对比。然而在过去的几十年中，医生的角色正逐渐从疾病的治疗者转变为通过预防措施促进健康的促进者，因此，需要改进治疗—增效的二元性以适应广泛的预防性干预措施，如不属于治疗和增效手段但融入二者边缘作用的疫苗。举例来说，为了降低严重冠心病患者胆固醇水平而进行的基因组编辑可能会被视为一种治疗手段，对高胆固醇患者（同样面临冠状动脉疾病的其他风险因素）同胞进行的基因组编辑则可能被视为一种预防措施，如果通过基因组编辑降低处于健康状态的患者子女（21 岁）的胆固醇水平，从而将疾病风险降低至普通人群的平均或“正常”水平以下，则可将其视为接近预防和增效界限的手段。因此，干预措施可被视为治疗—预防—增效的范畴，尽管这三个类别之间的界限仍然存在争议，并且可能随着干预措施的具体情况而发生变化。

随着科学家不断深入了解人类基因组及序列变体和病症之间的关系，基因组编辑可处理的性状数量也持续增加。这种增长潜力再次引发了以下问题：“正常”的含义是什么？偏离“正常”水平是否属于疾病的范畴？泰-萨克斯病的非正常表现属于一种疾病，这一点并无疑义，但对于遗传性耳聋是否应被视为一种疾病则存在不同的观点。从典型意义或与人类物种能力范围相一致的意义上讲，其不应被视为正常情况，但也可能与具有这种特征的群体成员的身份相关，其中许多

人对以下观念持反对态度——耳聋人群需要接受“治疗”或以其他方式消除或规避其听力缺陷。

评论家指出，疾病的概念并不总具有客观性，其有可能是社会一致性（受到权力和偏见的影响）的产物。例如，在20世纪50年代，同性恋被认为是一种疾病，即使在今天，仍然不时有以“治愈”该疾病为目标的“治疗性”干预措施；在20世纪30年代，“犯罪”被认为是一种遗传疾病。一些残疾人活动家开始质疑是否应将侏儒症或耳聋等特性视为疾病而非丰富的人类多样性的变体。该问题引发了一系列的讨论，其中包括如何确定正常状态和病态之间的界限？由谁确定此类界限？界限的划定者拥有何种权力？哪些社会层面被包括在内或被排除在外？有哪些条款对此类决定提出异议？

科学家已经发现仅增加疾病发生可能性的变体及与晚年发病的疾病相关的其他变体，使此前用于划分“疾病”的明确界限也开始趋于模糊。早期的伦理学辩论基于人类遗传学先驱使用的语言，其通过“先天性缺陷”概念指出，修饰行为所针对的大多数特性均被称为“缺陷”（就如同所谓的错误）。对于常态标准而言，最大的挑战来自部分研究人员，他们正在考虑最适合称为“增效手段”的缓解病症的方法。这种增效手段并不能纠正缺陷，而是逐渐培养少数幸运者已经具备的特征，如通过增强免疫功能或添加细胞受体来捕获胆固醇（Juengst，1997；Parens，1998；Walters 和 Palmer，1997）。此类改变可被视为“增效”，或者为那些未能在出生时具有此类特征的人创造公平的竞争环境，治疗和增效之间的区别也将因此更加复杂化（除非将预防措施视为中间环节）。

社会优势划分不公正性的演变

尽管确定体细胞/生殖细胞及疾病/增效之间的区别将大有裨益，但其（如大多数类别）仍然不够完善。部分评论家重点关注干预措施的效果和这种效果的“公正性”。通过外力（如染发和美容手术）而非个人努力（如运动或音乐练习）获得改变即可被理解为拥有产生社会优势的能力，但其属于物种特征领域的优势。部分群体仅仅出于享乐而做出此类改变，但对于其他群体而言，则是为了“趋向于”甚至“区别于”最受青睐的外貌。通过外力诱导的变化可提供更为显著或特殊的优势（如更结实的肌肉群或更敏锐的视力或减少睡眠需求），并且引出了以下问题：由此产生的能力的可靠性；无论新近赋予此类能力的个人是否因未能获得这些能力而受到某种程度的削弱。但是，人类天生就拥有各种各样的能力，有些人的部分能力明显优于常态，由此引发了一个问题——这种优势是否及何时会导致“不公正”现象。

这是一个难以回答的问题，原因在于人类群体中的能力分布极不平衡。除非赋予命运一定程度的重要性，否则将很难梳理出使个体与其他“非自然”、“异常”或“过度”能力相匹配的增效手段。此外，任何会增强与“正常”或“平均”风险相关联的尝试都将对抗广泛“正常”但不甚理想的生活面貌所做的努力归类为一种“增效”形式，并带有该词语隐含的所有负面含义。

关于在多种条件下（白内障手术、髋关节置换术）做出的此类努力（使用基因组编辑以外的方法），社会各界均表现出宽容的态度。部分群体通过支持干预措施来应对不平等现象，此类干预措施将为更多人群提供更多关怀，同时可避免高成本创新领域的研究投资和保险责任。这可能是对经济环境的反映，或者体现了这样一种哲学观点——疾病是生命历程的自然组成部分，未必需要采取一切可能的治疗和预防措施。

其他社会群体试图通过增加获取途径和保险责任范围（而非限制研究或推出新产品或新技术）的方法来应对医疗创新技术获取途径差异化所产生的不平等现象。解决此类差异需要区分与研究本身相关的限制条件和涵盖治疗方法的保险决策，因此需要对保险的主要性质进行探讨，确定其属于公益事业还是私人购买的服务。

即使是倾向于扩大获取途径以应对不平等现象的社会群体，部分群体仍然提出了一个核心关切问题——增效手段的主要受益者仅限于单一个体而非全体人口。John Rawls 提出的公正理论主要强调平等的观念。该理论指出，如果一个人天生健康、拥有天赋或处于有利的社会环境，这并非其努力获得或理所当然的运气。由此，他得出以下结论，并非所有人都必定会获得平等的结果，因此需要进一步制定社会福利的分配计划，从而解决最初的不平等问题。这种观念引出了基于平等的互惠原则，因此，这种不平等性只有在某种程度上成为人口普遍优势（特别是成为最不富裕群体的优势）的情况下才能被接受（Rawls，1999）。

因此，有些人可能会得出以下结论：存在问题的增效手段所赋予的社会优势将超出个体天生拥有或通过个人努力获得的优势，此类手段不会以任何方式使社会的其他群体受益，并且有可能破坏竞争的隐含目标。将机会均等和社会不平等观念作为指南将有助于区分广泛接受的增效手段（假定风险与利益成正比）和更具争议性的增效手段。毫无疑问，出于增效目的进行的体细胞或生殖细胞基因组编辑在任何情况下都不可能成为不平等问题最深刻的根源。但是，对增效性的基因组编辑感到不安的群体仍将成为关切因素之一，无论其所占比例的大小。

纵观上述主题，人们或许会得出这样的结论：关注焦点并非增效手段本身，而是其潜在意图和后续影响。对这种担忧的一种应对方式是重点关注技术和应用问题，并且限制那些最可能加剧不平等问题的因素。其他不同的应对方式包括坚持通过社区和政府的努力实施更加有利的增效手段，并重点解决非预期的不平等现象。这一系列应对方式取决于治理政策的选择。

非遗传性体细胞编辑（个体增效）的治理

长期以来，人类增效手段的治理和伦理问题一直都是政策报告的主题。最近，美国生物伦理问题研究总统委员会重点关注与使用影响神经功能的药物有关的人类增效手段（Bioethics Commission，2015），欧洲智能文化遗产保护项目（EPOCH）总结了目前占主导地位的治理模式及学者和生物伦理学家在此类辩论中发挥的作用，以及确定实际可能性所需的缺少证据的领域（European Commission，2012）。社会各界在前期所做的努力包括美国国家科学基金会（NSF）于2009年发布的一份报告（2010）和美国总统生命伦理委员会于2003年发布的一份报告（2003）。在英国，医学科学院、英国科学院、皇家工程学院和英国皇家学会于2012年共同举办了政策研讨会，重点探讨了可能对工作场所产生影响的技术方面的增效手段（AMS等，2012）。法国国家伦理与生命科学咨询委员会和新加坡国家生物伦理委员会分别于2013年发布了有关神经增效（NCECHLS，2013）和神经科学研究（BAC Singapore，2013）的报告。所有此类报告均反映了医学界、生物伦理学界和学术界的广泛意见，并且提供了丰富的信息来源，以应对增效手段所引发的关切问题，以及明确界定治疗、预防和增效之间的差异所面临的深刻挑战。

在美国，与其他基因疗法一样，对增效性的基因组编辑应用方法的管理属于FDA、RAC、IBC、IRB及立法机构的职责范围（参阅第2章）。RAC可为体细胞增效方案提供讨论场所[60]。IRB和FDA的职责是根据增效手段可能对个人、公众健康和环境安全带来的风险，审视其为个人、科学和社会带来的益处是否处于合理范围。但是，对于文化或社会道德的担忧虽然同样重要，但其通常不属于IRB的职责范围；根据相关法规的规定，“对于应用研究中获得的知识所带来的潜在长期影响（如对公共政策的潜在影响），IRB不应将此类风险视为其职责范围内的研究风险”［《美国联邦法规》第45卷第46章第111（a）（2）条］。

因此，如果一套方案拥有为个体带来巨大利益的潜力，且此类个体愿意接受更大的风险，则监管机构和IRB可能会认为这种情况符合以下标准：就潜在风险而言，潜在利益处于合理范围之内。然而，如果监管机构和IRB确定该方案无法为个体或科学带来实际的益处，在此情况下，即使是最低风险也应被视为不合理的风险。随着人类基因组编辑技术的提高，人们有充分的理由相信，个人的健康和安全风险也将随之降低。如果此类风险降低至可忽略不计的水平，人们可能会认为证明风险合理性所需的潜在益处也会有所减少。因此，随着技术的进步，其应用领域可能会从严重疾病延伸至严重程度较低的疾病，从治疗延伸至预防甚至更具长远意义的增效领域（无论如何定义）。

60 RAC目前不接受生殖细胞编辑方案的审查工作（参阅第2章和第5章）。

在美国，值得注意的是，一旦医疗产品被批准用于特定目的和人群，赞助商就只能针对此类“标示”适应证进行营销，但个别医生可根据自己的判断针对其他用途和人群开具此类医疗产品（参阅第 4 章）[61]。这种“非标签指定”用途使得美国和其他类似司法管辖区（如欧盟）的治理问题更具复杂性，因其难以将新型医疗产品的应用范围局限于拥有最佳风险/利益比率及公众普遍支持的领域。

就增效手段而言，这一监管计划已经引起了人们的担忧，即某些产品将获准用于治疗或预防疾病，但其随后将被用于风险更大的非标签指定用途或缺乏合理依据的用途。然而，如第 4 章所述，此类编辑细胞的特异性将限制针对非相关适应证的非标签指定应用范围（远远超过许多药物面临的情况）。拥有健康肌肉组织且希望变得更加强壮的人群可能会对治疗肌肉萎缩症的基因组编辑细胞疗法有所关注，但其他方面的例子将更加难以想象。在可预见的将来，编辑细胞的特异性将使此类应用方法的可行性出现下降。

此外，FDA 还拥有限制非标签指定用途的部分权力（如通过特殊患者的测试要求或不良事件的报告要求），美国国会可通过立法来明确禁止特定用途，正如人类生长激素所面临的情况（参阅辅文 6-2）。其他司法管辖区也拥有类似的权力和选择。尽管如此，仍需注意非标签指定用途的潜在范围，可以预见的是，未来需要对非标签指定用途施加某种程度的控制。

辅文 6-2
人类生长激素

与人类生长激素相关的经验表明，在治疗和预防及治疗和增效之间找到明确的界限具有一定的难度。关于技术或干预措施易用性或可用性的突然变化如何使此类边界（此前几乎未得到重视）在短期内成为专业规范、公众舆论和法律控制的主题，也是一条重要的经验教训。

多年以来，人类生长激素（hGH）一直属于稀缺物品，其主要用途仅限于“治疗”激素水平不正常的人群（Ayyar，2011）。伴随着 1985 年研发出的合成人类生长激素，新增加的平价 hGH 供应量使社会各界对其用途是否应该受到限制展开了激烈的争论。例如，hGH 目前可用于健康状况良好但患有不明原因矮小症的儿童或成人（身高低于第一百分位，仅比同龄人略矮）。此外，身高和生长速度处于正常水平的部分人群希望通过 hGH 获得高于平均水平的身高或体力。在此类情况和其他多数情况下，需要针对下列问题展开谨慎的科学和伦理

61 《联邦纪事》第 59 卷第 820、821 项（1994 年 11 月 18 日）。“一旦［药物］产品获准上市销售，医生可针对其非标签指定的用途或患者群体的治疗方案开具此类［药物］产品。”该公告进一步声明，“未经批准或未标识的用途”可在特定情况下被视为恰当及合理的用途，并且可能在实际上反映了医学文献中广泛报告的药物疗法”。

调查：hGH的施用能否反映出有利的风险/利益比率？其是否可被视为合格的治疗、预防或增效手段？哪些用途属于适当的用途？目前的事实是，激素的施用对象因过于年幼而无法自行做出决定，对话的复杂性也将随之增加。

20世纪80～90年代，hGH的施用风险和潜在益处尚未明确，且该药物仅被批准用于儿童缺乏生长激素的严重病例。但随着时间的推移，生长激素疗法对于以下患者的合理安全性和有效性已经得到证实：血液中激素水平偏低的患者，或者拥有正常激素水平但发育严重迟缓的患者。研究结果表明，该疗法可使儿童的生长速度处于第10～25百分位（Allen和Cuttler，2013；Maiorana和Cianfarani，2009）。但该疗法并非完全无风险，儿童可能会出现相对轻微或中度的不良反应，如呼吸道充血和头痛（Bell等，2010；Cohen等，2002；Kemp等，2005；Lindgren和Ritzen，1999；Willemsen等，2007）。此外，长期风险使得研究数量显著减少，并且有证据表明，接受hGH疗法的儿童所面临的脑卒中风险将略有增加（与成人一样）（Ichord，2014）。

FDA批准将人类生长激素用于儿童和成人，但仅限于狭义的适应证列表，包括患有生长障碍（如慢性肾功能不全、特纳综合征、普拉德-威利综合征、努南综合征）或不明原因矮小症的儿童。对于严重缺乏生长激素的成年人，该疗法可适度改善其身体成分、运动能力和骨骼的完整性（Molitch等，2011）。此类人群及患有艾滋病消耗综合征或短肠综合征的成年人也可接受这种治疗方法（Ayyar，2011；Cook和Rose，2012；Cuttler和Silvers，2010）。

尽管没有证据表明补充hGH可增加健康个体的肌肉力量或有氧运动能力（Liu等，2007），但仍然有一部分健康的成年人被hGH吸引，并将其用作增强效果或延缓正常衰老过程的药物。但其有可能增加严重不良反应的风险，包括糖尿病、癌症、高血压、肌肉疼痛、关节疼痛、软组织肿胀和炎症、腕管综合征和男性乳腺增大（Liu等，2008；Perls和Handelsman，2015）。此外，有证据表明，对生长激素具有遗传抗性的人通常寿命更长，这意味着将hGH用于正常衰老的成年人可能会缩短其寿命（Suh等，2008）。尽管存在此类风险，但仍有部分运动员和老年人选择使用hGH（DEA，2013）。

FDA负责处方药的监管工作，联邦法律禁止赞助商在获批适应证范围之外对药物进行宣传和营销。但是，医生通常可根据自己的专业判断和知识针对FDA未评估的其他适应证开具药物（即“非标签指定”处方）。在信息和医生经验不断得到发展的情况下，这种做法被公认为可带来益处，但倾向于“非标签指定”范围的hGH增效用途所造成的滑坡趋势已促使国会采取特殊的措施进行立法限制。

根据 1990 年的《犯罪控制法》[62]，针对未经批准的适应证（如抗衰老、与年龄有关的病症或增强运动能力）分销人类生长激素属于重罪，可处以罚款和监禁。FDA 和药品强制管理局均对《联邦食品、药品和化妆品法案》的修正案做出了严格的解释——使用 hGH 的“非标签指定”处方目前属于非法行为（Cronin，2008；FDA，2012a）。

配合正式的监管程序，治理措施的许多其他方面将对以下问题产生影响：是否及如何使用基因组实现增效目的。其中包含的专业指导原则可直接影响医师的行为，并且可针对接受评判的医师行为（在可能发生医疗事故的情况下）制定标准（Campbell 和 Glass，2000；Mello，2001）。提供医疗事故保险的保险公司也可能影响医生提供特定服务的意愿（Kessler，2011）。另一方面，保险公司可选择覆盖使用获批技术的成本（部分基于其使用目的及用途的必要性和选择性）。

生殖细胞（可遗传）基因组编辑和增效

正如第 5 章所述，生殖细胞基因组编辑可能会诱发影响多代人的可遗传变异，受影响的不仅仅是由基因组编辑胚胎或配子发育而成的后代。在围绕增效手段展开讨论的背景下，这种前景可能会在某些方面加深人们的不安情绪，其中包括与疾病治疗和预防相去甚远的应用领域，以及纠正重大的身体缺陷或社会劣势。影响这种不安情绪的因素包括上文所述的就体细胞基因组编辑提出的关切问题及漫长且令人不安的优生学历史。这段历史包括强制性的措施甚至种族灭绝，并且充斥着根据种族、宗教、国籍和经济地位建立人口素质阶层的教条主义，它展示了科学概念（如自然选择）和公共福利措施（如公共卫生）如何因残酷和具有破坏性的社会政策而被颠覆。此类考虑因素引发了这样一个问题：是否应该以明显不同于非遗传体细胞编辑的方式完全限制或在较大程度上限制可遗传生殖细胞编辑的增效性应用？

---

62 《美国法典》第 21 卷第 333（e）条规定禁止分销人类生长激素

（1）除非第（2）条另有规定，凡蓄意分销或拥有拟用于分销的人类生长激素，并且其涉及的疾病治疗情况或其他经认可的医疗状况超出卫生与公众服务部长根据本卷第 355 节规定授权的范围和医嘱范围的，均构成犯罪，可判处 5 年以下有期徒刑或根据第 18 卷的规定处以罚款，或者两罚并处。

（2）如任何人违反第（1）条规定且此类犯罪涉及 18 周岁以下的未成年人，则应判处 10 年以下有期徒刑或根据第 18 卷的规定处以罚款，或者两罚并处。

（3）因违本小节第（1）、（2）条规定而被定罪者应视作严重违反《受管制药品法案》[《美国法典》第 21 卷第 801 节及以下]，根据《受管制药品法案》 第 413 节规定，应针对此类行为处以没收财产的处罚 [《美国法典》第 21 卷第 853 节]。

（4）本小节中使用的术语“人类生长激素”是指人蛋氨生长素、促生长激素或其中任何一种物质的类似物。

（5）药品强制管理局有权对根据本节规定作出处罚的犯罪行为进行调查。

优生学

“优生学”这个术语最早诞生于19世纪末期，其被用于定义改良人类物种的目标（即“为更适合的种族或血统迅速胜过适宜性较低的种族提供更好的机会”）（Kevles，1985）。这个概念的中心思想是制定一种措施，鼓励拥有“优良”血统的群体生育更多的孩子，而拥有“不良”血统的群体则应少生孩子或放弃生育计划，从而达到改良人类物种的目的。由于对真正具有遗传性的特征知之甚少，各种社会群体中的优生学家应用其社会成见的方式进行的“优生学”对现代社会而言是不可接受的。在英国，优生学家认为“优良”的特质来源于上层阶级。他们推断贵族的优良品质具有可遗传性，因此贫困人群应该尽可能少生孩子。在美国，最初的优生学动力涉及人种或种族划分。优生学的其中一个目标是阻止拥有“不良”特质的人种移民到美国。美国为实现这一目标做出的最大努力是1924年颁布的《限制移民法》，该法案限制来自东欧和南欧的移民。签署该法案的Coolidge总统此前曾声称，“美国必须保持纯粹的美国血统”，因为“生物学规律显示，北欧人与其他种族混合后将呈现退化趋势”（Kevles，1985）。

20世纪20年代，各国越来越关注无关于种族和阶级的个人素质问题，并试图鉴别出带有“智力低下”和“犯罪性”等遗传特征的群体，从而劝阻其放弃生育。此类优生计划不一定带有自愿性质，许多重罪犯和女性均被强制接受绝育手术。最著名的案例是美国最高法院的法官Oliver Wendell Holmes撰写的一份意见书，该意见书允许对一位名为Carrie Buck的“智力低下”的女性实施绝育手术，并认为这是合乎情理的做法，因为“全世界都将因此受益，社会可以阻止那些明显不适宜继续发展的特性，而不是等到后代因堕落犯罪而被处决，或是任由他们因智力低下而挨饿。强制接种疫苗的原则足以替代切断输卵管的做法”[63]。优生计划是渐进式社会改革的一部分，并且被认为是改良遗传品质以提升人口素质的计划（Lombardo，2008）。

纳粹德国从逻辑上把优生学的概念推向了极端，在此情况下，被认为带有遗传性限制因素的群体被迫接受了绝育手术，并且在晚年被杀害。优生学的纯粹逻辑是大屠杀的组成部分，数百万被认为拥有劣等基因的人口因此被杀害，其中主要包括犹太人、罗姆人和残疾人。据历史学家Daniel Kevles称，在大屠杀真相被揭露之后，人们才意识到“从纳粹德国1933年颁布的《绝育法》到奥斯威辛和布痕瓦尔德集中营，这种极端的优生计划已经造成了血流成河的局面”（Kevles，1985，第118页）。

---

63 *Buck v.Bell*，274 U.S.200（1927）.

改良优生学

许多科学家均对主流优生学观点持反对意见，Hermann Muller在1935年写道，优生学已经“完全被扭曲，已经沦落为种族和阶级偏见的倡导者、教派及国家、法西斯主义者、希特勒主义者和反动派等既得利益的捍卫者”，优生学已经成为“无可救药的伪科学”（Kevles，1985，第164页）。Muller和其他著名的科学家（如Julian Huxley）将创造出一种“改良”优生学，试图阻止遗传疾病患者的生育行为，并鼓励拥有“优良”基因的群体生育更多孩子（无论其来自任何种族和阶级）。政府鼓励人们为了物种的利益而自愿改变其生育行为。关于未来的辩论，最值得注意的是，思想家们希望人类能够掌握控制自身进化的方法，并通过各种方式改良物种，如使人类变得更加聪明。20世纪50～70年代初，物种的基因修饰目标引发了广泛的伦理争论。针对再次出现于这个时代的主题，改良优生学的部分批评者认为人类应当对自身存在的方式感到满足。一般来说，伦理争论的焦点是物种的遗传目标（或是否应该以此为目标）（Evans，2002）。

1953年，Watson和Crick描述了DNA自我复制的结构基础（Watson和Crick，1953），最终使人们了解到基因DNA编码信息的方式。这一发现改变了关于优生学的伦理争论，因为人们开始意识到，如果基因实际上属于化学物质（其结构可被表征化），则社会将不再需要依赖“谁与谁匹配”的问题，相反，人们可以通过化学修饰获得更多“优良”基因。当代著名的科学家Robert Sinsheimer做出的回应就是一个典型的例子，他在1969年写道，“原有的优生学需要不断挑选适当的繁殖方式，并且不断淘汰不适当的方式。新的优生学在原则上允许将所有不适合的基因转化为最高的基因水平……因为我们有能力创造尚未在人类物种中出现的新基因和新品质”（Sinsheimer，1969，第13页）。神学家Paul Ramsey在1970年写道，此类方案将使“人类”成为自身的创造者，最终将引出新的神学领域（Ramsey，1970，第144页）。

直至20世纪70年代初期，以下问题一直都是伦理辩论的核心主题——是否应当改良物种？如果答案是肯定的，应当采取何种改良方式？在部分超人类主义者中，以下问题至今仍然处于争论阶段——是否应将人类进化交给随机且缓慢的自然选择过程？例如，罗马尼亚化学家Corneliu Giurgea于1964年合成了吡拉西坦，并表明其可能在认知增强方面发挥作用，他说，“人类不可能被动地等待长达数百万年的进化过程为其提供更好的大脑”（Giurgea，1973）。事实上，由于地球气候的变化及构想中的火星殖民计划，部分超人类主义者目前所讨论的主题已经发生变化——人类是否需要干预自身的进化过程来应对正在创造的未来（Bostrom，2005；Rosen，2014）。但在20世纪70年代，做出改变的过程具有明显的复杂性，如何确定理想的变化更是一大难题，这也导致许多人开始重新思考著名生物学家 Bernard Davis 所说的“普罗米修斯对无限制控制的预言”。他提醒读者关注目前已经显而易见的事实，如大多数增效特征均具有多基因型，因此难以或不可能对其进行修饰（Davis，1970，第 1279 页）。

那个时代的技术局限也是引发辩论的主要因素。在体细胞疗法尚未获得成功的情况下，人们无法设想体细胞增效技术，因此，有关体细胞增效的任何主张都被认为太过冒险且收益甚微。同样，如果通过病毒载体修饰体细胞的早期尝试仅在少数细胞中获得成功，应当如何改变精子、卵子或合子？但是，如果同时面临增效手段和遗传性变化，即使在技术方面不具备可行性，其仍然引起了公众的密切关注。优生学家的目标（使物种拥有更好的特性）已被归入这一类别，因此其结合了优生学的排斥原则和生殖细胞编辑的可能性。

关于生殖细胞增效的滑坡效应

在改良优生学时代，生殖细胞增效的反对者主要关注社会滑坡效应可能造成的长期文化或社会变革（参阅第 5 章）。换言之，体细胞疗法最终将导致通过生殖细胞工程来增效物种的努力，该过程将随着技术的发展和对体细胞疗法的熟悉程度而发生变化，这使得其他应用方法更容易被设想为有效且安全的方法。此类反对者愿意支持体细胞疗法，因为他们认为体细胞和生殖细胞在文化意义方面有着显著的差异，而公众可明确区分针对个体及其后代的实施修饰行为（Burgess 和 Prentice，2016）。

1981 年，美国最高法院允许为基因工程生命形式申请专利，有关滑坡效应的争论也随之出现（Evans，2002）。有人对“人类生命的基本性质和个人的尊严与价值”提出了担忧（President's Commission，1982，第 95 页）。总统生命伦理委员会撰写了一份题为“拼接生命”的报告，该报告重新阐述了伦理辩论问题，从而“为公共政策的审议过程提供了有意义的参考信息”（President's Commission，1982，第 20 页）。为了使伦理诉求在法律方面具备可操作性，必须摆脱针对未来文化危害的争论，或声称改变自身并非人类的职责。人们需要得出更加具体和短期的结果，而非投机性的结果。委员会在该报告中指出，其“无法断定任何现有的或处于计划阶段的基因工程形式（无论使用人类或非人类材料）是否在本质上就是错误的，或者是否具有反宗教性质”（President's Commission，1982，第 77 页）。该报告建立了一套风险和利益框架，并且就政府对这项新科学的监管框架（如 RAC 的人类基因疗法小组委员会）确定了个人权利。这种方法不适合用于考虑更加广泛和长期的社会影响（如滑坡效应），因其侧重于更直接的影响（就可识别的个人而言）。

布什（George W. Bush）总统于 2001 年成立了国家生命伦理委员会，20 世纪 80 年代以前的伦理辩论也随之回归。该委员会声称其“避免对成本和利益进行简单的功利计算，或仅基于个人权利做出狭隘的分析”。相反，该委员会主张“在更广泛的人类生育和人类治愈层面及其更深刻含义的基础上进行反思”（President's Council on Bioethics，2003）。最值得注意的是，委员会就不平等现象的增加和父母对子女的最终权力提出了担忧（Counil on Bioethics，2003年，第44页）。该报告并未对人类基因修饰的相关政策产生强烈的影响，但显而易见的是，美国社会中的部分群体已通过这种特殊的伦理视角对生殖细胞基因修饰进行审视。

在Bush时代，委员会的关切重点是生殖细胞增效可能会鼓励人们将孩子视为可以设计和操纵的事物，这也一直是部分社会科学家和人文主义者的关注点。政治理论家Michael Sandel写道，“每个孩子都是特别的礼物，我们应当心怀感激接受他们原本的样子，而不是把他们当作可以设计的对象，或是体现我们意志的产物或是实现我们志向的工具。父母的爱不应取决于孩子所拥有的才能和特性”（Sandel，2013，第349页）。其中一个隐含的结论是，准父母应避免使其未来的孩子直接受益的修饰行为，这并不是因为他们会以不同的方式看待自己的孩子，而是因为其可能以细微、间接和累积性的方式形成一种以不同的方式看待所有孩子的文化。但是，批评这种观点的人认为伤害具有推测性，且个人与社会关系中的自由程度完全在自由民主社会允许的范围之内。

另一个引起关注的问题为是否有越来越多的人认为父母应对其后代的素质负责？根据Sandel的说法，“我们应重点关注选择而非机会，无论是否为孩子选择了正确的特质，父母均应对其做出的选择负责”（Sandel，2004）。

关于创造和生育的更具宗教性的语言也表达了类似的观点。神学家Gilbert Meilaender将遗传素质的设计过程描述为“创造”而非“生育”。更重要的是，他与Sandel持有相同的观点——“与我们具有相似性的是我们生育的后代，而非我们创造的后代，他们是我们自由意志的产物，其命运取决于我们做出的决定”（Meilaender，1996）。根据这种观点，生育（非设计）是体现人类尊严和人权的关键所在，因为“我们彼此平等，无论我们在各类领域具备任何卓越的特质，我们都不是另一个自己的‘创造者’”（Meilaender，2008，第264页）。此类有关人格物化的担忧可能适用于与正常健康状态相关的生殖细胞转化，但更有可能来源于增强手段、与健康相关或超出此类范围的情况。

除此之外当然还存在其他观点。有人可能会说，对我们的进化方向做出选择的恰恰是人类，无论这是否进一步加深了这种认知，即人类是否更像是一种物品。生物伦理学创始人之一Joseph Fletcher在1971年写道，“人类是创造者、选择者和设计者，就任何事物而言，人为和有意识的成分越多，其人性化程度也就越高……真正的区别存在于偶然或随机繁殖与有意识的繁殖或选择性繁殖之间”（Fletcher，1971，第780、781页）。

其他观点则认为，如果父母的自由裁量权不会对孩子的身体或心理发育造成严重伤害，则父母可自行决定采取各种做法（Robertson，2008）。正如第 5 章所述，人们需要制定一套纯粹的生育权利框架，而为了包含增强或削弱特征的权利，必须将该框架扩展至极限（Robertson，2004）。这一愿景涉及父母的自由权，并且涵盖针对婴儿和儿童的各种增效手段，包括整容手术等生物医学措施、使用生长激素治疗不明原因的矮小症及部分性能增强药物的使用。由此可推论，这种自由权包含拥有类似风险/利益平衡的生殖细胞增效。需要再次强调的是，在美国，如果此类做法拥有合理的依据，则涉及父母的宪法案例将阻止政府就生殖细胞基因组编辑实施禁令。

学术性的超人类主义也是促成此类辩论的主要因素。超人类主义者的争论不仅涉及以增效为导向的生殖细胞编辑的道德合法性，甚至可能涉及父母为了使其子女受益而利用此类增效手段可行性的责任和道德义务（Persson 和 Savelescu，2012）。一位哲学家认为，我们有义务为那些无法自己做主的人做出最好的决定，其中包括我们未来的子女及其后代（Harris，2007）。然而，此类争论均与道德义务有关，因为美国的法规或司法裁决（或其他国家的司法裁决）中没有任何将其作为法律施加于人的规定。

总体而言，在过去的半个世纪中出现了两种不同的伦理评估方法（关于生殖细胞增效）。其中一种方法的关注点更加社会化和哲学化，不仅包含第 5 章所述的关于生殖细胞编辑的普遍关切问题，也包括“如何改变我们看待孩子的方式”，以及由于增效效果具有遗传性而以多代方式造成或增加的社会不平等现象。即使个体的增效益处可能会被视为个体干预的合理依据，但此类分析通常更倾向于关注滑坡效应和历史优生学运动所带来的启示。

在另一种方法中，疾病治疗和增效的区别仍然发挥着重大作用，因其可很好地评估个体风险和利益。这种评估是各类监管机构的工作重点，如 FDA（审查新的医疗产品并做出审批决定）和研究监督机构（保护临床试验参与者和其他可能面临试验风险的人员）。当疾病得到治疗或预防时，相对于功能特性得到提升并且使人类寿命超过平均水平，试验的益处将被认为具有更大的价值。反之，这种利益分级将与子孙后代的健康风险（包括预防疾病的潜力）处于平衡状态。

鉴于人类生殖细胞基因组编辑尚未针对治疗或预防目的进行临床测试，显而易见的是，出于增效目的（即未被明确定义为治疗或抵抗疾病和残疾）的生殖细胞基因组编辑目前尚不可能符合启动临床试验所需的潜在利益和风险承受标准。即使风险随着经验和信息积累而有所减弱，真正意义上的自由决定权和选择性生殖细胞编辑也不可能带来超过轻度风险的益处。

结论和建议

为了确保任何基因组编辑干预（针对治疗或预防疾病和残疾以外的目的）达

到启动临床试验所需的风险/利益标准，必须在科学方面取得重大进展。该结论同样适用于体细胞和遗传性生殖细胞干预。对于利用基因组编辑“增效”人体特征和超出标准健康状况的能力，这种做法显然在极大程度上引发了公众的不安情绪。因此，在针对治疗或预防疾病和残疾之外的目的进行基因组编辑之前，必须就个人与社会的利益和风险积极开展公众讨论活动。讨论内容应包括引发或加剧社会不平等问题的可能性，以便在对临床试验做出授权决定之前将此类价值纳入风险/利益的评估过程中。

建议 6-1　监管机构目前不应针对治疗或预防疾病和残疾之外的目的批准体细胞或生殖细胞基因组编辑临床试验。

建议 6-2　关于人类体细胞基因组编辑（针对治疗或预防疾病和残疾之外的目的）的治理问题，政府应鼓励开展公众讨论和政策辩论活动。

7 公众参与

作为人类基因组编辑领域的研究工具，CRISPR/Cas9 的出现带来了新的紧迫性问题——必须针对此类新技术及其应用问题展开广泛的公众对话。此类呼吁来自伦理学家、社会科学家（Jasanoff 等，2015）及生物医学科学家（Bosley 等，2015；Doudna，2015），多个智囊团、生物伦理学团体、Hinxton 小组等科学或专业学会（Chan 等，2015）、纳菲尔德委员会（2006b）及遗传学与社会中心（2015）。

这个概念本身并非新鲜事物。在 1975 年 2 月召开的阿西洛马会议上，一个由国际科学家组成的团体讨论了重组 DNA 的使用问题，并决定对其实施严格的控制措施（Berg 等，1975）。向美国参议院卫生与科学研究人力资源小组委员会提交的报告反映了该组织提出的关切问题。该报告认为，“对整个社会而言，日益重要的问题是认真确定科学与社会的交界面出现的严重问题，并设计出解决此类问题的机制和模式”（Powledge 和 Dach，1977，第 1 页）。

此类前期努力已经演变成为“不断增加的最高层面的政治承诺——确保公民在影响其生活的决策活动中拥有更多发言权，并且提高公民的参与度，从而建立更具响应性和责任感的政府”（Cornwall，2008，第 11 页）。在 2000 年发布的一份报告中，英国上议院建议将公众对话作为决策过程的强制性程序，包括将公开会议视为正式的公众参与途径（UK House of Lords，2000）。同样，根据 2003 年美国《21 世纪纳米技术研究开发法案》的规定，“应持续通过公民小组、共识会议和教育活动等机制定期开展公众讨论活动”[64]。

人们希望能够预测公众成员对潜在争议技术的反映，并且“避免在毫无依据的情况下约束创新技术、诋毁新技术或创造贸易壁垒”，这种需求在一定程度上刺激着社会不断做出努力（Holdren 等，2011，第 1 页）。此外，研究结果也表明，在以透明的方式采纳不同观点的过程中，决策者和公共利益相关者的参与可增进公众对新兴技术监管和决策合法性的认知（Posner 等，2016，第 1760 页）。此类研究结果反映了 2008 年国家研究委员会（NRC）共识报告的结论，即公众参与（环境）评估和决策过程可提高公众对合法性的认知和决策质量（Holdren 等，2011，第 1 页；NRC，2008）。

64 《21 世纪纳米技术研究开发法案》，第 108～153 号公法（2003 年 12 月 3 日）。

例如，可能有人会争辩，由于在转基因生物（GMO）出现期间未能与不同的公众群体进行有意义的接触，新兴的基因工程科学领域因此遭受了不可弥补的损害。例如，关于“Bt转基因玉米对帝王斑蝶幼虫的不利影响”的公开辩论导致“孟山都公司股票下跌近10%，日本也因此面临潜在的贸易限制，欧盟委员会（布鲁塞尔）则冻结了这种转基因玉米进入欧洲的审批程序，并要求暂停在美国进一步种植Bt转基因玉米”（Shelton和 Roush，1999）。“金色大米”等生物强化作物的开发和引进也因此类辩论而处于放缓或停滞状态，此类作物有可能减少因维生素A缺乏症（VAD）而引发的疾病。据世界卫生组织估计，全球共有2.5亿人患有VAD（其中将近一半是发展中国家的儿童），而这是导致儿童失明的主要原因，全球有25万～50万的儿童受到该疾病的影响（Achenbach，2016）。2016年5月，美国国家科学院的一份报告发现，在常规作物和基因工程作物中增加适量的微量营养素“可对数百万人的健康产生有利影响”（NASEM，2016c）。

部分学者认为，人类基因组编辑已经引发并且将持续引发伦理、监管和社会政治问题，此类问题将远远超出生物学家确定的技术风险和利益的讨论范围（Jasanoff等，2015），甚至将超出社会学家和伦理学家提出的哲学和社会政治问题（Sarewitz，2015）。这些学者认为，与人类基因组编辑相关的风险和利益不应该仅仅由科学界做出界定，此外，需要通过广泛的公众辩论实现对风险和利益的全面理解，就发言权范围和相关概念的定义方式而言，此类辩论应具有高度的包容性。该论点表明，随着基因组编辑技术和应用领域的发展，监管机构应持续开展公众讨论活动，以便确定治疗和增效、残疾和疾病等不同概念之间的区别。

关于舆论、世界观和宗教关系在公共政策形成过程中所发挥的作用，各国之间甚至是同一国家不同时期之间均存在巨大差异。在神权政治国家，有关胚胎研究、生殖细胞基因组编辑甚至体细胞疗法的公共政策均可通过明确引用宗教教义进行制定。即使在非宗教国家，宗教影响也可能对个人道德产生强烈的影响，反之，个人道德也可体现在个人意见和政治偏好中。其他国家可能对政府计划或政策和宗教机构之间的各种分离程序制定了宪法要求。因此，公众参与将在全球范围内以各种形式成为公共政策形成过程的一部分（Pew Research Center，2008）。

在美国，FDA等监管机构有权根据技术方面的风险和利益因素批准或禁止医疗产品的营销活动。但是，对于专用于（或可能用于）不道德用途的特定产品而言，监管机构不具备拒绝审批的权力。如果颁布此类禁令，则需由立法机构提出，此类禁令将在削弱宪法保护权利的情况下受到限制。就此类问题而言，公众意见应被视为健全的决策过程的重要组成部分。

本章首先描述了公众参与所涵盖的广泛概念，之后对美国和国际的公众参与实践进行了回顾。然后接下来的部分总结了从过去的公众参与活动中吸取的经验教训。最后一部分为结论和建议。

公众参与：广泛概念

美国科学促进会名誉首席执行官 Alan Leshner 对指导公众参与的广泛概念进行了很好的概括，如下所示。

> 我们需要针对科学技术及其产品与公众进行更加开放和坦诚的双向对话，不仅包括利益问题，还包括其局限性、危险性和陷阱。即使未能做到充分的共享，我们也需要尊重公众的观点和关切问题，此外，我们需要建立一种能够应对此类问题的合作关系（Leshner，2003，第 977 页）。

按照同样的思路，*Nature* 发表的一篇社论呼吁科学家参与此类公开讨论，并将他们的专业知识应用到更广泛的对话中，即使“此类公开讨论可能会迫使多数研究人员走出他们的舒适区”（*Nature*，2017）。

在实践中，公众参与活动包含多种不同的形式，不同模式的优缺点不属于本报告的讨论范围（NRC，2008；Rowe 和 Frewer，2005；Scheufele，2011）。尽管如此，本报告仍可阐明三条广泛的参与原则，此类原则可为扩大人类基因组编辑的讨论范围（使其包含最大数量的相关观点和利益相关者）提供指导。

第一条公众参与原则与结果质量相关。美国国家科学院此前发布的报告已经确定了一系列有助于通过参与活动做出高质量监管和政策决策的因素（NASEM，2016a；NRC，1996，2008）。围绕人类基因组编辑展开的参与活动需要特别注意四个因素。第一，应当系统地考虑并权衡最广泛的潜在影响范围及与之相关的不确定性。其中包括技术、医学或科学问题之外的风险和利益因素，并且包含“所有利益相关方和受影响方的观点和知识”（NRC，1996，第 3 页）。第二，应当确定全面的潜在政策或监管方案。第三，高质量的公众参与机制——涉及事实和价值，特别是涉及“世界的预期变化将以何种方式对人们最重视的事物产生影响”（NRC，2008，第 235 页）。第四，公众成员能够提出问题，也可提出监管机构或专家并未设想的解决方案。

第二条公众参与原则涉及结果的合法性。合法性往往与诸多相关因素有关。首先，公众参与的过程具有一定的透明度，且所有参与者都能感受到该过程的公正性和说服力（Hadden，1995）。其次，与前文所述的部分考虑因素相呼应，公众参与活动应确定所有利益相关方或潜在受影响方的价值观、利益和关注点。最后，应以符合相关法律法规的方式开展公众参与活动。

但是，以上两条参与原则需与第三条原则（管理效率）保持平衡。“应根据管理效率的需求考虑充分参与的目标以确保及时做出决定”（NASEM，2016c，第 56 页），同时还要防止资源充足或组织良好的选区主导公共讨论并掩盖其他声音。

根据上述广泛原则，公众参与活动通常以下列一个或多个程序为基础（Rowe 和 Frewer，2005）。

- 沟通/信息——确保将决策相关信息（包括伦理、监管和政治因素）有效地传达至最广泛的社会层面。换言之，公众参与工作（无论何种形式）不应将关注重点局限于易于接触的受众（如受教育程度更高的人群）或投入较高的群体（如患者权益团体、宗教团体、与妇女权益或性别问题相关的团体、环保活动家）。
- 咨询——最大限度地将相关和受影响公众提供的决策相关信息传达至倡议发起者（如监管机构、联邦甚至地州层面的决策者）。建立和请求咨询的过程通常由倡议者发起。与利益团体进行互动是实现有效咨询的其中一种可能性。以此类群体为媒介可与大量拥有相同职位和目标的人进行接触，但需要注意的是，此类群体在以下方面存在着较大的差异：其如何以民主的方式获得该职位？其如何准确地反映成员的各种观点？（Seifter，2015）。
- 参与——最大限度地在相关公众和政策主体之间交流所有决策相关信息和有价值的考虑因素。通过对话和咨询转变观念，提升发起者和公众参与者的认知和意识。大多数参与式活动均在某种程度上以（政策）决策者和公众成员之间的正式讨论为基础，为决策过程提供正式意见的丹麦共识会议就是一个典型的例子（详见下文）（Danish Board of Technology，2006，2010a，b）。

无论过程如何，参与工作的目的并非建立或提升公众对新兴技术的接受度。从这个意义上说，公众参与是对所谓的“知识缺失模型”的直接回应（Brossard 和 Lewenstein，2009），这种观念认为，填补知识缺失和在非专业群体中培养相关的科学素养是提升公众对新技术接受度的潜在（或可取）方式。公众参与模式主要在两个方面偏离知识缺失模式。首先，他们承认仅有非常有限的经验数据支持这样一种假设：掌握信息越多的公民对新兴技术的接受度也会越高（Scheufele，2013）。其次，此类模式摒弃了这样的观点：①建立公众对科学的支持在任何情况下都是有益的做法；②公开的辩论甚至是争论并不可取。相反，公众参与的目的是“在专业知识、权力和价值观方面存在差异的群体之间分享和交流知识、观点和偏好”（NASEM，2016b，第 22 页）。因此，“在开发和部署任何技术之前，所有利益相关者均有机会就该技术的潜在风险、利益和影响展开讨论”；公众参与还可激发人们对公共利益等重要问题的关注，也可通过提出关切问题的各类团体鼓励公民参与活动并表达意见”（NASEM，2016a，第 1～7 页）。

不同的公众参与模式在实现此类目标方面的有效程度的经验证据也较为有限，且现有文献主要以地方和地区层面的参与活动为例。因此，很难指出适用于不同环境的有效参与活动的具体结构或程序，或者很难预测如何根据参与者、监管问题和主题的多样性设计具有针对性的公众参与活动（NASEM，2016a）。

美国的做法

关于不同的问题、国家和司法管辖区，将上述原则转化为实践的具体做法存在着较大的差异。在美国，奥巴马政府在“负责任的发展”政策下提出了公众参与的概念：“有关新兴技术（如纳米技术、合成生物学和基因工程等）的创新不仅需要协调研发工作，也需要适当和平衡的监管措施”（Holdren 等，2011，第 1 页）。在实践中，这个概念涉及上一部分所述的两个关键程序——沟通和咨询。

- 沟通：“联邦政府应积极向公众传达与新技术潜在利益和风险相关的信息”（Holdren 等，2011，第 2 页）。
- 咨询：“在可行的范围并且受到有效约束（如涉及国家安全和商业机密信息）的情况下，应当有充分的机会针对利益相关者和公众参与活动建立相关信息。这是促进问责制、改善决策、提升信任度及确保官员获得广泛分散信息的关键所在”（Holdren 等，2011，第 2 页）。

在美国，国会针对科学和医疗保健等领域制定了适用法律，所有此类法律均受到民主程序的影响，此类民主程序将促使当选官员关注公众舆论和选民利益。专门机构通常有权通过基于民意制定的法规来贯彻法律规定（在大多数情况下应遵循行政机关的总体政策）。

此类公众参与的性质和范围在一定程度上与监督机构有所不同，但所有机构均受制于《行政程序法》所概述并且由法院解释的一系列法律规则。参与环节包括拟议立法活动的预先通知、发表评论意见的机会、立法机构解释其立法的基本原理，以及其采纳或拒绝评论意见的理由。此类正式的立法程序包含相对简单的公众参与规则。对于具有高度复杂性或快速发展的领域（如生物技术或生命科学），可采用次级监管措施、不具法律约束力的指导原则或机构惯例，其中一部分也需采纳正式的公众意见。最后，对于基因组编辑等新的研究领域，美国国立卫生研究院（NIH）的重组 DNA 咨询委员会（RAC）或者由 FDA 召集的专家咨询委员会可进行额外的非约束性审查。

科学政策领域的公众参与活动属于全球性的事务。例如，欧盟委员会在“2020 年地平线计划中”引入了 RRI（负责任的研究与创新）概念，以期提升利益相关者的参与度及其对研究方向的影响力。其关键在于“与公民和民间社会组织共同创造未来，并且就科学和技术问题在最大限度内引入来自不同领域且不会相互影响的参与者”（European Commission，2016a）。活动内容包括确定与创新相关的伦理问题，并在公众的帮助下制订最佳的治理方案，无论是在正规法律还是在自愿性标准和实践中（European Commission，2016b）。此外，活动内容还包括 VOICES

项目（欧洲公民在科学方面的观点、意见和想法），该项目涉及各类典型群体和其他活动中成千上万的参与者（European Commission，2016c）。

公众参与基因组编辑决策的现有基础设施

除了公众参与决策的总体框架外，在现行的体细胞基因疗法研究审批过程中还包含部分相关度较高的公众参与机会。鉴于某些政策可在地州层面进行制定，正如部分地州在胚胎研究、克隆和干细胞研究资金方面所面临的情况，各州可作为利益相关者与联邦机构展开合作（虽然其复杂的目标包括对地州权力和独立性的担忧）（Seifter，2014b）。在联邦制体系中（如美国、欧洲和澳大利亚体系），重要的是考虑公众参与和决策的区域性机遇。除了考虑在地方层面制定政策的可能性，这种做法也有可能增加根据行政规则所采纳的集中式联邦政策的合法性（Seifter，2014a）。

在美国的联邦层面存在一些公众参与机会，但其通常具有局限性和被动性，且并非适用于重大新技术（如人类基因组编辑）的更加全面的公众参与机会（尤其是在可能应用于生殖细胞的情况下）。此类机会如下文所述。

美国国立卫生研究院重组 DNA 咨询委员会

目前，RAC 可最大限度地为公众提供人类基因转移或基因组编辑方案监督工作的参与机会。根据 2016 年 4 月颁布的经修改的程序，RAC 仅审查在科学、社会或伦理方面提出新问题和重大问题的人类基因转移方案。RAC 于 2016 年 6 月根据此类标准审查了在美国开展的首次人类 CRISPR/Cas9 基因组编辑试验。如第 2 章所述，RAC 程序具有较高的透明度，并且提供了公众参与的机会。RAC 根据《联邦咨询委员会法案》召开 RAC 会议，该法案要求 RAC 就公开会议和征求公众意见的时间提前向公众发出通知（特定的例外情况除外）。此外，公众可通过网络直播观看最新的 RAC 会议实况，或者在会议结束后点播存档视频。NIH 生物技术活动办公室为希望了解最新 RAC 会议和活动的个人创建了一份电子邮件列表。

虽然此类规定允许有利害关系的公众成员在有限的范围内参与相关活动，但仍具有一定程度的被动性，因其主要适用于目前存在利害关系并且希望获得会议信息的一部分公众群体。在目前的形式下，RAC 在公众舆论或公众参与研究方面缺乏必要的学术专业知识，因此无法带头向不同的群体（对目前的问题感兴趣且通常被称为“公众”的群体）征求意见或与之进行对话。

美国食品药品监督管理局

就美国的基因疗法审批工作而言，FDA 是第二大主要机构参与者，但如第 2 章所述，试验性新药（IND）申请包含商业机密信息。因此，所有申请材料均为专有信息，不得进行公开审查或征求公众意见。然而，如前文所述，ClinicalTrials.gov网站现已进行修改，以提高公众对试验数据及其结果的访问权限，且产品赞助商可选择公开部分或全部 IND 信息。此外，如果 FDA 科学咨询委员会审查基因疗法或基因组编辑方案，并且向公众开放工作会议，则必须将公众代表列入咨询委员会名册。生物制品执照获得批准之后即可公开发布其他信息。尽管如此，在 FDA 的总体审查流程中，RAC 等咨询机构依然缺乏透明度。

FDA 将定期召开信息公开会议（类似于其针对基因工程鲑鱼所采取的做法）（FDA，2010），或者开展更为普遍的公众讨论活动，如生物技术产品监管体系的现代化问题（FDA，2015c）。FDA 的顾问委员会会议及更广泛的会议机制可用于讨论依赖于基因组编辑的治疗方法，也有可能适用于对产品的讨论，特别是出于“增效”目的被用于非标签指定用途的产品。

国家生物伦理委员会

许多国家均设有为政府提供建议或为公众提供对话场所的机构，且此类实体存在于除南极洲之外的每个大洲。此类机构通常由行政或立法部门设立，并针对生物伦理学领域的一系列主题提供分析和决策建议。1996 年 11 月，多个国家的生物伦理委员会应美国国家生物伦理咨询委员会和法国国家生命和健康科学伦理学顾问委员会的邀请参加国际峰会[65]。在此之后，此类机构也举行了一系列全球峰会，2018 年峰会在塞内加尔举行。

和大多数其他国家一样，美国将生物伦理委员会作为公众参与活动及就政策选择向政府提供建议的场所，这种传统由来已久（参阅辅文 7-1）。该传统始于 20 世纪 70 年代成立的保护生物医学及行为学研究人类受试者全国委员会，该委员会的工作导致临床试验管理发生重大变化。在此之后，美国联邦政府曾召集多个委员会来解决生物伦理问题。此类委员会的共同职能特点包括听取公开证言的机会、公开会议、委员会讨论文本的可用性，以及公众参与和观察对会议决定和建议实施过程的显著影响。虽然各机构经常在决策考虑因素方面受到法律限制，但此类场所为更广泛的考虑因素提供了一个重要渠道，如有必要，此类考虑因素可能会导致针对机构职责或监管方法的立法改革。

辅文 7-1

美国国家生物伦理委员会

生命伦理问题研究总统委员会，2009～2016

总统生物伦理委员会，2001～2009

65 参阅 http://www.who.int/ethics/partnerships/globalsummit/en［访问时间：2017 年 1 月 30 日］。

全国生物伦理咨询委员会，1996～2001
人体放射性实验咨询委员会，1994～1995
生物医学伦理咨询委员会，1988～1990
生物医学及行为学研究伦理问题总统委员会，1978～1983
保护生物医学和行为研究人类受试者国家委员会，1974～1978

机构监督

所有基因疗法和基因组编辑研究都必须由研究机构内部的机构审查委员会（IRB）和机构生物安全委员会（IBC）在地方层面进行审批，这两个机构均需要将公众代表纳入其成员名单。根据现行的美国法规，IRB 必须包含至少一名“与该机构无任何关联的成员”，对“公众态度”的敏感度是其成员必须具备的一项专业技能[66]。同样，IBC 必须包含至少两名与该机构无任何关联的“代表公众态度”的成员。

国际惯例

如上文所述，在欧洲，科学领域的各类公众参与活动均以“负责任的创新”观念为指导，即一套“社会行动者和创新者可在其中彼此响应的透明的互动程序，以期实现创新过程及其可销售产品的（伦理）可接受性、可持续性和社会吸引力”（Schomberg，2012）。如上所述，其中包括与“信息和咨询”相关的内容，同时也包括众多国家对公众参与（针对政策形成和决策过程）的坚定承诺。

表 7-1 概述了美国以外的国家开展的各类公众参与活动。

表 7-1 公众参与活动的特性：精选实例

英国	丹麦	法国
• 征求非政府实体（特别是沟通和网络资源方面的专家）的意见并建立公共咨询结构	• 长期的公共咨询经验	• 通过公民小组引起人们对新型社会需求和新技术法律需求的关注
• 在咨询过程中关注单一问题	• 由公民组织提出决策者未曾考虑的伦理问题	• 对专题讨论会进行广泛的媒体传播
• 公民可通过多种方式提供意见，包括研讨会、会议、在线问卷调查、互动式网站论坛	• 决策者通过为政府提供信息和建议的独立机构将报告内容纳入考虑范围	• 继公共咨询之后针对讨论活动发展其他论坛

例如，丹麦召开共识会议的传统由来已久，并且不断为此寻求更广泛的代表性，同时在决策过程中认真考虑会议结果。然而，强调共识性在某种程度上限制

66 《联邦法规》第 21 卷第 56 部分第 107 条。

了他们提出反对意见的能力（表 7-2）。虽然没有任何一个国家能够完全达到公众参与人类生殖细胞基因组编辑领域的所有目标，但我们拥有一个广泛的共同目标——“传达公民对争议性技术的观点和态度，丰富并扩大专家、政治家和利益相关方之间的传统辩论范围”（Scheufele，2011）。

表 7-2 丹麦的公众参与活动：共识会议

形式	优点	缺点
• 代表最早和最具参考价值的共识会议之一（20 世纪 80 年代末期） • 招募代表性样本；约 2000 名随机选择的公民被邀请加入 • 之后由丹麦技术委员会（DBoT，由丹麦议会创建的独立机构）选出 14～16 名小组成员参加会议 • 由专业记者向被选中的公民简要介绍待讨论的主题 • 参会公民将聚集在一起进行广泛的讨论 • 最后，参会公民将起草一份报告，针对特定问题表达他们的立场	• DBoT 将严肃对待最终报告，并据此为丹麦议会提供建议。因此，政府辩论会议厅可充分考虑公民的意见 • 在进行任何形式的立法辩论之前向丹麦公民征求意见有助于决策者发现其可能未曾考虑的伦理问题，并且可根据公民的报告调整政策建议 • 公民对政府的信任度也将随之提升 • 许多学者和其他群体均认为丹麦共识会议本身就是自成一派的模式	• 通过这种自上而下的制度选出的公民小组成员永远无法真正代表全体人口 • 由于年龄、地理位置、性别、社会经济地位、认知和性格差异及对主题的关注程度等因素，必须对公民小组成员进行密切观察以最大限度地减少不平衡现象，这将形成一个代表现实世界的“理想化”群体，但事实并非如此 • 这种选择性较强的程序意味着被选中的人已经对相关主题有所关注，而需要对相关主题有更多认识和了解的群体将因此被忽视 • 必须对最终的公民报告达成共识；因此文件中不允许出现或包含任何意见分歧

在设计公众参与活动时可借鉴其他国家以前的经验。其中包括避免对公民和观点进行小范围抽样或过度的选择性抽样，同时应避免以自上而下的方式采取过于集中和过度控制的结构（在大规模且高度集中的国家体系中可能难以避免的结构）。英国的做法是解决此类潜在隐患的其中一种方式——将大部分公众参与活动“外包”给独立的非政府实体（Sciencewise，2016；Wilsdon，2015）。然而，评估其他国家经验有效性的独立数据及其在美国背景下的适用性存在一定的局限性。此外，如果该程序涉及为整个国家制定未来的公共政策，则针对此类咨询活动确定核心组织者将大有裨益。

公众参与活动的经验总结

关于人类基因组编辑应用方式的社会、伦理、法律和政治问题，公众参与活动是针对此类问题指导社会和政治辩论的关键。鉴于公众参与的基础设施及本章所讨论的总体参与原则，委员会考虑的是一种具有特殊价值的方法——针对与基因组编辑相关的各类问题采用不同的参与程序。

同时，所有此类努力均必须遵守前文概述的有效公共参与的所有原则，同时应通过另外两条参与原则避免潜在的隐患。

第一条，在努力扩大公众参与范围的过程中需要区分系统性的舆论调查和公众参与活动。前者采用社会科学方法来衡量公众舆论，以便从代表性样本扩展至更大的群体。此类工作包括可量化的指标，此类指标可表明在样本中观察到的某些特征出现在普通群体中的可能性（如 Dillman 等，2014）。舆论调查有助于确定信息需求、风险和利益观念或不同公众群体之间的其他态度变化（Scheufele，2010）。相比之下，共识会议或公众会议等公众参与活动通常依赖于高度关注相关主题的代表和学识丰富的群体，因其可帮助决策者或科学界在决策过程的早期阶段确定伦理、法律或社会方面的考虑因素。大多数参与活动所吸引的特定群体及推动对话环境的社会动态（即使拥有专业的主持者）往往也限制了将此类活动成果推广至更广泛的公众舆论的能力（Merkle，1996；Scheufele，2011）。人们可能需要开展涉及焦点小组的相应工作和样本选择更具随机性的广泛公众调查。

第二条重要原则涉及决策者或其他参与活动召集者希望征求意见的特定科学类型。人类主要通过现有的参照系来解释新的信息（Goffman，1974；Kahneman 和 Tversky，1984）。会议资料中对科学技术描述方式的细微差别或为特定应用领域选择的例子均可使参与者的最初态度及讨论活动的整体性质发生明显的变化（Anderson 等，2013）。因此，在公众参与活动期间由专家撰写的会议资料或演示文稿不应局限于技术专家对相关性和适当性的看法。相反，所有内容均需运用经验社会科学进行预先测试，以确保其尽量减少先验性偏见，并允许包含广泛的讨论，而不是人为地局限于相关主题的技术或科学因素。

展望未来

美国现有的基础设施充分采纳了公众对当前基因疗法模式（包括商业和政府资助的人类基因组编辑基础研究）的意见。正如前文所述，美国的科学领域拥有完善的质量控制体系、监督机制和伦理控制措施。IRB 等诸多类似的机制均已涉及公众意见。同样，公众可通过联邦、州和地方层面的选择，针对资助优先级、法规和基础研究的其他方面提供意见。

美国现有监管基础设施的参与机制足以解决人类基因组编辑技术在体细胞领域的应用问题，但这并不代表其不具备改进空间。RAC 等组织采用的参与流程包括相关信息的沟通及与受影响方或利益相关方的协商。在极少数情况下还需开展额外的工作，以便在监管规则的制定过程中提供真正的公众参与机会。在理想情况下，参与人类基因组编辑的监管机构应扩大其参与活动的范围，以便开发更加系统化和更具可持续性的公众参与模式。需要特别注意的是，扩展现有的公众参与模式有助于监管机构确定治疗与增效或疾病与残疾等术语的定义和界限。此类工作需要监管机构在特定的委员会中增加具备相关专业知识的成员。例如，FDA 咨询委员会需要评估指标益处及对新编辑的基于细胞或组织的产品的未满足需求程度。

关于人类生殖细胞基因组编辑应用领域的任何考虑因素，与本章所述参与原则相一致且具有广泛性、包容性和有意义的公众意见将成为继续向前发展的必要条件。因此，持续监控公众态度、信息赤字和新出现的问题将是至关重要的环节。此类公众参与方面的工作将允许机构和其他政策机构的以下行为：①向不同的公众群体提供信息及与政策相关的科学信息，以便进行有效的沟通；②确定需要开展系统工作的领域，以便在该程序的早期阶段创建公众参与活动的基础设施（NASEM，2016a）。

此类鼓励公众参与的持续性工作应直接与决策过程相联系（NRC，2008，第19 页）。此外，有关增强手段的复杂问题同样需要开展持续的公众讨论活动，以便在针对增效性干预措施批准临床试验之前就利益和风险的个人与社会价值向监管机构和决策者提供参考信息。

为了促进和监督此类参与工作的有效性，联邦机构需要考虑资助实现以下目标的研究计划：①增进对人类基因组编辑长期和短期社会政治、伦理和法律问题的理解；②评估将公众参与纳入监管或决策基础设施的有效性；③评估公众参与对不同决策领域的影响。与基因组计划相关的经验（将“伦理、法律和社会问题”方面的考虑因素纳入其科学研究的整体资金）及由国家科学基金会资助的纳米技术与社会研究所得经验将提供具有参考价值的框架，以便制订类似的研究议程或资助基因组编辑技术的公众参与计划[67]。

结论和建议

通过基因组编辑推动人类医学发展所作出的努力将通过技术专家和社会科学家支持的公众参与活动得到巩固，社会科学家主要负责开展系统化的舆论调查，开发适当的沟通材料，并最大限度地消除可能会阻碍讨论和辩论活动的人为偏见或制约因素。

美国现有的用于公共交流和参与的基础设施足以应对人类基因组编辑基础科学和实验室研究的监督问题。同样，作为美国现有监管基础设施的组成部分，公共交流和咨询机制也可解决与人类体细胞基因组编辑发展相关的公共交流问题。

为了权衡生殖细胞编辑未来应用领域的技术和社会效益及风险，需要开展更加正式的活动，以广泛征求公众意见，并且鼓励开展公众辩论活动。此外，有关增效手段的复杂问题同样需要开展持续的公众讨论活动，以便在针对增效性干预措施批准临床试验之前就利益和风险的个人与社会价值向监管机构和决策者提供参考信息。

67 参阅 https://www.genome.gov/elsi/［访问时间：2017 年 1 月 30 日］、https://www.nsf.gov/news/news_summ.jsp?cntn_id=117862［访问时间：2017 年 1 月 30 日］。

关于针对其他新兴科技领域设计的更加有效和广泛的公众参与活动，其相关实践和原则为基因组编辑领域的公众参与活动提供了具有参考价值的依据。

建议 7-1 在启动临床试验(针对治疗或预防疾病和残疾之外的目的应用人类基因组编辑技术)之前开展广泛而全面的公众参与活动。

建议 7-2 在针对可遗传基因组编辑考虑任何临床试验之前，应持续对健康和社会利益及风险进行重新评估，并且持续开展广泛的公众参与活动。

建议 7-3 公众参与应被纳入人类基因组编辑的决策过程，并且应包含对公众态度、信息赤字和“增效”领域新问题的持续监测。

建议 7-4 在资助人类基因组编辑研究时，联邦机构应考虑支持致力于实现以下目标的短期研究和战略。

- 确定需要开展系统化和前期工作以促成公众参与活动的领域。
- 开发必要的内容并进行有效的沟通。
- 在现有基础设施的范围内提高公众的参与度。

建议 7-5 在资助人类基因组编辑研究时，联邦机构应考虑资助致力于实现以下目标的研究。

- 了解与人类生殖细胞编辑相关的社会政治、伦理和法律问题。
- 了解将基因组编辑技术应用于治疗或预防疾病和残疾以外的目的所面临的社会政治、伦理和法律问题。
- 评估将公共交流和参与纳入监管或决策基础设施的有效性。

8 原则和建议综述

基因组编辑为推进基础科学和治疗应用的发展提供了巨大的潜力。将基因组编辑方法应用于人类细胞、组织、生殖细胞和胚胎的基础实验室研究为加深人们对常规人体生物学（包括进一步了解与人类生育、繁殖和发育相关的知识）和疾病的理解及建立新的治疗方法带来了巨大的希望。此类研究正在现有的监督体系下迅速向前推进。关于特定遗传疾病的体细胞疗法，基因组编辑已进入临床测试阶段，并受到人类体细胞基因疗法研究监管制度的约束。此外，最新开发的方法为编辑生殖细胞用以防止遗传疾病的传播提供了可能性（在国内和跨国法律允许的范围内）。与此同时，基因组编辑技术还要求监管机构和公众对现有的治理体系进行评估，以确定是否存在缺乏合理依据、风险过高或具有较强社会破坏性的基因变异。本章总结了委员会关于总体原则的结论及与其建议相关的具体结论，以便管理和监督这一迅速发展的研究和应用领域。

人类基因组编辑治理的总体原则

基因组编辑为预防、减轻或消除多种人类疾病和病症带来了巨大的希望。为了实现这一愿望，人们需要的是负责且符合伦理的研究和临床应用方法。

建议 2-1 以下原则应作为人类基因组编辑监督体系、研究和临床应用的基础。

- 促进福祉
- 透明度
- 谨慎注意
- 科学诚信
- 尊重人格
- 公平
- 跨国合作

反之，在设计基因组编辑治理体系的过程中，上述原则也伴随着若干责任。

促进福祉：促进福祉原则支持为受影响人群提供福利并预防对其造成伤害，即生命伦理学文献中提及的有利和无害原则。

贯彻这一原则应承担的责任包括：①寻求能够促进个体健康和福祉的人类基

因组编辑的应用，如治疗或预防疾病，同时在早期应用阶段将个体因高度不确定性所面临的风险最小化；②确保对人类基因组编辑的任何应用均能合理平衡风险与利益。

透明度：透明度原则要求以易于利益相关者获得和理解的方式公开和共享信息。

贯彻这一原则应承担的责任包括：①尽可能及时且充分地披露相关信息；②针对与人类基因组编辑及其他创新和颠覆性技术相关的决策过程开展有意义的公众参与活动。

谨慎注意：该原则要求谨慎仔细地对待参与研究或接受临床护理的患者，且仅在拥有充分和可靠证据的情况下以认真严谨的态度开展研究。

贯彻这一原则应承担的责任包括在适当的监督下以谨慎的态度逐步采取行动，根据未来的进展和文化观点多次进行重新评估。

科学诚信：科学诚信原则要求遵守“从实验室到临床”的最高研究标准，确保研究过程与国际和专业规范保持一致。

贯彻这一原则应承担的责任包括：①优质的实验设计和分析；②对研究方案和所得数据进行适当的审查和评估；③透明度；④纠正错误或带有误导性的数据或分析。

尊重人格：尊重人格原则要求认可所有个体的人格尊严，承认个人选择的重要性并尊重个人决定。无论其遗传质量如何，所有人均拥有同等的道德价值。

贯彻这一原则应承担的责任包括：①承诺所有个体的平等价值；②尊重和鼓励个人决策；③承诺防止再次发生过去实施的优生学滥用形式；④承诺不得污蔑残障者。

公平：公平原则要求以相同的方式对待相同的病例，并且应公平分配风险和利益（分配公正）。

贯彻这一原则应负的责任包括：①公平分配研究责任和利益；②广泛和公平获取人类基因组编辑临床应用所带来的益处。

跨国合作：跨国合作原则要求在尊重不同文化背景的前提下采用合作方式进行研究和治理。

贯彻这一原则应承担的责任包括：①尊重不同国家的政策；②尽可能协调监管标准和程序；③在不同的科学团体和监管机构之间进行跨国合作和数据共享。

上述原则和责任可以通过基因组编辑的具体监管建议予以履行（如下文所述）。

现有美国监督机制用于人类基因组编辑

在美国，地州和联邦层面的现行法律和资助政策将对人类基因组编辑的所有阶段进行治理（从实验室研究、临床前测试、临床试验到临床应用阶段）。现行制度（仍有改进空间）可用于管理目前预期的人类基因组编辑应用领域，但需要针对未来的特定用途制定更加严格的标准，并进一步开展公众辩论活动。

利用基因组编辑方法开展实验室研究

如果将基因组编辑作为人类体细胞和组织领域的实验室研究工具，则应采用大体上与其他实验室研究（接受机构生物安全审查并遵循实验室实践的通用标准）相同的治理方式。此外，也应将针对人体细胞、组织或胚胎捐赠和使用的治理政策落实到位。此类政策考虑的因素包括人体组织是否属于临床手术的遗留物？或者是否来自针对研究目的实施的干预措施？如果该组织包含或带有可快速确定捐赠者身份的信息，则需要实施额外的受试者保护措施，如特定形式的知情同意和机构审查委员会（IRB）的审查程序。

其他考虑因素适用于利用基因组编辑技术开展的人类胚胎实验室研究（无意建立妊娠）。在美国，《迪基-威克修正案》禁止将联邦资金用于胚胎研究，但允许使用部分地州和私人资源。此类用途将受管理人类生殖和妊娠产物的部分法律制度的约束。美国国立卫生研究院（NIH）人类胚胎研究小组 1994 年的建议及美国国家科学、工程与医学院针对人类胚胎干细胞研究制定的指导原则将持续对该领域的研究实践产生影响。

关于涉及人类胚胎的基因组编辑实验室研究所带来的伦理和监管问题，人们已经进行了一定程度的探索，此类问题包括胚胎的道德地位，出于研究目的创造胚胎或者使用被丢弃胚胎的可接受性，以及适用于胚胎研究的法律限制或自愿性限制。其他国家也提出了同样的伦理问题。即使承认人类胚胎研究的科学价值，许多司法管辖区仍然选择限制、阻止甚至禁止此类做法。单纯出于非生殖研究目的而进行的人类胚胎基因组编辑将受相同的伦理规范和政策的约束。然而，在法律允许的情况下，应通过其他胚胎研究的监督程序确保此类研究的必要性和质量。

对涉及人体细胞和组织的实验室研究进行监管体现了负责的科学原则，其中包括高质量的实验设计和方案审查。科学的进步离不开严格的同行评审和成果发布，并且受益于可支持该领域持续发展的数据共享。透明度原则支持在与适用法律保持一致的前提下最大限度地共享信息。尊重各国在人类胚胎研究方面的政策多样性不应成为跨国合作的障碍，合作方式包括数据共享、监管机构之间的协作及在可能的情况下统一标准。

结论和建议：基础实验室研究

涉及人类基因组编辑的实验室研究（即不涉及与患者进行接触的研究）遵循与其他基础实验室体外研究（涉及人体组织）相同的调控途径，其引发的问题已经在现有的道德规范和监管制度下得到管理。

其中不仅包括涉及体细胞的研究，还包括在研究获得批准的情况下出于研究目的捐赠和使用人类配子和胚胎。虽然有部分群体不同意某些规则所体现的政策，但此类规则仍然有效。与人类生育和生殖相关的重要科学和临床问题需要人们持续对人类配子及其祖细胞、人类胚胎和多能干细胞开展实验室研究。就医学和科学目的而言，此项研究具有一定的必要性，此类目的并未直接针对可遗传的基因组编辑，尽管其提供的有价值的信息和技术也可应用于将来开展的可遗传基因组编辑研究。

建议 3-1　应当使用现有的监管基础设施和程序(审查和评估涉及人类细胞和组织的基因组编辑基础实验室研究)评估未来的人类基因组编辑基础实验室研究。

利用体细胞基因组编辑治疗或预防疾病和残疾

基因组编辑最直接的临床应用涉及人类体细胞（治疗或预防疾病和残疾）。事实上，此类研究已经处于临床试验阶段。在美国，涉及体细胞基因组编辑的临床应用属于 FDA 的管辖范围，该机构负责监管人体组织和细胞疗法。任何基因组编辑临床试验的启动均需获得 FDA 的批准，IRB 还将监督试验参与者的招募、咨询和不良事件的监测工作。体细胞基因组编辑临床试验将采用与其他药物疗法相类似的监管评估措施，包括风险最小化；根据潜在利益分析参与者面临的风险是否合理；确保在自愿和知情同意的前提下招募参与者。美国的其他监督程序包括机构生物安全委员会的地方安全审查和 NIH 重组 DNA 咨询委员会（RAC）主持的国家级审查工作（针对具体的新方案和一般方法）。

针对其他形式的基因疗法制定的伦理规范和监管制度足以管理涉及体细胞基因组编辑的新型应用方法（用于治疗或预防疾病和残疾）。但是，监管措施还应着重预防在未经授权或条件不成熟的情况下应用基因组编辑技术。

在特定情况下，可能还需要考虑在母体内对胎儿的体细胞进行基因组编辑。例如，针对在发育早期阶段具有破坏性影响的遗传疾病，对胚胎进行编辑的效果将明显优于产后干预措施。对新生儿的潜在益处将成为关键因素。但是，在子宫内进行的基因组编辑还需特别注意与知情同意相关的问题，以及对胎儿生殖细胞或生殖细胞祖细胞进行靶向或脱靶修饰的风险。

体细胞基因组编辑的监管建议来源于若干总体原则。体细胞基因组编辑研究和临床应用的一个重要目标是“促进福祉”。“透明度”和“科学诚信”是提升研究质量的必要因素，而“谨慎注意”原则有助于确保应用方法以循序渐进的方式向前推进，同时密切关注风险和利益并进行重新评估，以便及时响应不断变化的科学和临床信息。随着治疗和预防性的医疗技术不断得到发展，“公平”

和“尊重人格”原则可确保人们以公平的方式获得此类进步带来的益处，保护个人的选择权（寻求或拒绝使用此类治疗方法）并尊重所有人的尊严（无论其做出何种选择）。

结论和建议：体细胞疗法

总体而言，公众对于将基因疗法（和涉及基因组编辑的基因疗法）用于治疗或预防疾病和残疾表现出极大的支持。

涉及体细胞的人类基因组编辑为治疗或预防多种疾病，以及改善目前正在使用或处于临床试验阶段的现有基因疗法的安全性、有效性和功效带来了巨大的希望。然而，尽管基因组编辑技术正不断得到优化，但其目前最适用于治疗或预防疾病和残疾，而非其他紧迫性较低的目的。

已经针对基因疗法制定的伦理规范和监管制度也适用于此类应用领域。和体细胞基因组编辑临床试验相关的监管评估与其他药物疗法的相关监管评估类似，包括风险最小化，根据潜在利益分析参与者所面临的风险是否合理，以及确定是否在自愿和知情同意的前提下招募参与者。监管体系还需包含法定权力和执行能力，以防在未经授权或条件不成熟的情况下应用基因组编辑技术，监管机构需要针对其所应用的技术不断更新特定的技术知识。其评估工作不仅需要考虑基因组编辑系统的技术背景，还需考虑拟议的临床应用方法，以便权衡预期的风险和利益。由于脱靶事件将随着平台技术、细胞类型、基因组靶序列和其他因素发生变化，因此，目前无法针对体细胞基因组编辑的特异性（如可接受的脱靶事件发生率）制定单一标准。

建议 4-1　应当使用现有的监管基础设施和程序（审查和评估治疗或预防疾病和残疾的体细胞基因疗法）评估涉及基因组编辑的体细胞基因疗法。

建议 4-2　目前，监管部门应当仅针对与治疗或预防疾病和残疾相关的适应证授权临床试验或批准细胞疗法。

建议 4-3　监督机构应根据预期用途的风险和利益评估人类体细胞基因组编辑拟议应用方法的安全性和有效性，并认识到脱靶事件将随着平台技术、细胞类型、基因组靶位点和其他因素发生变化。

建议 4-4　在考虑是否针对治疗或预防疾病和残疾之外的适应证批准体细胞基因组编辑临床试验之前，应开展具有透明度和包容性的公共政策辩论。

可遗传的基因组编辑

基因组编辑可产生遗传给后代的基因变异（可遗传的生殖细胞编辑），并可减轻遗传疾病带来的痛苦。但是，这也使得社会关切延伸至个人风险和利益之外。

尽管人类生殖细胞基因组编辑目前因其安全和功效方面的不稳定性而无法获得批准，但该技术正处于迅速发展的阶段，可遗传的生殖细胞编辑将在不远的将来成为需要认真考虑的现实。在某些情况下，涉及生殖细胞或胚胎的基因组编辑将为渴望拥有亲缘关系的父母提供唯一或最可接受的选择，同时可最大限度地减少下一代患有严重疾病或残疾的风险。

关于使人类基因组产生遗传性变异的可能性，与之相关的争论由来已久。由于此类变化产生的影响可能涉及多代人，其潜在的益处和危害也将随之增加。此类编辑行为可降低新生儿患基因遗传疾病的风险，而寻求亲缘关系的父母也无须担心会传播疾病。另一方面，这种人为干预形式的明智性和适当性也引发了一定程度的担忧。具有针对性的基因组编辑也可能会产生非预期后果，如果遗传的话，也将对后代产生影响。与其他形式的先进医疗技术一样，如何确保人们在平等的前提下使用此类技术将成为关键问题。可遗传生殖细胞编辑的应用前景所引发的关切问题类似于早期植入前和产前基因筛查引发的问题，即纯粹出于自愿的个人决定汇聚而成的力量可能会改变有关“接受残疾”的社会准则。

结论和建议：可遗传的生殖细胞编辑

在某些情况下，可遗传的生殖细胞编辑将为渴望拥有亲缘关系的父母提供唯一或最可接受的选择，同时可最大限度地减少下一代患有严重疾病或残疾的风险。然而，虽然可通过该技术的应用避免遗传疾病，但生殖细胞基因组编辑仍然在很大程度上引发了公众的不安，特别是在病症较轻且存在替代方法的情况下。此类担忧均来源于一种观点——即使对受影响个体和整个社会的非预期后果感到焦虑，人类也不宜干涉其自身的进化过程。

在任何生殖细胞干预措施能够满足授权临床试验的风险/收益标准之前，还需要开展更多相关研究。但由于卵子和精子祖细胞基因组编辑所面临的技术障碍已被克服，因此，通过编辑行为防止基因遗传疾病也将成为可能。

美国主要的生殖细胞基因组编辑监管机构（FDA）在其决策过程中纳入了与风险和收益相关的价值判断。关于可遗传生殖细胞编辑的利益和风险价值观，仍需积极地开展公众讨论活动，从而以适当的方式将此类价值观纳入到风险/收益评估程序，在针对临床试验作出授权决定之前，应当首先完成上述工作。但是，在决定是否批准临床试验之前，FDA 不具备考虑公众意见（关于技术的内在道德性）的法定授权。该层面的讨论活动应在 RAC、立法机构和其他公众活动场所举行，第 7 章已对此进行过深入讨论。

必须以谨慎的态度开展可遗传生殖细胞基因组编辑试验，但谨慎并不意味着必须禁止此类试验。

如果技术难题已被克服，且与风险相对的利益处于合理范围之内，则可在最具紧迫性的情况下启动临床试验，但需要通过全面的监管框架保护研究对象及其后代；并采取充分的安全措施防止其扩展至紧迫性较低且尚未被充分了解的领域。

建议 5-1 只能在健全和有效的监管框架内利用可遗传生殖细胞基因组编辑技术开展临床试验，该监管框架应包含下列内容。

- 不存在其他合理的备选方案。
- 预防严重疾病或病症的限制。
- 编辑已经被证明可引起疾病或对疾病有强烈易感性的基因的限制。
- 将此类基因转变为在人群中普遍存在且与普通健康问题相关的版本，且几乎无证据证明其存在不良反应的限制。
- 已针对该程序的风险和潜在的健康益处获得可靠的临床前和（或）临床数据。
- 在临床试验期间就该程序对受试者健康和安全的影响持续进行严格的监督。
- 针对长期的多代后续试验制订综合计划，同时尊重个人的自主性。
- 在确保透明度最大化的同时保护患者隐私。
- 持续评估健康和社会利益及风险，确保持续、广泛的公众参与和投入。
- 通过可靠的监督机制防止其用于预防严重疾病或病症以外的目的。

鉴于修饰生殖细胞的时间长短一直是有关道德边界和社会价值多元化的争论核心，因此无法令所有人都支持上述建议。即使是持赞同观点的人也不可能出于相同的理由对此表示支持。此外，也有人认为建议 5-1 的最终标准难以得到满足，一旦启动生殖细胞修饰，则已经建立的监管机制可能无法将该技术限制在上述建议所确定的应用范围之内。如果确实无法满足建议中所述的标准，则委员会认为不应在此情况下批准进行生殖细胞基因组编辑。委员会呼吁在基础科学的发展过程中继续开展公众参与活动并征集公众意见（参阅第 7 章），同时制订相应的监管保障措施以满足上述标准。

可遗传的生殖细胞基因组编辑引发了人们的担忧——该技术是否会应用到不成熟或未经检验的领域，且本文针对负责的监管措施所列的标准有可能在部分（非所有）司法管辖区内得到满足。这种可能性使得人们担忧“监管天堂”的出现，供应商或消费者可能因此前往监管环境更加宽松或不存在限制性法规的司法管辖区。如果技术能力存在于监管环境更加宽松的司法管辖区，则医疗旅游现象（包括寻求更快捷、更廉价的治疗方案及更新或更少的监管干预措施）无法完全得到控制。因此，关键在于强调综合监管的必要性。

截至 2015 年底，美国尚未考虑是否启动生殖细胞基因组编辑试验，无论上述标准能否得到满足。预算法案通过了一项条款（有效期至少持续至 2017 年 4

月）[68]，国会在其中做出了如下规定。

根据本法案提供的资金不得用于通知保证人或以其他方式确认已收到根据《联邦食品、药品和化妆品法》第 505（i）条规定［21 U.S.C.355（i）］或《公共卫生服务法》第 351（a）(3）条规定［42 U.S.C.262（a）(3）］提交的材料（针对药物或生物制品的研究性用途申请豁免，此类研究将有意创造或修饰人类胚胎，以使其包含可遗传的基因修饰）。任何此类提交物均应被视为秘书处未接收，且豁免不得生效。

这项规定目前将使美国当局无法审查生殖细胞基因组编辑的临床试验提案，并因此推动该技术发展至其他司法管辖区，部分管辖区将接受监管，其他管辖区则不适用该条款。

针对治疗或预防疾病和残疾之外的目的进行基因组编辑

体细胞基因组编辑治疗性用途的持续发展及生殖细胞基因组编辑治疗性用途的发展潜力均引发了以下问题：如何确定疾病和残疾的定义？如何及何时针对此类病症的治疗和预防设定适当的界限？与其他技术一样，人类基因组编辑方法可应用于更广泛的目的，包括增强人类能力以使其超出正常的范围。明确定义“增效”存在一定的难度。治疗、预防和增效并非在所有情况下都存在严格或易于辨别的界限，即使是“疾病”这一定义也仍然面临着巨大的争议。因此，确定治疗或预防疾病和残疾及“增效”概念之间的区别具有一定的挑战性。因此，基因组编辑的潜在用途涉及可接受性的延续问题。将致病基因变体转化为无害变体以解决严重遗传疾病的做法通常属于该范围最可接受的一端，而通过编辑行为产生与疾病无关的增效效果则通常属于最不可接受的一端。该报告对治疗或预防疾病和残疾的基因组编辑及非治疗或预防疾病和残疾的基因组编辑进行了区分，但关于如何以更加明确的方式界定“增效”概念的模糊界限，本报告并未表明该问题已存在普遍共识。

从原则上讲，产生基因增效效果的编辑行为可在体细胞基因组编辑或可遗传性细胞编辑的背景下予以实施。与基因组编辑的其他潜在用途一样，个体风险和利益与此类编辑行为的评估结果相关。但基因增强的可能性引发了一系列额外的伦理和社会问题，针对此类问题获得答案并非易事，并且很可能存在意见分歧。

结论和建议：针对治疗或预防疾病和残疾之外的目的进行基因组编辑

为了确保任何基因组编辑干预（针对治疗或预防疾病和残疾以外的目的）满

68 《2016 财年综合拨款法案》HR2029，114 Cong.，1st sess（2015 年 1 月 6 日）https://www.congress.gov/114/bills/hr2029/BILLS-114hr2029enr.pdf［访问时间：2017 年 1 月 4 日］。

足启动临床试验所需的风险/利益标准，必须在科学方面取得重大进展。该结论同样适用于体细胞和遗传性生殖细胞干预。利用基因组编辑“增效”人体特征和超出标准健康状况的能力，这种做法显然引发了公众的极度不安。因此，在针对治疗或预防疾病和残疾之外的目的进行基因组编辑之前，必须就个人与社会的利益和风险积极开展公众讨论活动。讨论内容应包括引发或加剧社会不平等问题的可能性，以便在针对临床试验做出授权决定之前将此类价值纳入风险/利益的评估过程。

建议 6-1　监管机构目前不应针对治疗或预防疾病和残疾之外的目的批准体细胞或生殖细胞基因组编辑临床试验。

建议 6-2　关于人类体细胞基因组编辑（针对治疗或预防疾病和残疾之外的目的）的治理问题，政府应鼓励开展公众讨论和政策辩论活动。

公众参与在人类基因组编辑治理方面发挥的作用

通过基因组编辑推动人类医学发展所作出的努力将通过公众参与活动得到巩固，此类参与活动对于现行监管框架未能有效涵盖的潜在用途尤为重要。特别是在美国，监管当局的关注重点倾向于个人和公众的健康与安全，而非社会规范和文化所面临的潜在影响。后者经常在其他讨论会（如咨询委员会）上被讨论，但缺乏法律效力，除非体现在以授予政府的有限权力为基础的立法中。在决定是否及如何开发新技术的过程中，其他国家的制度明确要求将公众态度纳入考虑范围，并且对政府权力的法律约束程度存在较大的差异。

结论和建议：公众参与

通过基因组编辑推动人类医学发展所作出的努力将通过技术专家和社会科学家支持的公众参与活动得到巩固，社会科学家主要负责开展系统化的舆论调查，开发适当的沟通材料，并最大限度消除可能会阻碍讨论和辩论活动的人为偏见或制约因素。

美国现有的用于公共交流和参与的基础设施足以应对人类基因组编辑基础科学和实验室研究的监督问题。同样，作为美国现有监管基础设施的组成部分，公共交流和咨询机制也可解决与人类体细胞基因组编辑发展相关的公共交流问题。

为了权衡生殖细胞编辑未来应用领域的技术和社会效益及风险，需要开展更加正式的活动，以广泛征求公众意见，并且鼓励开展公众辩论活动。此外，有关增效手段的复杂问题同样需要开展持续的公众讨论活动，以便在针对增效性干预措施批准临床试验之前就利益和风险的个人与社会价值向监管机构和决策者提供参考信息。

关于针对其他新兴科技领域设计的更加有效和广泛的公众参与活动，其相关实践和原则为基因组编辑领域的公众参与活动提供了具有参考价值的依据。

建议 7-1 在启动临床试验(针对治疗或预防疾病和残疾之外的目的应用人类基因组编辑技术）之前开展广泛而全面的公众参与活动。

建议 7-2 在针对可遗传基因组编辑考虑任何临床试验之前，应持续对健康和社会利益及风险进行重新评估，并且持续开展广泛的公众参与活动。

建议 7-3 公众参与应被纳入人类基因组编辑的决策过程，并且应包含对公众态度、信息赤字和“增效”领域新问题的持续监测。

建议 7-4 在资助人类基因组编辑研究时，联邦机构应考虑支持致力于实现以下目标的短期研究和战略。

- 确定需要开展系统化和前期工作以促成公众参与活动的领域。
- 开发必要的内容并进行有效的沟通。
- 在现有基础设施的范围内改善公众参与活动。

建议 7-5 在资助人类基因组编辑研究时，联邦机构应考虑资助致力于实现以下目标的研究。

- 了解与人类生殖细胞编辑相关的社会政治、伦理和法律问题。
- 了解将基因组编辑技术应用于治疗或预防疾病和残疾以外的目的所面临的社会政治、伦理和法律问题。
- 评估将公共交流和参与纳入监管或决策基础设施的有效性。

参考文献

AAP（American Academy of Pediatrics）. 2014. Off-label use of drugs in children. Pediatrics 133（3）：563-567.

Abbott，K. W. A.，D. J. Sylvester，and G. E. Marchant. 2010. Transnational regulation：Reality or romanticism? In International handbook on regulating nanotechnologies，edited by G. Hodge，D. Bowman，and A. Maynard. Cheltenham，UK：Edward Elgar Publishing. Pp. 525-544.

Abudayyeh，O. O.，J. S. Gootenberg，S. Konermann，J. Joung，I. M. Slaymaker，D. B. Cox，S. Shmakov，K. S. Makarova，E. Semenova，L. Minakhin，K. Severinov，A. Regev，E. S. Lander，E. V. Koonin，and F. Zhang. 2016. C2c2 is a single-component programmable RNA-guided RNA-targeting CRISPR effector. Science 353（6299）：aaf5573.

Achenbach，J. . 2016. 107 Nobel laureates sign letter blasting Greenpeace over GMOs. The Washington Post，June 29. https://www. washingtonpost. com/news/speaking-of-science/ wp/ 2016/06/29/more-than-100-nobel-laureates-take-on-greenpeace-over-gmo-stance/?utm_term=. feb89580ad48（accessed October 18，2016）.

Akin，H.，K. M. Rose，D. A. Scheufele，M. Simis-Wilkinson，D. Brossard，M. A. Xenos，and E. A. Corley. 2017（forthcoming）. Mapping the landscape of public attitudes on synthetic biology. BioScience. doi：10. 1093/biosci/biw171.

Alghrani，A.，and M. Brazier. 2011. What is it? Whose it? Re-positioning the fetus in the context of research. The Cambridge Law Journal 70（1）：51-82.

American Cancer Society. 2015. Off-label drug use：What is off-label drug use? http://www. cancer. org/treatment/treatmentsandsideeffects/treatmenttypes/chemotherapy/off-label-drug-use（accessed January 5，2017）.

AMS（Academy of Medical Sciences），AMRC（Association of Medical Research Charities），BBSRC（Biotechnology and Biological Sciences Research Council），MRC（Medical Research Center），and Wellcome Trust. 2015. Genome editing in human cells—initial joint statement. https://wellcome. ac. uk/sites/default/files/wtp059707. pdf（accessed January 4，2017）.

AMS，British Academy，Royal Academy of Engineering，and The Royal Society. 2012. Human enhancement and the future of work. https://www. acmedsci. ac. uk/viewFile/publicationDownloads/135228646747. pdf（accessed January 5，2017）.

Anderson，A. A.，J. Kim，D. A. Scheufele，D. Brossard，and M. A. Xenos. 2013. What's in a name? How we define nanotech shapes public reactions. Journal of Nanoparticle Research 15（2）：1-5.

Anderson，R. C.，and R. W. Kulhavy. 1972. Learning concepts from definitions. American Educational Research Journal 9（3）：385-390.

Andorno，R. 2005. The Oviedo convention：A European legal framework at the intersection of human rights and health law. Journal of International Biotechnology Law 2（4）：133-143.

Anguela，X. M.，R. Sharma，Y. Doyon，J. C. Miller，H. Li，V. Haurigot，M. E. Rohde，S. Y. Wong，R. J. Davidson，and S. Zhou. 2013. Robust ZFN-mediated genome editing in adult hemophilic mice.

Blood 122（19）：3283-3287.
ANM（Académie Nationale de Médecine）. 2016. Genome editing of human germline cells and embryos. http://www. academie-medecine. fr/wp-content/uploads/2016/05/report-genome-editing-ANM2. pdf（accessed January 4，2017）.
Arras，J. 2016. Theory and bioethics. In The Stanford encyclopedia of philosophy，edited by E. N. Zalta. http://plato. stanford. edu/archives/sum2016/entries/theory-bioethics（accessed January 4，2017）.
Au，P.，D. A. Hursh，A. Lim，M. C. Moos，S. S. Oh，B. S. Schneider，and C. M. Witten. 2012. FDA oversight of cell therapy clinical trials. Science Translational Medicine 4（149）：149fs31.
Ayyar，V. S. 2011. History of growth hormone therapy. Indian Journal of Endocrinology and Metabolism 15（Suppl. 3）：S162-S165.
BAC（Bioethics Advisory Committee）Singapore. 2013. Ethical，legal and social issues in neuroscience research：A consultation paper. http://www. bioethics-singapore. org/index/publications/ consultation-papers. html（accessed November 4，2016）.
Baltimore，D.，P. Berg，M. Botchan，D. Carroll，R. A. Charo，G. Church，J. E. Corn，G. Q. Daley，J. A. Doudna，M. Fenner，H. T. Greely，M. Jinek，G. S. Martin，E. Penhoet，J. Puck，S. H. Sternberg，J. S. Weissman，and K. R. Yamamoto. 2015. A prudent path forward for genomic engineering and germline gene modification. Science 348（6230）：36-38.
Bamford，K. B.，S. Wood，and R. J. Shaw. 2005. Standards for gene therapy clinical trials based on pro-active risk assessment in a London NHS Teaching Hospital Trust. QJM：Monthly Journal of the Association of Physicians 98（2）：75-86.
Barrangou，R.，and E. G. Dudley. 2016. CRISPR-based typing and next-generation tracking technologies. Annual Review of Food Science and Technology 7：395-411.
BBAW（Berlin-Brandenburg Academy of Sciences and Humanities）. 2015. Human genome surgery—towards a responsible evaluation of a new technology. http://www. gentechnologiebericht. de/bilder/BBAW_Human-Genome-Surgery_PDF-A1b-1. pdf（accessed January 4，2017）.
Bell，J.，K. L. Parker，R. D. Swinford，A. R. Hoffman，T. Maneatis，and B. Lippe. 2010. Long-term safety of recombinant human growth hormone in children. Journal of Clinical Endocrinology & Metabolism 95（1）：167-177.
Berg，P.，and J. E. Mertz. 2010. Personal reflections on the origins and emergence of recombinant DNA technology. Genetics 184（1）：9-17.
Berg，P.，D. Baltimore，S. Brenner，R. O. Roblin，and M. F. Singer. 1975. Asilomar conference on DNA recombinant molecules. Science 188（4192）：991-994.
Bertero，A.，M. Pawlowski，D. Ortmann，K. Snijders，L. Yiangou，M. C. de Brito，S. Brown，W. G. Bernard，J. D. Cooper，E. Giacomelli，L. Gambardella，N. R. F. Hannan，D. Iyer，F. Sampaziotis，F. Serrano，M. C. F. Zonneveld，S. Sinha，M. Kotter，and L. Vallier. 2016. Optimized inducible shRNA and CRISPR/Cas9 platforms for in vitro studies of human development using hPSCs. Development 143：4405-4418.
Bioethics Commission. 2015. Gray matters：Topics at the intersection of neuroscience，ethics，and society（Vol. 2）. Washington，DC：Presidential Commission for the Study of Bioethical Issues.
Blakeley，P.，N. M. Fogarty，I. del Valle，S. E. Wamaitha，T. X. Hu，K. Elder，P. Snell，L. Christie，P. Robson，and K. K. Niakan. 2015. Defining the three cell lineages of the human blastocyst by single-cell RNA-seq. Development 142（18）：3151-3165.
Blendon，R. J.，M. T. Gorski，and J. M. Benson，M. A. 2016. The public and the gene-editing revolution. New England Journal of Medicine 374（15）：1406-1411.

Boggio，A. 2005. Italy enacts new law on medically assisted reproduction. Human Reproduction 20（5）：1153-1157.

Booth，C.，H. B. Gaspar，and A. J. Thrasher. 2016. Treating immunodeficiency through HSC gene therapy. Trends in Molecular Medicine 22（4）：317-327.

Borg，J. J.，G. Aislaitner，M. Pirozynski，and S. Mifsud. 2011. Strengthening and rationalizing pharmacovigilance in the EU：Where is Europe heading to? A review of the new EU legislation on pharmacovigilance. Drug Safety 34（3）：187-197.

Bosley，K. S.，M. Botchan，A. L. Bredenoord，D. Carroll，R. A. Charo，E. Charpentier，R. Cohen，J. Corn，J. Doudna，G. Feng，H. T. Greely，R. Isasi，W. Ji，J. -S. Kim，B. Knoppers，E. Lanphier，J. Li，R. Lovell-Badge，G. S. Martin，J. Moreno，L. Naldini，M. Pera，A. C. F. Perry，J. C. Venter，F. Zhang，and Q. Zhou. 2015. CRISPR germline engineering：The community speaks. Nature Biotechnology 33（5）：478-486.

Bostrom，N. 2005. In defense of posthuman dignity. Bioethics 19（3）：202-214.

Bostrom，N.，and T. Ord. 2006. The reversal test：Eliminating status quo bias in applied ethics. Ethics 116（4）：656-679.

Brossard，D.，and B. Lewenstein. 2009. A critical appraisal of model of public understanding of science：Using practice to inform theory. In Understanding science：New agendas in science sommunication，edited by L. Kahlor and P. Stout. New York：Routledge. Pp. 11-39.

Brown，K. V. 2016. Inside the garage labs of DIY gene hackers，whose hobby may terrify you. Fusion，March 29. http://fusion. net/story/285454/diy-crispr-biohackers-garage-labs（accessed January 9，2016）.

Buchanan，A.，D. W. Brock，N. Daniels，and D. Wikler. 2001. From chance to choice：Genetics and justice. New York：Cambridge University Press.

Burgess M.，and D. Prentice. 2016. Let Congress know to take it slow on human gene editing. Dallas News，December 28.

Cahill，L. S. 2008. Germline genetics，human nature，and social ethics. Cambridge，MA：MIT Press.

Califf，R. M. 2017. Benefit-risk assessments at the U. S. Food and Drug Administration：Finding the balance. Journal of the American Medical Association. http://jamanetwork. com/journals/jama/fullarticle/2599251（accessed February 3，2017）.

Califf，R. M.，and R. Nalubola. 2017. FDA's science-based approach to genome edited products. FDA Voice，January 18. http://blogs. fda. gov/fdavoice/index. php/2017/01/fdas-science-based-approach-to-genome-edited-products（accessed February 2，2017）.

Campbell，A.，and K. C. Glass. 2000. Legal status of clinical and ethics policies，codes，and guidelines in medical practice and research. McGill Law Journal 46（2）：473-489.

Carroll，D. 2014. Genome engineering with targetable nucleases. Annual Review of Biochemistry 83：409-439.

Center for Genetics and Society. 2015. Extreme genetic engineering and the human future：Reclaiming emerging biotechnologies for the common good. http://www. geneticsandsociety. org/downloads/Human_Future_Exec_Sum. pdf（accessed January 6，2017）.

Chan，J. L.，L. N. C. Johnson，M. D. Sammel，L. DiGiovanni，C. Voong，S. M. Domchek，and C. R. Gracia. 2016. Reproductive decision-making in women with BRCA1/2 mutations. Journal of Genetic Counseling 1-10.

Chan，S.，P. J. Donovan，T. Douglas，C. Gyngell，J. Harris，R. Lovell-Badge，D. J. Mathews，and A. Regenberg. 2015. Genome editing technologies and human germline genetic modification：The Hinxton Group consensus statement. The American Journal of Bioethics 15（12）：42-47.

Chapman，K. M.，G. A. Medrano，P. Jaichander，J. Chaudhary，A. E. Waits，M. A. Nobrega，J. M. Hotaling，C. Ober，and F. K. Hamra. 2015. Targeted Germline Modifications in Rats Using CRISPR/Cas9 and Spermatogonial Stem Cells. Cell Reports 10（11）：1828-1835.

Charo，R. A. 2016a. On the road（to a cure?）—stem-cell tourism and lessons for gene editing. New England Journal of Medicine 374（10）：901-903.

Charo，R. A. 2016b. The legal and regulatory context for human gene editing. Issues in Science and Technology 32（3）：39.

Charpentier，E.，and J. A. Doudna. 2013. Biotechnology：Rewriting a genome. Nature 494（7439）：50-51.

Chen，E. A.，and J. F. Schiffman. 2000. Attitudes toward genetic counseling and prenatal diagnosis among a group of individuals with physical disabilities. Journal of Genetic Counseling 9（2）：137-152.

Cho，S. W.，S. Kim，J. M. Kim，and J. -S. Kim. 2013. Targeted genome engineering in human cells with the Cas9 RNA-guided endonuclease. Nature Biotechnology 31（3）：230-232.

Choulika，A.，A. Perrin，B. Dujon，and J. -P. Nicolas. 1995. Induction of homologous recombination in mammalian chromosomes by using the I-SceI system of Saccharomyces cerevisiae. Molecular and Cellular Biology 15（4）：1968-1973.

CIOMS（Council for International Organizations of Medical Sciences）. 2012. Bioethics. http://www. cioms. ch/index. php/2012-06-07-19-16-08/about-us/bioethics（accessed January 4，2017）.

CIRM（California Institute for Regenerative Medicine）. 2015. Scientific and medical accountability standards. https://www. cirm. ca. gov/our-funding/chapter-2-scientific-and-medical-accountabilit-y-standards（accessed January 4，2017）.

Cockburn，K.，and J. Rossant. 2010. Making the blastocyst：Lessons from the mouse. Journal of Clinical Investigation 120（4）：995-1003.

COE（Council of Europe）. 2016. Chart of signatures and ratifications of Treaty 164. http://www. coe. int/en/web/conventions/full-list/-/conventions/treaty/164/signatures（accessed November 3，2016）.

Coghlan，A. 2016. Exclusive："3-parent" baby method already used for infertility. New Scientist，October 10. https://www. newscientist. com/article/2108549-exclusive-3-parent-baby-method-already-used-for-infertility（accessed November 3，2016）.

Coghlan，A. 2017. First baby born using three-parent technque to treat infertility. New Scientist，January 18. https://www. newscientist. com/article/2118334-first-baby-born-using-3-parent-technique-to-treat-infertility（accessed January 19，2017）.

Cohen，I. G. 2015. Patients and passports：Medical tourism，law，and ethics（1st Edition）. New York：Oxford University Press.

Cohen，P.，G. M. Bright，A. D. Rogol，A. M. Kappelgaard，and R. G. Rosenfeld. 2002. Effects of dose and gender on the growth and growth factor response to GH in GH-deficient children：Implications for efficacy and safety. Journal of Clinical Endocrinology & Metabolism 87（1）：90-98.

Cole-Turner，R. 1993. The new genesis：Theology and the genetic revolution. Louisville，KY：Westminster/John Knox Press.

Cong，L.，F. A. Ran，D. Cox，S. Lin，R. Barretto，N. Habib，P. D. Hsu，X. Wu，W. Jiang，and L. A. Marraffini. 2013. Multiplex genome engineering using CRISPR/Cas systems. Science 339（6121）：819-823.

Cook，D. M.，and S. R. Rose. 2012. A review of guidelines for use of growth hormone in pediatric and transition patients. Pituitary 15（3）：301-310.

Cornwall，A. 2008. Democratising engagement：What the U. K. can learn from international

experience. London，U. K. ：Demos.
Corrigan-Curay，J. 2013. NIH Recombinant DNA Advisory Committee（RAC）and gene transfer research. Presentation at the First Meeting on Independent Review and Assessment of the Activities of the NIH Recombinant DNA Advisory Committee，Washington，DC，June 4. https://www.nationalacademies. org/hmd/Activities/Research/ReviewNIHRAC/2013-JUN-04. aspx（accessed November 4，2016）.
Corrigan-Curay，J.，M. O'Reilly，D. B. Kohn，P. M. Cannon，G. Bao，F. D. Bushman，D. Carroll，T. Cathomen，J. K. Joung，and D. Roth. 2015. Genome editing technologies：Defining a path to clinic. Molecular Therapy 23（5）：796-806.
Costantini，F.，and E. Lacy. 1981. Introduction of a rabbit beta-globin gene into the mouse germ line. Nature 294（5836）：92-94.
Council of Europe. 2015. Statement on genome editing technologies. http://www. coe. int/en/web/bioethics/-/gene-editing（accessed October 21，2016）.
Couzin-Frankel，J. 2016. Ailing fetuses to be treated with stem cells. Science，April 14. http://www. sciencemag. org/news/2016/04/ailing-fetuses-be-treated-stem-cells（accessed January 5，2017）.
Cox，D. B. T.，R. J. Platt，and F. Zhang. 2015. Therapeutic genome editing：Prospects and challenges. Nature Medicine 21（2）：121-131.
Cronin，R. 2008. Bureaucrats vs. physicians：Have doctors been stripped of their power to determine the proper use of human growth hormone in treating adult disease. Washington University Journal of Law & Policy 27：191. http://openscholarship. wustl. edu/cgi/viewcontent. cgi?article=1141&context=law_journal_law_po licy（accessed January 6，2017）.
Cuttler，L.，and J. Silvers. 2010. Growth hormone and health policy. The Journal of Clinical Endocrinology & Metabolism 95（7）：3149-3153.
Cyranoski，D. 2016. Chinese scientists to pioneer first human CRISPR trial. Nature 535：476-477.
Daniels，N. 2000. Normal functioning and the treatment-enhancement distinction. Cambridge Quarterly of Healthcare Ethics 9（3）：309-322.
Danish Board of Technology. 2006. The consensus conference. http://www. tekno. dk/subpage. php3?article=468&toppic=kategori12&language=uk（accessed December 10，2016）.
Danish Board of Technology. 2010a. A clear message from world citizens to COP15 politicians. http://www. tekno. dk/article/offentliggrelse-af-policy-rapport-om-wwviews-resultater-19-november/（accessed December 11，2016）.
Danish Board of Technology. 2010b. Profile of the Danish Board of Technology. http://www. tekno. dk/about-dbt-foundation/?lang=en（accessed December 11，2016）.
Davis，B. D. 1970. Prospects for genetic intervention in man. Science 170（3964）：1279-1283.
de la Noval，B. D. 2016. Potential implications on female fertility and reproductive lifespan in BRCA germline mutation women. Archives of Gynecology and Obstetrics 294（5）：1099-1103.
de Melo-Martín，I. 2012 A parental duty to use PGD：More than we bargained for? American Journal of Bioethics 12（4）：14-15.
De Ravin，S. S.，X. Wu，S. Moir，L. Kardava，S. Anaya-O'Brien，N. Kwatemaa，P. Littel，N. Theobald，U. Choi，and L. Su. 2016. Lentiviral hematopoietic stem cell gene therapy for x-linked severe combined immunodeficiency. Science Translational Medicine 8（335）：335ra57.
DEA（Drug Enforcement Administration）. 2013. Human growth hormone（trade names：Genotropin®，Humatrope®，Norditropin®，Nutropin®，Saizen®，Serostim®）. http://www. deadiversion. usdoj. gov/drug_chem_info/hgh. pdf（accessed January 4，2017）.
Decruyenaere，M.，G. Evers-Kiebooms，A. Boogaerts，K. Philippe，K. Demyttenaere，R. Dom，

W. Vandenberghe, and J. P. Fryns. 2007. The complexity of reproductive decision-making in asymptomatic carriers of the Huntington mutation. European Journal of Human Genetics: EJHG 15 (4): 453-462.

Deglincerti, A., G. F. Croft, L. N. Pietila, M. Zernicka-Goetz, E. D. Siggia, and A. H. Brivanlou. 2016. Self-organization of the in vitro attached human embryo. Nature 533 (7602): 251-254.

Delaney, J. J. 2012 Revisiting the non-identity problem and the virtues of parenthood. American Journal of Bioethics 12 (4): 24-26.

Dever, D. P., R. O. Bak, A. Reinisch, J. Camarena, G. Washington, C. E. Nicolas, M. Pavel-Dinu, N. Saxena, A. B. Wilkens, S. Mantri, N. Uchida, A. Hendel, A. Narla, R. Majeti, K. I. Weinberg, and M. H. Porteus. 2016. CRISPR/Cas9 β-globin gene targeting in human haematopoietic stem cells. Nature 539: 384-389.

Devereaux, M., and M. Kalichman. 2013. ESCRO committees—not dead yet. The American Journal of Bioethics 13 (1): 59-60.

DeWitt, M. A., W. Magis, N. L. Bray, T. Wang, J. R. Berman, F. Urbinati, S. -J. Heo, T. Mitros, D. P. Muñoz, and D. Boffelli. 2016. Selection-free genome editing of the sickle mutation in human adult hematopoietic stem/progenitor cells. Science Translational Medicine 8 (360): 360ra134-360ra134.

Dillman, D. A., J. D. Smyth, and L. M. Christian. 2014. Internet, phone, mail, and mixed-mode surveys: The tailored design method (4th Edition). Hoboken, NJ: Wiley.

Ding, Y., H. Li, L. -L. Chen, and K. Xie. 2016. Recent advances in genome editing using CRISPR/Cas9. Frontiers in Plant Science 7: 703.

Doudna, J. 2015. Perspective: Embryo editing needs scrutiny. Nature 528 (7580): S6-S6.

Doudna, J. A., and E. Charpentier. 2014. The new frontier of genome engineering with CRISPR-Cas9. Science 346 (6213).

DRZE (Deutsche Referenzzentrum für Ethik in den Biowissenschaften). 2016. Selected national and international laws and regulations. http://www. drze. de/in-focus/stem-cell-research/laws-and-regulations (accessed October 25, 2016).

Dudding, T., B. Wilcken, B. Burgess, J. Hambly, and G. Turner. 2000. Reproductive decisions after neonatal screening identifies cystic fibrosis. ADC Fetal & Neonatal Edition 82 (2): F124-F127.

East-Seletsky, A., M. R. O'Connell, S. C. Knight, D. Burstein, J. H. Cate, R. Tjian, and J. A. Doudna. 2016. Two distinct RNase activities of CRISPR-C2c2 enable guide-RNA processing and RNA detection. Nature 538 (7624): 270-273.

Editing humanity. 2015. The Economist, August 22.

EGE (European Group on Ethics in Science and New Technologies). 2016. Statement on gene editing. https://ec. europa. eu/research/ege/pdf/gene_editing_ege_statement. pdf (accessed January 5, 2017).

EMA (European Medicines Agency). 2006. Guideline on non-clinical testing for inadvertent germline transmission of gene transfer vectors. http://www. ema. europa. eu/docs/en_GB/document_library/Scientific_guideline/2009/10/WC5000 03982. pdf (accessed February 2, 2017).

Enserink, M. 2016. Swedish academy seeks to stem "crisis of confidence" in wake of Macchiarini scandal. Science Magazine, February 11. http://www. sciencemag. org/news/2016/02/swedish-academy-seeks-stem-crisis-confidence-wake-macchiarini-scandal (accessed January 5, 2017).

European Commission. 2012. Ethics in public policy making: The case of human enhancement. http://cordis. europa. eu/result/rcn/153896_en. html (accessed November 4, 2016).

European Commission. 2016a. Horizon 2020 Work Programme 2016-2017. http://ec. europa. eu/research/participants/data/ref/h2020/wp/2016_2017/main/h2020-wp1617-swfs_en. pdf (accessed

January 6，2017）.
European Commission. 2016b. Public engagement in responsible research and innovation. https://ec. europa. eu/programmes/horizon2020/en/h2020-section/public-engagement-responsible-research-and-innovation（accessed January 6，2017）.
European Commission. 2016c. Voices. http://www. ecsite. eu/activities-and-services/projects/voices（accessed January 6，2017）.
Evans，J. H. 2002. Playing god?：Human genetic engineering and the rationalization of public bioethical debate. Chicago，IL：University of Chicago Press.
Evans，J. H. 2010. Contested reproduction：Genetic technologies，religion，and public debate. Chicago，IL：University of Chicago Press.
Ezkurdia，I.，D. Juan，J. M. Rodriguez，A. Frankish，M. Diekhans，J. Harrow，J. Vazquez，A. Valencia，and M. L. Tress. 2014. Multiple evidence strands suggest that there may be as few as 19 000 human protein-coding genes. Human Molecular Genetics 23（22）：5866-5878.
FDA（U. S. Food and Drug Administration）. 1991. Points to consider in human somatic cell therapy and gene therapy. Human Gene Therapy 2（3）：251-256.
FDA. 1993. Application of current statutory authorities to human somatic cell therapy products and gene therapy products；notice. Federal Register 58（197）：53248-53251. http://www. fda. gov/downloads/BiologicsBloodVaccines/SafetyAvailability/UCM148113. pdf（accessed January 5，2017）.
FDA. 2000. Guidance for industry：Formal meetings with sponsors and applicants for PDUFA products. Rockville，MD：FDA. http://www. fda. gov/OHRMS/DOCKETS/98fr/990296g2. pdf（accessed November 4，2016）.
FDA. 2001. IND meetings for human drugs and biologics：Chemistry，manufacturing，and controls information. Rockville，MD：FDA. http://www. fda. gov/downloads/Drugs/GuidanceCompliance RegulatoryInformation/Guidances/uc m070568. pdf（accessed September 1，2013）.
FDA. 2006. Guidance for industry：Gene therapy clinical trials—observing subjects for delayed adverse events. Rockville，MD：FDA. http://www. fda. gov/downloads/BiologicsBloodVaccines/GuidanceComplianceRegulatoryInforma tion/Guidances/CellularandGeneTherapy/ucm078719. pdf（accessed September 1，2013）.
FDA. 2009. Cloning. http://www. fda. gov/BiologicsBloodVaccines/CellularGeneTherapyProducts/Cloning/default. htm（accessed January 5，2017）.
FDA. 2010. Background document：Public hearing on the labeling of food made from the AquAdvantage salmon. http://www. fda. gov/downloads/Food/GuidanceRegulation/Guidance Documents Regulatory Inform ation/LabelingNutrition/UCM223913. pdf（accessed January 5，2017）.
FDA. 2012a. Guidance for industry：Preclinical assessment of investigational cellular and gene therapy products. http://www. fda. gov/BiologicsBloodVaccines/GuidanceComplianceRegulatory Information/Guida nces/CellularandGeneTherapy/ucm376136. htm（accessed February 3，2017）.
FDA. 2012b. Import alert #66-71：Detention without physical examination of human growth hormone（HGH），also known as Somatropin. http://www. accessdata. fda. gov/cms_ia/importalert_204. html（accessed January 6，2017）.
FDA. 2012c. Vaccine，blood，and biologics：SOPP 8101. 1：Scheduling and conduct of regulatory review meetings with sponsors and applicants. Rockville，MD：FDA. http://www. fda. gov/BiologicsBloodVaccines/GuidanceComplianceRegulatoryInformation/Proced uresSOPPs/ucm 079448. htm（accessed September 1，2013）.
FDA. 2015a. Fast track，breakthrough therapy，accelerated approval，priority review. http://www. fda. gov/forpatients/approvals/fast/ucm20041766. htm（accessed January 4，2017）.

FDA. 2015b. Guidance for industry：Considerations for the design of early-phase clinical trials of cellular and gene therapy products. Rockville，MD：FDA. http://www. fda. gov/ downloads/ Biologi. . . /UCM359073. pdf（accessed February 1，2017）.

FDA. 2015bc. Modernizing the regulatory system for biotechnology products：First public meeting. http://www. fda. gov/NewsEvents/MeetingsConferencesWorkshops/ucm463783. htm（accessed October 19，2016）.

FDA. 2016a. Manufacturer communications regarding unapproved uses of approved or cleared medical products. http://www. fda. gov/NewsEvents/MeetingsConferencesWorkshops/ucm489499. htm（accessed October 25，2016）.

FDA. 2016b. Public hearing；request for comments—draft guidances relating to the regulation of human cells，tissues or cellular or tissue-based products. http://www. fda. gov/BiologicsBlood Vaccines/NewsEvents/WorkshopsMeetingsConferences/ucm 462125. htm（accessed October 26，2016）.

FEAM（Federation of European Academies of Medicine）and UKAMS（United Kingdom Academy of Medical Sciences）. 2016. Human genome editing in the EU. http://www. acmedsci. ac. uk/more/events/human-genome-editing-in-the-eu（accessed January 5，2017）.

Fletcher，J. 1971. Ethical aspects of genetic controls：Designed genetic changes in man. New England Journal of Medicine 285（14）：776-783.

Fletcher，J. C.，K. Berg，and K. E. Tranøy. 1985. Ethical aspects of medical genetics. Clinical Genetics 27（2）：199-205.

Flicker，L. S. 2012 Acting in the best interest of a child does not mean choosing the "best" child. American Journal of Bioethics 12（4）：29-31.

Frankel，M. S.，and A. R. Chapman. 2000. Human inheritable genetic modifications：Assessing scientific，ethical，religious，and policy issues. Washington，DC：American Association for the Advancement of Sciences. https://www. aaas. org/sites/default/files/migrate/uploads/germline. pdf（accessed January 6，2017）.

Franklin，S. 2013. Biological relatives：IVF，stem cells，and the future of kinship. www. oapen. org/download?type=document&docid=469257（accessed January 4，2017）.

Friedmann，T. 1989. Progress toward human gene therapy. Science 244（4910）：1275-1281.

Friedmann，T.，P. Noguchi，and C. Mickelson. 2001. The evolution of public review and oversight mechanisms in human gene transfer research：Joint roles of the FDA and NIH. Current Opinion in Biotechnology 12（3）：304-307.

Friedmann，T.，E. C. Jonlin，N. M. P. King，B. E. Torbett，N. A. Wivel，Y. Kaneda，and M. Sadelain. 2015. ASGCT and JSGT joint position statement on human genomic editing. Molecular Therapy 23（8）：1282.

Frum，T.，and A. Ralston. 2015. Cell signaling and transcription factors regulating cell fate during formation of the mouse blastocyst. Trends in Genetics 31（7）：402-410.

Fu，Q.，M. Hajdinjak，O. T. Moldovan，S. Constantin，S. Mallick，P. Skoglund，N. Patterson，N. Rohland，I. Lazaridis，and B. Nickel. 2015. An early modern human from Romania with a recent Neanderthal ancestor. Nature 524（7564）：216-219.

Gaj，T.，S. J. Sirk，S. -L. Shui，and J. Liu. 2016. Genome-editing technologies：Principles and applications. Cold Spring Harbor Perspectives in Biology.

Gardner，R. L.，and J. Rossant. 1979. Investigation of the fate of 4-5 day post-coitum mouse inner cell mass cells by blastocyst injection. Journal of Embryology & Experimental Morphology 52：141-152.

Genovese，P.，G. Schiroli，G. Escobar，T. Di Tomaso，C. Firrito，A. Calabria，D. Moi，R. Mazzieri，C. Bonini，and M. C. Holmes. 2014. Targeted genome editing in human repopulating haematopoietic stem cells. Nature 510（7504）：235-240.

George，B. 2011. Regulations and guidelines governing stem cell based products：Clinical considerations. Perspectives in Clinical Research 2（3）：94-99.

Giurgea，C. 1973. The "nootropic" approach to the pharmacology of the integrative activity of the brain 1，2. Conditional Reflex 8（2）：108-115.

Goldsammler，M.，and A. Jotkowitz. 2012 The ethics of PGD：What about the physician? American Journal of Bioethics 12（4）：28-29.

Goffman，E. 1974. Frame analysis：An essay on the organization of experience. New York：Harper & Row.

Green，R. 1994. The ethics of embryo research. The Washington Post，October 18.

Hadden，S. G. 1995. Regulatory negotiation as citizen participation：A critique. In Fairness and competence in citizen participation，edited by O. Renn，T. Webler，and P. Wiedemann. Dordrecht，Netherlands：Springer Science. Pp. 239-252.

Halevy，T.，J. C. Biancotti，O. Yanuka，T. Golan-Lev，and N. Benvenisty. 2016. Molecular characterization of down syndrome embryonic stem cells reveals a role for RUNX1 in neural differentiation. Stem Cell Reports 7（4）：777-786.

Hamzelou，J. 2016. Exclusive：World's first baby born with new "3 parent" technique. New Scientist，September 27. https://www. newscientist. com/article/2107219-exclusive-worlds-first-baby-born-with-new-3-parent-technique（accessed November 3，2016）.

Harris，J. 2007. Enhancing evolution：The ethical case for making people better. Princeton，NJ：Princeton University Press.

Hashimoto，M.，Y. Yamashita，and T. Takemoto. 2016. Electroporation of Cas9 protein/sgRNA into early pronuclear zygotes generates non-mosaic mutants in the mouse. Developmental Biology 418（1）：1-9.

Hayakawa，K.，E. Himeno，S. Tanaka，and T. Kunath. 2014. Isolation and manipulation of mouse trophoblast stem cells. Current Protocols in Stem Cell Biology 1：1E. 4.

Hayashi，K.，S. Ogushi，K. Kurimoto，S. Shimamoto，H. Ohta，and M. Saitou. 2012. Offspring from oocytes derived from in vitro primordial germ cell-like cells in mice. Science 338（6109）：971-975.

HDC（Halal Industry Development Corporation）. 2016. How does Islam view genetic engineering? http://www. hdcglobal. com/publisher/pid/b368dc7b-039b-4335-9df38c015cbb33af/container/contentId/cc170e96-408d-485d-8ec3-f63644df412c（accessed November 3，2016）.

Health Canada. 2016. News release—government of Canada plans to introduce regulations to support the Assisted Human Reproduction Act. http://news. gc. ca/web/article-en. do?nid=1131339&tp=1（accessed January 5，2017）.

Hennette-Vauchez，S. 2011. A human dignitas? Remnants of the ancient legal concept in contemporary dignity jurisprudence. International Journal of Constitutional Law 9（1）：32-57.

Hermann，B. P.，M. Sukhwani，F. Winkler，J. N. Pascarella，K. A. Peters，Y. Sheng，H. Valli，M. Rodriguez，M. Ezzelarab，G. Dargo，K. Peterson，K. Masterson，C. Ramsey，T. Ward，M. Lienesch，A. Volk，D. K. Cooper，A. W. Thomson，J. E. Kiss，M. C. Penedo，G. P. Schatten，S. Mitalipov，and K. E. Orwig. 2012. Spermatogonial stem cell transplantation into rhesus testes regenerates spermatogenesis producing functional sperm. Cell Stem Cell 11（5）：715-726.

Hernandez，B.，C. B. Keys，and F. E. Balcazar. Disability rights：Attitudes of private and public sector representatives. Journal of Rehabilitation 70（1）：28-37.

HFEA（Human Fertilisation and Embryology Authority）. 2014. Third scientific review of the safety and efficacy of methods to avoid mitochondrial disease through assisted conception：Update. http://www. hfea. gov. uk/docs/Third_Mitochondrial_replacement_scientific_review. pdf（accessed January 5，2017）.

HFEA. 2016a. Guidance：Mitochondrial donation. http://www. hfea. gov. uk/9931. html（accessed November 3，2016）.

HFEA. 2016b. U.K.'s independent expert panel recommends "cautious adoption" of mitochondrial donation in treatment. http://www. hfea. gov. uk/10559. html（January 4，2017）.

HHS（U. S. Department of Health and Human Services）. 1979. The Belmont Report. https://www. hhs. gov/ohrp/regulations-and-policy/belmont-report（January 5，2017）.

Hikabe，O.，N. Hamazaki，G. Nagamatsu，Y. Obata，Y. Hirao，N. Hamada，S. Shimamoto，T. Imamura，K. Nakashima，and M. Saitou. 2016. Reconstitution in vitro of the entire cycle of the mouse female germ line. Nature 539：299-303.

Hinxton Group. 2015. Statement on genome editing technologies and human germline genetic modification. http://www. hinxtongroup. org/hinxton2015_statement. pdf（accessed July 21，2016）.

Hirsch，F.，Y. Levy，and H. Chneiweiss. 2017. Crispr-cas9：A european position on genome editing. Nature 541（7635）：30-30. http://dx. doi. org/10. 1038/541030c

Hoban，M. D.，S. H. Orkin，and D. E. Bauer. 2016. Genetic treatment of a molecular disorder：Gene therapy approaches to sickle cell disease. Blood 127（7）：839-848.

Hockemeyer，D.，and Jaenisch，R. 2016. Induced pluripotent stem cells meet genome editing. Cell Stem Cell 18（5）：573-586.

Holdren，J. P.，C. R. Sunstein，and I. A. Siddiqui. 2011. Memorandum：Principles for regulation and oversight of emerging technologies. https://www. whitehouse. gov/sites/default/files/omb/inforeg/for-agencies/Principles-for-Regulation-and-Oversight-of-Emerging-Technologies-new. pdf（accessed January 6，2017）.

Howden，S. E.，B. McColl，A. Glaser，J. Vadolas，S. Petrou，M. H. Little，A. G. Elefanty，and E. G. Stanley. 2016. A Cas9 variant for efficient generation of indel-free knockin or gene-corrected human pluripotent stem cells. Stem Cell Reports 7（3）：508-517.

Hsu，P. D.，E. S. Lander，and F. Zhang. 2014. Development and applications of CRISPR-Cas9 for genome engineering. Cell 157（6）：1262-1278.

Huang，K.，T. Maruyama，and G. Fan. 2014. The naive state of human pluripotent stem cells：A synthesis of stem cell and preimplantation embryo transcriptome analyses. Cell Stem Cell 15（4）：410-415.

Hubbard，N.，D. Hagin，K. Sommer，Y. Song，I. Khan，C. Clough，H. D. Ochs，D. J. Rawlings，A. M. Scharenberg，and T. R. Torgerson. 2016. Targeted gene editing restores regulated CD40L function in X-linked hyper-IgM syndrome. Blood 127（21）：2513-2522.

Hughes，J. 2004. Citizen cyborg：Why democratic societies must respond to the redesigned human of the future. Cambridge，MA：Westview Press.

ICH（International Council for Harmonisation of Technical Requirements for Pharmaceuticals for Human Use）. 2006. General principles to address the risk of inadvertent germline integration of gene therapy vectors. http://www. ich. org/fileadmin/Public_Web_Site/ICH_Products/Consideration_documents/GTDG_Considerations_Documents/ICH_Considerations_General_Principles_Risk_of_IGI_GT_Vectors. pdf（accessed February 2，2017）.

Ichord，R. N. 2014. Adult stroke risk after growth hormone treatment in childhood first do no harm. Neurology 83（9）：776-777.

IGSR（Institute for Governmental Service and Research）. 2016. About the IGSR and the 1000

Genomes Project. http://www. internationalgenome. org/about（accessed November 4，2016）.
Inhorn，M. C. 2012. The new Arab man：Emergent masculinities，technologies，and Islam in the Middle East. Princeton，NJ：Princeton University Press.
IOM（Institute of Medicine）. 2005. Guidelines for human embryonic stem cell research（Vol. 23）. Washington DC：The National Academies Press.
IOM. 2014. Oversight and review of clinical gene transfer protocols：Assessing the role of the Recombinant DNA Advisory Committee. Washington，DC：The National Academies Press.
IOM. 2016. Mitochondrial replacement techniques：Ethical，social，and policy considerations. Washington，DC：The National Academies Press.
Irie，N.，L. Weinberger，W. W. Tang，T. Kobayashi，S. Viukov，Y. S. Manor，S. Dietmann，J. H. Hanna，and M. A. Surani. 2015. SOX17 is a critical specifier of human primordial germ cell fate. Cell 160（1-2）：253-268.
ISSCR（International Society for Stem Cell Research）. 2015. Statement on human germline genome modification. http://www. isscr. org/home/about-us/news-press-releases/2015/2015/03/19/statement-on-human-germline-genome-modification（accessed June 15，2016）.
ISSCR. 2016a. Guidelines for stem cell research and clinical translation. http://www. isscr. org/docs/default-source/guidelines/isscr-guidelines-for-stem-cell-research-and-clinical-translation. pdf? sfvrsn=2（accessed January 5，2017）.
ISSCR. 2016b. Updated guidelines for stem cell research and clinical translation. http://www. isscr. org/home/about-us/news-press-releases/2016/2016/05/12/isscr-releases-updated-guidelines-for-stem-cell-research-and-clinical-translation（accessed November 4，2016）.
Jasanoff，S.，J. B. Hurlbut，and K. Saha. 2015. CRISPR democracy：Gene editing and the need for inclusive deliberation. Issues in Science and Technology 32（1）：25-32.
Jasin，M. 1996. Genetic manipulation of genomes with rare-cutting endonucleases. Trends in Genetics 12（6）：224-228.
Jinek，M.，K. Chylinski，I. Fonfara，M. Hauer，J. A. Doudna，and E. Charpentier. 2012. A programmable dual-RNA-guided DNA endonuclease in adaptive bacterial immunity. Science 337（6096）：816-821.
Jinek，M.，A. East，A. Cheng，S. Lin，E. Ma，and J. Doudna. 2013. RNA-programmed genome editing in human cells. eLife 2：e00471.
Juengst，E. T. 1991. Germ-line gene therapy：Back to basics. Journal of Medicine and Philosophy 16（6）：587-592.
Juengst，E. T. 1997. Can enhancement be distinguished from prevention in genetic medicine? Journal of Medicine and Philosophy 22（2）：125-142.
Juma，C. 2016. Innovation and its enemies：Why people resist new technologies. New York：Oxford University Press.
Kahneman，D.，and A. Tversky. 1984. Choices，values，and frames. American Psychologist 39（4）：341-350.
Kajaste-Rudnitski，A.，and L. Naldini. 2015. Cellular innate immunity and restriction of viral infection：Implications for lentiviral gene therapy in human hematopoietic cells. Human Gene Therapy 26（4）：201-209.
Kasowski，M.，F. Grubert，C. Heffelfinger，M. Hariharan，A. Asabere，S. M. Waszak，L. Habegger，J. Rozowsky，M. Shi，and A. E. Urban. 2010. Variation in transcription factor binding among humans. Science 328（5975）：232-235.
Kemp，S. F.，J. Kuntze，K. M. Attie，T. Maneatis，S. Butler，J. Frane，and B. Lippe. 2005. Efficacy

and safety results of long-term growth hormone treatment of idiopathic short stature. Journal of Clinical Endocrinology & Metabolism 90（9）：5247-5253.

Kessler，D. P. 2011. Evaluating the medical malpractice system and options for reform. The Journal of Economic Perspectives 25（2）：93-110.

Kessler，D. A.，J. P. Siegel，P. D. Noguchi，K. C. Zoon，K. L. Feiden，and J. Woodcock. 1993. Regulation of somatic-cell therapy and gene therapy by the Food and Drug Administration. New England Journal of Medicine 329（16）：1169-1173.

Kevles，D. J. 1985. In the name of eugenics：Genetics and the uses of human heredity. Cambridge，MA：Harvard University Press.

Kitcher，P. 1997. The lives to come：The genetic revolution and human possibilities. New York：Simon & Shuster.

Klitzman，R. 2017. Buying and selling human eggs：Infertility providers' ethical and other concerns regarding egg donor agencies. BMC Medical Ethics 17（1）：71.

Kohn，D. B.，M. H. Porteus，and A. M. Scharenberg. 2016. Ethical and regulatory aspects of genome editing. Blood 127（21）：2553-2560.

Konermann，S.，M. D. Brigham，A. E. Trevino，J. Joung，O. O. Abudayyeh，C. Barcena，P. D. Hsu，N. Habib，J. S. Gootenberg，H. Nishimasu，O. Nureki，and F. Zhang. 2015. Genome-scale transcriptional activation by an engineered CRISPR-Cas9 complex. Nature 517：583-588.

Krukenberg，R. C.，D. L. Koller，D. D. Weaver，J. N. Dickerson，and K. A. Quaid. 2013. Two decades of Huntington disease testing：Patient's demographics and reproductive choices. Journal of Genetic Counseling 22（5）：643-653.

Kuhlmann，I.，A. M. Minihane，P. Huebbe，A. Nebel，and G. Rimbach. 2010. Apolipoprotein E genotype and hepatitis C，HIV and herpes simplex disease risk：A literature review. Lipids in Health and Disease 9：8.

Ladd，R.，and E. Forman. 2012. A duty to use IVF? American Journal of Bioethics 12（4）：21-22.

Lanphier，E.，F. Urnov，S. E. Haecker，M. Werner，and J. Smolenski. 2015. Don't edit the human germ line. Nature 519（7544）：410-411.

Laventhal，N.，and M. Constantine. 2012 The harms of a duty：Misapplication of the best interest standard. American Journal of Bioethics 12（4）：17-19.

Lazaraviciute，G.，M. Kauser，S. Bhattacharya，P. Haggarty，and S. Bhattacharya. 2014. A systematic review and meta-analysis of DNA methylation levels and imprinting disorders in children conceived by IVF/ICSI compared with children conceived spontaneously. Human Reproduction Update 20（6）：840-852.

Le Page，M. 2016. Exclusive：Mexico clinic plans 20 "three-parent" babies in 2017. New Scientist，December 9. https://www. newscientist. com/article/2115731-exclusive-mexico-clinic-plans-20-three-parent-babies-in-2017（accessed January 4，2017）.

Ledford，H. 2015. Biohackers gear up for genome editing. Nature 524（7566）：398-399.

Leopoldina. 2015. The opportunities and limits of genome editing. http://www. leopoldina. org/nc/en/publications/detailview/?publication%5bpublication%5d=699& cHash=4d49c84a36e655feacc1be6ce7f98626（accessed January 6，2017）.

Leshner，A. I. 2003. Public engagement with science. Science 299（5609）：977. http://www. sciencemag. org/content/299/5609/977. short（accessed January 6，2017）.

Lindgren，A. C.，and E. M. Ritzen. 1999. Five years of growth hormone treatment in children with Prader-Willi syndrome. Swedish National Growth Hormone Advisory Group. Acta Paediatrica Supplement 88（433）：109-111.

Liu，H.，D. M. Bravata，I. Olkin，S. Nayak，B. Roberts，A. M. Garber，and A. R. Hoffman. 2007. Systematic review：The safety and efficacy of growth hormone in the healthy elderly. Annals of Internal Medicine 146（2）：104-115.

Liu，H.，D. M. Bravata，I. Olkin，A. Friedlander，V. Liu，B. Roberts，E. Bendavid，O. Saynina，S. R. Salpeter，and A. M. Garber. 2008. Systematic review：The effects of growth hormone on athletic performance. Annals of Internal Medicine 148（10）：747-758.

Lomax，G. P.，and A. O. Trounson. 2013. Correcting misperceptions about cryopreserved embryos and stem cell research. Nature Biotechnology 31（4）：288-290.

Lombardo，P. A. 2008. Three generations，no imbeciles：Eugenics，the Supreme Court，and Buck v. Bell. Baltimore，MD：JHU Press.

Long，C.，J. R. McAnally，J. M. Shelton，A. A. Mireault，R. Bassel-Duby，and E. N. Olson. 2014. Prevention of muscular dystrophy in mice by CRISPR/Cas9-mediated editing of germline DNA. Science 345（6201）：1184-1188.

Long，C.，L. Amoasii，A. A. Mireault，J. R. McAnally，H. Li，E. Sanchez-Ortiz，S. Bhattacharyya，J. M. Shelton，R. Bassel-Duby，and E. N. Olson. 2016. Postnatal genome editing partially restores dystrophin expression in a mouse model of muscular dystrophy. Science 351（6271）：400-403.

Longmore，P. K. 1995. Medical decision making and people with disabilities：A clash of cultures. Journal of Law，Medicine & Ethics 23（1）：82-87.

Lu，Y. -H.，N. Wang，and F. Jin. 2013. Long-term follow-up of children conceived through assisted reproductive technology. Journal of Zhejiang University. Science B 14（5）：359-371.

Lyon，J. 2017. Sanctioned U. K. trial of mitochondrial transfer nears. Journal of the American Medical Association. http://jamanetwork. com/journals/jama/fullarticle/2599746（accessed February 3，2017）.

Macer，D. R.，S. Akiyama，A. T. Alora，Y. Asada，J. Azariah，H. Azariah，M. V. Boost，P. Chatwachirawong，Y. Kato，V. Kaushik，F. J. Leavitt，N. Y. Macer，C. C. Ong，P. Srinives，and M. Tsuzuki. 1995. International perceptions and approval of gene therapy. Human Gene Therapy 6（6）：791-803.

Macer，D. R. J. 2008. Public acceptance of human gene therapy and perceptions of human genetic manipulation. Human Gene Therapy 3（5）：511-518.

Machalek，A. Z. 2009. Comparing genomes to find what makes us human. https://publications. nigms. nih. gov/computinglife/compare_genome. htm（accessed November 3，2016）.

Majumder，M. A. 2012. More mud，less crystal? Ambivalence，disability，and PGD. American Journal of Bioethics 12（4）：26-28.

Mak，T. W. 2007. Gene targeting in embryonic stem cells scores a knockout in Stockholm. Cell 131（6）：1027-1031.

Makas，E. 1988. Positive attitudes toward disabled people：Disabled and nondisabled persons' perspectives. Journal of Social Issues 44（1）：49-61.

Malek，J.，and Daar，J. 2012. The case for a parental duty to use preimplantation genetic diagnosis for medical benefit. American Journal of Bioethics 12（4）：3-11.

Mali，P.，L. Yang，K. M. Esvelt，J. Aach，M. Guell，J. E. DiCarlo，J. E. Norville，and G. M. Church. 2013. RNA-guided human genome engineering via Cas9. Science 339（6121）：823-826.

Malkki，H. 2016. Huntington disease：Selective deactivation of Huntington disease mutant allele by CRISPR-Cas9 gene editing. Nature Reviews Neurology 12（11）：614-615.

Malm，H. 2012. Moral duty in the use of preimplantation genetic diagnosis. American Journal of Bioethics 12（4）：19-21.

Maresca，M.，V. G. Lin，N. Guo，and Y. Yi Yang. 2013. Obligate Ligation-Gated Recombination

（ObLiGaRe）：Custom-designed nuclease-mediated targeted integration through nonhomologous end joining. Genome Research 23（3）：539-546.

Margottini，L. 2014. Final chapter in Italian stem cell controversy? Science，October 7.

Martin，A. K.，and B. Baertschi. 2012. In favor of PGD：The moral duty to avoid harm argument. American Journal of Bioethics 12（4）：12-13.

Mawer，S. 1998. Mendel's dwarf. New York：Harmony Books.

Maxmen，A. 2015. Easy DNA editing will remake the world. Buckle up. Wired，July 2015.

McClain，L. E.，and A. W. Flake. 2016. In utero stem cell transplantation and gene therapy：Recent progress and the potential for clinical application. Best Practice & Research Clinical Obstetrics & Gynaecology 31：88-98.

Meilaender，G. 1996. Begetting and cloning. First Things（New York，NY）74：41-43.

Meilaender，G. 2008. Human dignity：Exploring and explicating the council's vision. https://bioethicsarchive. georgetown. edu/pcbe/reports/human_dignity/chapter11. html（accessed January 6，2017）.

Mello，M. M. 2001. Of swords and shields：The role of clinical practice guidelines in medical malpractice litigation. University of Pennsylvania Law Review 149（3）：645-710.

Merkle，D. M. 1996. The polls—review—the National Issues Convention deliberative poll. Public Opinion Quarterly 60（4）：588-619.

Molitch，M. E.，D. R. Clemmons，S. Malozowski，G. R. Merriam，and M. L. Vance. 2011. Evaluation and treatment of adult growth hormone deficiency：An Endocrine Society clinical practice guideline. The Journal of Clinical Endocrinology & Metabolism 96（6）：1587-1609.

More，M. 1990. Transhumanism：Towards a futurist philosophy. In Extropy，6th ed. https://www. scribd. com/doc/257580713/Transhumanism-Toward-a-Futurist-Philosophy（accessed February 2，2017）.

Mullin，E. 2016. Despite the hype over gene therapy，few drugs are close to approval. MIT Technology Review，September 29. https://www. technologyreview. com/s/602467/despite-the-hype-over-gene-therapy-few-drugs-are-close-to-approval（accessed January 22，2017）.

Murray，M.，and K. Luker. 2015. Cases on reproductive rights and justice. St. Paul，MN：West Academic Publishing.

Naldini L. 2015. Gene therapy returns to centre stage. Nature 526（7573）：351-360.

NAS（National Academy of Sciences）. 2002. Scientific and medical aspects of human reproductive cloning. Washington，DC：The National Academies Press.

NASEM（National Academies of Sciences，Engineering，and Medicine）. 2016a. Communicating science effectively：A research agenda. Washington，DC：The National Academies Press.

NASEM. 2016b. Gene drives on the horizon：Advancing science，navigating uncertainty，and aligning research with public values. Washington，DC：The National Academies Press.

NASEM. 2016c. Genetically engineered crops：Experiences and prospects. Washington，DC：The National Academies Press.

NASEM. 201d. International summit on human gene editing：A global discussion. Washington，DC：The National Academies Press.

NASEM. 2016e. Mitochondrial replacement techniques：Ethical，social，and policy considerations. Washington，DC：The National Academies Press.

Nature. 2017. Why researchers should resolve to engage in 2017. Nature Editorial. Nature 541（5）. http://www. nature. com/news/why-researchers-should-resolve-to-engage-in-2017-1. 21236?WT. mc_id=FBK_NatureNews（accessed January 12，2017）.

NCECHLS（National Consultative Ethics Committee for Health and Life Sciences）. 2013. Opinion no. 122：The use of biomedical techniques for "neuroenhancement" in healthy individuals：

Ethical issues. http://www. ccne-ethique. fr/sites/default/files/publications/ccne. avis_ndeg122eng. pdf（accessed January 5，2017）.

NCSL（National Conference of State Legislatures）. 2016. Embryonic and fetal research laws，January 1，2016. http://www. ncsl. org/research/health/embryonic-and-fetal-research-laws. aspx（accessed October 31，2016）.

Nelson，C. E.，C. H. Hakim，D. G. Ousterout，P. I. Thakore，E. A. Moreb，R. M. C. Rivera，S. Madhavan，X. Pan，F. A. Ran，and W. X. Yan. 2016. In vivo genome editing improves muscle function in a mouse model of Duchenne muscular dystrophy. Science 351（6271）：403-407.

Nelson，E. 2013. Law，policy and reproductive autonomy. Portland，OR：Hart Publishing.

NIH（National Institutes of Health）. 1994. Report of the Human Embryo Research Panel. https://repository. library. georgetown. edu/bitstream/handle/10822/559352/human_embryo_vol_1. pdf?sequence=1&isAllowed=y（accessed January 5，2017）.

NIH. 2004. NIH and FDA launch new human gene transfer research data system. Journal of Investigative Medicine 52（5）：286. http://jim. bmj. com/content/jim/52/5/286. 1. full. pdf（accessed November 4，2016）.

NIH. 2011. Charter：Recombinant DNA Advisory Committee. Bethesda，MD：NIH. http://oba. od. nih. gov/oba/RAC/Signed_RAC_Charter_2011. pdf（accessed October 1，2013）.

NIH. 2013a. Frequently asked questions about the NIH review process for human gene transfer trials. Bethesda，MD：NIH. http://oba. od. nih. gov/oba/ibc/FAQs/NIH_Review_Process_HGT. pdf（accessed September 1，2013）.

NIH. 2013b. Frequently asked questions of interest to IBCs. Bethesda，MD：NIH. http://oba. od. nih. gov/oba/ibc/FAQs/IBC_Frequently_Asked_Questions7. 24. 09. pdf（accessed October 1，2013）.

NIH. 2013c. NIH guidelines for research involving recombinant or synthetic nucleic acid molecules. Bethesda，MD：NIH.

NIH. 2015a. NIH research involving introduction of human pluripotent cells into non-human vertebrate animal pre-gastrulation embryos. NOT-OD-15-158. https://grants. nih. gov/grants/guide/noticefiles/NOT-OD-15-158. html（accessed January 5，2017）.

NIH. 2015b. Statement on NIH funding of research using gene-editing technologies in human embryos. https://www. nih. gov/about-nih/who-we-are/nih-director/statements/statement-nih-funding-research-using-gene-editing-technologies-human-embryos（accessed January 5，2017）.

NIH. 2016a. NIH guidelines for research involving recombinant or synthetic nucleic acid molecules. Washington，DC：HHS.

NIH. 2016b. Request for public comment on the proposed changes to the NIH guidelines for human stem cell research and the proposed scope of an NIH steering committee's consideration of certain human-animal chimera research. https://grants. nih. gov/grants/guide/notice-files/NOT-OD-16-128. html（accessed November 4，2016）.

NIH. 2016c. State initiatives for stem cell research. https://stemcells. nih. gov/research/state-research. htm（accessed October 25，2016）.

NIH. 2016d. Stem cell policy. https://stemcells. nih. gov/policy. htm（accessed October 25，2016）.

NRC（National Research Council）. 1996. Understanding risk：Informing decisions in a democratic society. Washington，DC：National Academy Press.

NRC. 2008. Public participation in environmental assessment and decision making. Washington，DC：The National Academies Press.

NRC. 2010. Final report of the National Academies' Human Embryonic Stem Cell Research Advisory Committee and 2010 amendments to the National Academies' guidelines for human embryonic

stem cell research. Washington，DC：The National Academies Press.
NRC and IOM. 2007. 2007 amendments to the National Academies' guidelines for human embryonic stem cell research. Washington，DC：The National Academies Press.
NRC and IOM. 2008. 2008 amendments to the National Academies' guidelines for human embryonic stem cell research. Washington，DC：The National Academies Press.
NRC and IOM. 2010. Final report of the National Academies' Human Embryonic Stem Cell Research Advisory Committee and 2010 amendments to the National Academies' guidelines for human embryonic stem cell research. Washington，DC：The National Academies Press.
NSF（National Science Foundation）. 2010. Ethics of human enhancement：25 questions & answers. Studies in Ethics，Law，and Technology 4（1）：1-49.
Nuffield Council. 2015. Naturalness. http://nuffieldbioethics.org/project/naturalness（accessed November 3，2016）.
Nuffield Council. 2016a. Genome editing：An ethical review. http://nuffieldbioethics. org/project/genome-editing/ethical-review-published-september-2016（accessed January 6，2017）.
Nuffield Council. 2016b. Public dialogue on genome editing：Why? When? Who? http://nuffieldbioethics. org/wp-content/uploads/Public-Dialogue-on-Genome-Editing-workshop-report. pdf（accessed January 6，2017）.
OBA（Office of Biotechnology Activities）. 2013. Office of Biotechnology Activities welcome page. http://oba. od. nih. gov（accessed September 1，2013）.
O'Connor，K. 2012. Ethics of fetal surgery. In The Embryo Project Encyclopedia. Tempe，AZ：The Embryo Project at Arizona State University.
Oktay，K.，V. Turan，S. Titus，R. Stobezki，and L. Liu. 2015. BRCA mutations，DNA repair deficiency，and ovarian aging. Biology of Reproduction 93（3）：67.
O'Reilly，M.，A. Shipp，E. Rosenthal，R. Jambou，T. Shih，M. Montgomery，L. Gargiulo，A. Patterson，and J. Corrigan-Curay. 2012. NIH oversight of human gene transfer research involving retroviral，lentiviral，and adeno-associated virus vectors and the role of the NIH Recombinant DNA Advisory Committee. In Gene Transfer Vectors for Clinical Application，Vol. 507，edited by F. Theodore. Bethesda，MD：Academic Press. Pp. 313-335.
Orr-Weaver，T. L.，J. W. Szostak，and R. J. Rothstein. 1981. Yeast transformation：A model system for the study of recombination. Proceedings of the National Academy of Sciences of the United States of America 78（10）：6354-6358.
Parens，E. 1995. Should we hold the（germ）line? The Journal of Law，Medicine & Ethics 23（2）：173-176.
Parens，E. 1998. Enhancing human traits：Ethical and social implications. Washington，DC：Georgetown University Press.
Parens，E.，and A. Asch. 2000. Prenatal testing and disability rights. Washington，DC：Georgetown University Press.
Pera，M. F. 2014. In search of naivety. Cell Stem Cell 15（5）：543-545.
Perls，T.，and D. J. Handelsman. 2015. Disease mongering of age-associated declines in testosterone and growth hormone levels. Journal of the American Geriatrics Society 63（4）：809-811.
Persson，I.，and J. Savulescu. 2012. Unfit for the future：The need for moral enhancement. Oxford，U. K.：Oxford University Press.
Petropoulos，S.，D. Edsgard，B. Reinius，Q. Deng，S. P. Panula，S. Codeluppi，A. Plaza Reyes，S. Linnarsson，R. Sandberg，and F. Lanner. 2016. Single-cell RNA-seq reveals lineage and X chromosome dynamics in human preimplantation embryos. Cell 165（4）：1012-1026.

Pew Research Center. 2008. Stem cell research at the crossroads of religion and politics. Pew Forum on Religion & Public Life，July 17. http://www. pewforum. org/2008/07/17/stem-cell-research-at-the-crossroads-of-religion-and-politics（accessed July 17，2008）.

Pew Research Center. 2016. U. S. public wary of biomedical technologies to enhance human abilities. http://www. pewinternet. org/2016/07/26/u-s-public-wary-of-biomedical-technologies-to-enhance-human-abilities（accessed January 5，2015）.

Pfleiderer，G.，G. Brahier，and K. Lindpaintner. 2010. Genethics and religion. Basel，Switzerland：Karger Medical and Scientific Publishers.

Pickering，F. L.，and A. Silvers. 2012. A wrongful case for parental tort liability. American Journal of Bioethics 12（4）：15-17.

Plotz，D. 2006. The genius factory：The curious history of the Nobel Prize Sperm Bank. New York：Random House，Inc.

Poirot，L.，B. Philip，C. Schiffer-Mannioui，D. Le Clerre，I. Chion-Sotinel，S. Derniame，P. Potrel，C. Bas，L. Lemaire，R. Galetto，C. Lebuhotel，J. Eyquem，G. W. -K. Cheung，A. Duclert，A. Gouble，S. Arnould，K. Peggs，M. Pule，A. M. Scharenberg，and J. Smith. 2015. Multiplex Genome-Edited T-cell Manufacturing Platform for“Off-the-Shelf”Adoptive T-cell Immunotherapies. Cancer Research 75（18）：3853-3864.

Pollard，K. S. 2016. Decoding human accelerated regions. The Scientist，August 1. http://www. the-scientist. com/?articles. view/articleNo/46643/title/Decoding-Human-Accelerated-Regions（accessed November 3，2016）.

Poolman，E. M.，and A. P. Galvani. 2007. Evaluating candidate agents of selective pressure for cystic fibrosis. Journal of the Royal Society，Interface 4（12）：91-98.

Porteus，M. 2016. Genome editing：A new approach to human therapeutics. Annual Review of Pharmacology and Toxicology 56：163-190.

Posner，S. M.，E. McKenzie，and T. H. Ricketts. 2016. Policy impacts of ecosystem services knowledge. Proceedings of the National Academy of Sciences of the United States of America 113（7）：1760-1765.

Powledge，T. M.，and L. Dach，eds. 1977. Biomedical research and the public：Report to the Subcommittee on Health and Scientific Research，Committee on Human Resources，U. S. Senate. Washington，DC：U. S. Government Printing Office.

Präg，P.，and M. C. Mills. 2015. Assisted reproductive technology in Europe. Usage and regulation in the context of cross-border reproductive care. Families and Societies 43（1-23）. http://www. familiesandsocieties. eu/wp-content/uploads/2015/09/WP43PragMills2015. pdf（accessed January 6，2017）.

President's Commission. 1982. Splicing life：A report on the social and ethical issues of genetic engineering with human beings. Washington，DC：President's Commission for the Study of Ethical Problems in Medicine and Biomedical and Behavioral Research. https://bioethics. georgetown. edu/documents/pcemr/splicinglife. pdf（accessed January 6，2017）.

President's Commission. 1983. Deciding to forego life-sustaining treatment：A report on the ethical，medical and legal issues in treatment decisions. Washington，DC：U. S. Government Printing Office.

President's Council on Bioethics. 2003. Beyond therapy. Washington，DC：President's Council on Bioethics.

Qasim，W.，H. Zhan，S. Samarasinghe，S. Adams，P. Amrolia，S. Stafford，K. Butler，C. Rivat，G. Wright，and K. Somana. 2017. Molecular remission of infant B-ALL after infusion of universal

TALEN gene-edited CAR T cells. Science Translational Medicine 9（374）：eaaj2013.

Qi，L. S.，M. H. Larson，L. A. Gilbert，J. A. Doudna，J. S. Weissman，A. P. Arkin，and W. A. Lim. 2013. Repurposing CRISPR as an RNA-guided platform for sequence-specific control of gene expression. Cell 152（5）：1173-1183.

Qiao，J.，and H. L. Feng. 2014. Assisted reproductive technology in China：Compliance and non-compliance. Translational Pediatrics 3（2）：91.

Quinn，G. P.，S. T. Vadaparampil，S. Tollin，C. A. Miree，D. Murphy，B. Bower，and C. Silva. 2010. BRCA carriers' thoughts on risk management in relation to preimplantation genetic diagnosis and childbearing：When too many choices are just as difficult as none. Fertility and Sterility 94（6）：2473-2475.

Rainsbury，J. 2000. Biotechnology on the RAC-FDA/NIH regulation of human gene therapy. Food and Drug Law Journal 55：575-600.

Ramsey，P. 1970. Fabricated man：The ethics of genetic control（Vol. 6）. New Haven，CT：Yale University Press.

Rawls，J. 1999. A Theory of Justice，2nd ed. Cambridge，MA：Belknap Press.

Reardon，S. 2016. First CRISPR clinical trial gets green light from U. S. panel. Nature News，June 22. http://www. nature. com/news/first-crispr-clinical-trial-gets-green-light-from-us-panel-1. 20137（accessed June 22，2016）.

Reeves，R. 2016. Second gene therapy wins approval in Europe. BioNews，Issue 854. http://www. bionews. org. uk/page_656625. asp（accessed February 2，2017）.

Regalado，A. 2015. Engineering the perfect baby. MIT Technology Review，March 5.

Rine，J.，and A. P. Fagen. 2015. The state of federal research funding in genetics as reflected by members of the Genetics Society of America. Genetics 200（4）：1015-1019.

Robertson，J. A. 2004. Procreative liberty and harm to offspring in assisted reproduction. American Journal of Law & Medicine 30（1）：7-40.

Robertson，J. A. 2008. Assisting reproduction，choosing genes，and the scope of reproductive freedom. George Washington Law Review 76（6）：1490-1513.

Robillard，J. M.，D. Roskams-Edris，B. Kuzeljevic，and J. Illes. 2014. Prevailing public perceptions of the ethics of gene therapy. Human Gene Therapy 25（8）：740-746.

Rosen，L. 2014. What Mars One needs is genetically altered human colonists. h+ Magazine，April 14. http://hplusmagazine. com/2014/04/14/what-mars-one-needs-is-genetically-altered-humancolonists（accessed January 4，2017）.

Rossant，J. 2015. Mouse and human blastocyst-derived stem cells：Vive les differences. Development 142（1）：9-12.

Rossetti，M.，M. Cavarelli，S. Gregori，and G. Scarlatti. 2012. HIV-derived vectors for gene therapy targeting dendritic cells. In HIV interactions with dendritic cells. New York：Springer. Pp. 239-261.

Roux，P.，F. Smih，and M. Jasin. 1994a. Expression of a site-specific endonuclease stimulates homologous recombination in mammalian cells. Proceedings of the National Academy of Sciences of the United States of America 91（13）：6064-6068.

Roux，P.，F. Smih，and M. Jasin. 1994b. Introduction of double-strand breaks into the genome of mouse cells by expression of a rare-cutting endonuclease. Molecular and Cellular Biology 14（12）：8096-8106.

Rowe，G.，and L. J. Frewer. 2005. A typology of public engagement mechanisms. Science Technology & Human Values 30（2）：251-290.

Rulli，T. 2014. Preferring a genetically-related child. Journal of Moral Philosophy 13（6）：669-698.

Saitou，M.，and H. Miyauchi. 2016. Gametogenesis from pluripotent stem cells. Cell Stem Cell 18（6）：721-735.
Sandel，M. 2004. The case against perfection. The Atlantic Monthly 293（3）：51-62.
Sandel，M. 2013. The case against perfection. In Society，ethics，and technology，5th ed.，edited by M. Winston and R. Edelbach. Boston，MA：Wadsworth，Cengage Learning. Pp. 343-354.
Sander，J. D.，and J. K. Joung. 2014. CRISPR-Cas systems for editing，regulating and targeting genomes. Nature Biotechnology 32（4）：347-350.
Sarewitz，D. 2015. Science can't solve it. Nature 522（7557）：413-414.
Sasaki，K.，S. Yokobayashi，T. Nakamura，I. Okamoto，Y. Yabuta，K. Kurimoto，H. Ohta，Y. Moritoki，C. Iwatani，H. Tsuchiya，S. Nakamura，K. Sekiguchi，T. Sakuma，T. Yamamoto，T. Mori，K. Woltjen，M. Nakagawa，T. Yamamoto，K. Takahashi，S. Yamanaka，and M. Saitou. 2015. Robust in vitro induction of human germ cell fate from pluripotent stem cells. Cell Stem Cell 17（2）：178-194.
Saxton，M. 2000. Why members of the disability community oppose prenatal diagnosis and selective abortion. In Prenatal testing and disability rights，edited by E. Parenz and A. Ash. Washington，DC：Georgetown University Press. Pp. 147-165.
Sayres，L. C.，and D. Magnus. 2012. Duty-free：The non-obligatory nature of preimplantation genetic diagnosis. American Journal of Bioethics 12（4）：1-2.
Scharschmidt，T.，and B. Lo. 2006. Clinical trial design issues raised during Recombinant DNA Advisory Committee review of gene transfer protocols. Human Gene Therapy 17（4）：448-454.
Scheufele，D. A. 2010. Survey research. In Encyclopedia of science and technology communication，Vol. 2，edited by S. H. Priest. Thousand Oaks，CA：SAGE Publications. Pp. 853-856.
Scheufele，D. A. 2011. Modern citizenship or policy dead end? Evaluating the need for public participation in science policy making，and why public meetings may not be the answer. Joan Shorenstein Center on the Press，Politics and Public Policy Research Paper Series（#R-43）. http://shorensteincenter. org/wp-content/uploads/2012/03/r34_scheufele. pdf（accessed January 6，2017）.
Scheufele，D. A. 2013. Communicating science in social settings. Proceedings of the National Academy of Sciences of the United States of America 110（Suppl. 3）：14040-14047.
Schomberg，R. 2012. Prospects for technology assessment in a framework of responsible research and innovation. In Technikfolgen abschätzen lehren：Bildungspotenziale transdisziplinärer methoden，edited by M. Dusseldorp and R. Beecroft. Wiesbaden：VS Verlag für Sozialwissenschaften. Pp. 39-61.
Sciencewise. 2016. Sciencewise—the U. K.'s national centre for public dialogue in policy making involving science and technology issues. http://www. sciencewise-erc. org. uk/cms（accessed October 19，2016）.
Scully，J. L. 2009. Towards a bioethics of disability and impairment. In The handbook of genetics and society：Mapping the new genomic era，edited by P. Atkinson，P. Glasner，and M. Lock. London，U. K. ：Routledge. Pp. 367-381.
Seifter，M. 2014a. States，agencies，and legitimacy. Vanderbilt Law Review 67（2）：443-504.
Seifter，M. 2014b. States as interest groups in the administrative process. Virginia Law Review 100：953-1025.
Seifter，M. 2015. Second-order participation in administrative law. UCLA Law Review 1301-1363. http://www. uclalawreview. org/second-order-participation-in-administrative-law（accessed January 4，2017）.
Shahbazi，M. N.，A. Jedrusik，S. Vuoristo，G. Recher，A. Hupalowska，V. Bolton，N. M. Fogarty，

A. Campbell，L. G. Devito，and D. Ilic. 2016. Self-organization of the human embryo in the absence of maternal tissues. Nature Cell Biology 18（6）：700-708.

Shalala，D. 2000. Protecting research aubjects—what must be done. New England Journal of Medicine 343（11）：808-810.

Sharma，R.，X. M. Anguela，Y. Doyon，T. Wechsler，R. C. DeKelver，S. Sproul，D. E. Paschon，J. C. Miller，R. J. Davidson，and D. Shivak. 2015. In vivo genome editing of the albumin locus as a platform for protein replacement therapy. Blood 126（15）：1777-1784.

Shelton，A. M.，and R. T. Roush. 1999. False reports and the ears of men. Nature Biotechnology 17（9）：832-832.

Shetty，G.，R. K. Uthamanthil，W. Zhou，S. H. Shao，C. C. Weng，R. C. Tailor，B. P. Hermann，K. E. Orwig，and M. L. Meistrich. 2013. Hormone suppression with GnRH antagonist promotes spermatogenic recovery from transplanted spermatogonial stem cells in irradiated cynomolgus monkeys. Andrology 1（6）：886-898.

Sinsheimer，R. L. 1969. The prospect for designed genetic change. American Scientist 57（1）：134-142.

Skerrett，P. 2015. A debate：Should we edit the human germline? STAT，November 30. https://www.statnews. com/2015/11/30/gene-editing-crispr-germline（accessed January 5，2017）.

Slaymaker，I. M.，L. Gao，B. Zetsche，D. A. Scott，X. Winston，W. X. Yan，and F. Zhang. 2016. Rationally engineered Cas9 nucleases with improved specificity. Science 351（6268）：84-88.

Solter，D. 2006. From teratocarcinomas to embryonic stem cells and beyond：A history of embryonic stem cell research. Nature Reviews Genetics 7（4）：319-327.

Specter，M. 2015. The gene hackers. The New Yorker，November 16.

Steinbach，R. J.，M. Allyse，M. Michie，E. Y. Liu，and M. K. Cho. 2016. "This lifetime commitment"：Public conceptions of disability and noninvasive prenatal genetic screening. American Journal of Medical Genetics 170（2）：363-374.

Steinberg，A. 2006. Introduction，Ch. 3. In Halakhic-Medical Encyclopedia（Hebrew），2nd ed.，Vol. 1. Pp. 158-163.

Steinbrook，R. 2002. Improving protection for research subjects. New England Journal of Medicine 346（18）：1425-1430.

Steinbrook，R. 2004. Science，politics，and federal advisory committees. New England Journal of Medicine 350（14）：1454-1460.

Suh，Y.，G. Atzmon，M. -O. Cho，D. Hwang，B. Liu，D. J. Leahy，N. Barzilai，and P. Cohen. 2008. Functionally significant insulin-like growth factor I receptor mutations in centenarians. Proceedings of the National Academy of Sciences of the United States of America 105（9）：3438-3442.

Sulmasy，D. P. 2008. Dignity and bioethics：History，theory，and selected applications. https://bioethicsarchive. georgetown. edu/pcbe/reports/human_dignity/chapter18. html（accessed January 6，2017）.

Suzuki，K.，Y. Tsunekawa，R. Hernandez-Benitez，J. Wu，J. Zhu，E. J. Kim，F. Hatanaka，M. Yamamoto，T. Araoka，Z. Li，M. Kurita，T Hishida，M. Li，E. Aizawa，S. Guo，S. Chen，A. Goebl，R. D. Soligalla，J. Qu，T. Jiang，X. Fu，M. Jafari，C. R. Esteban，W. T. Berggren，J. Lajara，E. Nuñez-Delicado，P. Guillen，J. M. Campistol，F. Matsuzaki，G. H. Liu，P. Magistretti，K. Zhang，E. M. Callaway，K. Zhang，and J. C. Belmonte. 2016. In vivo genome editing via CRISPR/Cas9 mediated homology-independent targeted integration. Nature 540：144-149.

Tabebordbar，M.，K. Zhu，J. K. Cheng，W. L. Chew，J. J. Widrick，W. X. Yan，C. Maesner，E.

Y. Wu，R. Xiao，and F. A. Ran. 2016. In vivo gene editing in dystrophic mouse muscle and muscle stem cells. Science 351（6271）：407-411.

Takahashi，K.，and S. Yamanaka. 2006. Induction of pluripotent stem cells from mouse embryonic and adult fibroblast cultures by defined factors. Cell 126（4）：663-676.

Takahashi，K.，K. Tanabe，M. Ohnuki，M. Narita，T. Ichisaka，K. Tomoda，and S. Yamanaka. 2007. Induction of pluripotent stem cells from adult human fibroblasts by defined factors. Cell 131（5）：861-872.

Takefman，D. 2013. The FDA review process. Presentation at the first meeting on independent review and assessment of the activities of the NIH Recombinant DNA Advisory Committee，Washington，DC，June 4. https://www. nationalacademies. org/hmd/Activities/Research/ReviewNIHRAC/2013-JUN-04. aspx（accessed November 4，2016）.

Takefman，D.，and W. Bryan. 2012. The state of gene therapies：The FDA perspective. Molecular Therapy 20（5）：877-878.

Taylor，T. H.，S. A. Gitlin，J. L. Patrick，J. L. Crain，J. M. Wilson，and D. K. Griffin. 2014. The origin，mechanisms，incidence and clinical consequences of chromosomal mosaicism in humans. Human Reproduction Update 20（4）：571-581.

Tebas，P.，D. Stein，W. W. Tang，I. Frank，S. Q. Wang，G. Lee，S. K. Spratt，R. T. Surosky，M. A. Giedlin，and G. Nichol. 2014. Gene editing of CCR5 in autologous CD4 T cells of persons infected with HIV. New England Journal of Medicine 370（10）：901-910.

The 1000 Genomes Project Consortium. 2015. A global reference for human genetic variation. Nature 526（7571）：68-74.

The Washington Post. 1994. Embryos：Drawing the line. The Washington Post，October 2.

Thomas，K.，and M. Capecchi. 1987. Site directed mutagenesis by gene targeting in mouse embryo-derived stem cells. Cell 51：503-512.

Turner，L.，and P. Knoepfler. 2016. Selling stem cells in the USA：Assessing the direct-to-consumer industry. Cell Stem Cell 19（2）：154-157.

UK House of Lords. 2000. Select committee on science and technology—third report. http://www. publications. parliament. uk/pa/ld199900/ldselect/ldsctech/38/3801. htm（accessed December 14）.

UN（United Nations）. 1948. Universal Declaration of Human Rights. http://www. un. org/en/universaldeclaration-human-rights/index. html（accessed January 5，2017）.

UN. 2006. Convention on the Rights of Persons with Disabilities（CRPD）. https://www. un. org/development/desa/disabilities/convention-on-the-rights-of-personswith-disabilities. html（accessed January 5，2017）.

UNESCO（UN Educational，Scientific and Cultural Organization）. 2004a. International declaration on human genetic data. European Journal of Health Law 11：93-107. UNESCO. 2004b. National legislation concerning human reproductive and therapeutic cloning. http://unesdoc. unesco. org/images/0013/001342/134277e. pdf（accessed January 5，2017）.

UNESCO. 2005. Universal declaration on bioethics and human rights. Paris，France：UNESCO. http://www. unesco. org/new/en/social-and-human-sciences/themes/bioethics/bioethics-and-human-rights（accessed January 4，2017）.

UNESCO. 2015. Report of the International Bioethics Committee on updating its reflection on the human genome and human rights. http://www. coe. int/en/web/bioethics/-/gene-editing（accessed October 21，2016）.

UNICEF（UN Children's Fund）. 1990. Convention on the Rights of the Child. https://www. unicef. org/crc（accessed January 5，2017）.

Urnov，F. D.，E. J. Rebar，M. C. Holmes，H. S. Zhang，and P. D. Gregory. 2010. Genome editing with engineered zinc finger nucleases. Nature Reviews Genetics 11（9）：636-646.

van Delden，J. J. M. and van der Graaf，R. 2016. Revised CIOMS international ethical guidelines for health-related research involving humans. The JAMA Network，December 6. http://jamanetwork.com/journals/jama/fullarticle/2592245（accessed January 4，2017）.

Vatican. 2015. Encyclical letter laudato si' of the holy father Francis on care for our common home. http://w2.vatican.va/content/francesco/en/encyclicals/documents/papa-francesco_20150524_enciclica-laudato-si. html（accessed January 4，2017）.

Vernot，B.，S. Tucci，J. Kelso，J. G. Schraiber，A. B. Wolf，R. M. Gittelman，M. Dannemann，S. Grote，R. C. McCoy，and H. Norton. 2016. Excavating Neanderthal and Denisovan DNA from the genomes of Melanesian individuals. Science 352（6282）：235-239.

Volokh，E. 2003. The mechanisms of the slippery slope. Harvard Law Review 116（4）：1026-1137.

Waddington，S. N.，M. G. Kramer，R. Hernandez-Alcoceba，S. M. Buckley，M. Themis，C. Coutelle，and J. Prieto. 2005. In utero gene therapy：Current challenges and perspectives. Molecular Therapy 11（5）：661-676.

Wailoo，K.，A. Nelson，and C. Lee. 2012. Genetics and the unsettled past：The collision of DNA，race，and history. New Brunswick，NJ：Rutgers University Press.

Walters，L. 1991. Human gene therapy：Ethics and public policy. Human Gene Therapy 2（2）：115-122.

Walters，L.，and J. G. Palmer. 1997. The ethics of human gene therapy. New York：Oxford University Press.

Wasserman，D.，and A. Asch. 2006. The uncertain rationale for prenatal disability screening. The Virtual Mentor：VM 8（1）：53-56.

Wasserman，D.，and A. Asch. 2012. A duty to discriminate? American Journal of Bioethics 12（4）：22-24.

Watson，J. D.，and F. H. Crick. 1953. Molecular structure of nucleic acids. Nature 171（4356）：737-738.

Werner，M. and A. Plant. 2016. Collaboration between National Institute of Standards and Technology and the Standards Coordinating Body for Regenerative Medicines. Presentation of the Alliance for Regenerative Medicine，NASEM Regenerative Medicine Forum，Washington，DC，October 14，2016.

Willemsen，R. H.，M. van Dijk，Y. B. de Rijke，A. W. van Toorenenbergen，P. G. Mulder，and A. C. Hokken-Koelega. 2007. Effect of growth hormone therapy on serum adiponectin and resistin levels in short，small-for-gestational-age children and associations with cardiovascular risk parameters. Journal of Clinical Endocrinology & Metabolism 92（1）：117-123.

Wilsdon，J. 2015. Let's keep talking：Why public dialogue on science and technology matters more than ever. The Guardian，March 20. https://www. theguardian. com/science/political-science/2015/mar/27/lets-keep-talking-why-public-dialogue-on-science-and-technology-matters-more-than-ever（accessed October 19，2016）.

WMA（World Medical Association）. 2013. World Medical Association Declaration of Helsinki：Ethical principles for medical research involving human subjects. Journal of the American Medical Association 310（20）：2191-2194.

Wolf，S. M.，R. Gupta，and P. Kohlhepp. 2009. Gene therapy oversight：Lessons for nanobiotechnology. Journal of Law，Medicine and Ethics 37（4）：659-684.

Wozniak，M. A.，R. F. Itzhaki，E. B. Faragher，M. W. James，S. D. Ryder，and W. L. Irving. 2002. Apolipoprotein E-epsilon 4 protects against severe liver disease caused by hepatitis C virus.

Hepatology 36（2）：456-463.

Wright，A. V.，J. K. Nunez，and J. A. Doudna. 2016. Biology and applications of CRISPR systems：Harnessing nature's toolbox for genome engineering. Cell 164（1-2）：29-44.

Wu，Y.，D. Liang，Y. Wang，M. Bai，W. Tang，S. Bao，Z. Yan，D. Li，and J. Li. 2013. Correction of a genetic disease in mouse via use of CRISPR-Cas9. Cell Stem Cell 13（6）：659-662.

Wu，Y.，H. Zhou，X. Fan，Y. Zhang，M. Zhang，Y. Wang，Z. Xie，M. Bai，Q. Yin，D. Liang，W. Tang，J. Liao，C. Zhou，W. Liu，P. Zhu，H. Guo，H. Pan，C. Wu，H. Shi，L. Wu，F. Tang，and J. Li. 2015. Correction of a genetic disease by CRISPR-Cas9-mediated gene editing in mouse spermatogonial stem cells. Cell Research 25（1）：67-79.

Yin，H.，W. Xue，S. Chen，R. L. Bogorad，E. Benedetti，M. Grompe，V. Koteliansky，P. A. Sharp，T. Jacks，and D. G. Anderson. 2014. Genome editing with Cas9 in adult mice corrects a disease mutation and phenotype. Nature Biotechnology 32（6）：551-553.

Zetsche，B.，J. S. Gootenberg，O. O. Abudayyeh，I. M. Slaymaker，K. S. Makarova，P. Essletzbichler，S. E. Volz，J. Joung，J. van der Oost，A. Regev，E. V. Koonin，and F. Zhang. Cpf1 is a single RNA-guided endonuclease of a class 2 CRISPR-Cas system. Cell 163（3）：759-771.

Zhang，J.，H. Liu，S. Luo，A. Chavez-Badiola，Z. Liu，S. Munne，M. Konstantinidis，D. Wells，and T. Huang. 2016. First live birth using human oocytes reconstituted by spindle nuclear transfer for mitochondrial DNA mutation causing leigh syndrome. Fertility and Sterility 106（3）：e375-e376.

Zheng，W.，H. Zhao，E. Mancera，L. M. Steinmetz，and M. Snyder. 2010. Genetic analysis of variation in transcription factor binding in yeast. Nature 464（7292）：1187-1191.

Zhou，Q.，M. Wang，Y. Yuan，X. Wang，R. Fu，H. Wan，M. Xie，M. Liu，X. Guo，Y. Zheng，G. Feng，Q. Shi，X. Y. Zhao，J. Sha，and Q. Zhou. 2016. Complete meiosis from embryonic stem cell-derived germ cells in vitro. Cell Stem Cell 18（3）：330-340.

Zhu，Y. -Y.，and R. Rees. 2012. Vaccines，blood，& biologics：Clinical review，October 2，2012—Ducord. http://www. fda. gov/BiologicsBloodVaccines/CellularGeneTherapyProducts/ApprovedProducts/ucm 326333. htm（accessed September 24，2013）.

附录 A　基因组编辑的基础科学

本附录提供了与基因疗法和基因编辑基础科学相关的一系列问题的技术和历史背景。我们已尽力确保本材料的可及性达到最大化，简要概述请参阅第 3 章和第 4 章。本附录包含有关下列主题的详细材料。

- DNA 的损伤与修复
- 成簇的规律间隔的短回文重复序列（CRISPR）系统/CRISPR 相关核酸内切酶（Cas9）基因编辑——大范围核酸酶、锌指和类转录激活因子效应物核酸酶（TALEN）的先驱
- CRISPR/Cas9 技术的开发
- 基因编辑的准确性
- 增强 CRISPR/Cas9 的特异性
- 基因编辑的质量控制和质量保证
- 利用失活 Cas9（dCas9）调节转录水平或进行表观遗传修饰
- 转基因动物的基因靶向
- 在胚胎中进行基因编辑
- 遗传性生殖细胞编辑的备选路径
- 编辑线粒体基因组

基因疗法和基因组编辑

多年来，基因疗法解决人类疾病的潜力日趋显著，并在其应用领域取得了重大进展（Cox 等，2015；Naldini，2015）。基因疗法是指替换异常基因或添加新基因，并将其作为治疗疾病或增强抵抗力的手段。基因组编辑是基因疗法的其中一个方面。基于此前针对个体细胞和非人类生物广泛开展的实验室研究，已经建立的基因疗法确定了添加、删除或修饰生物体基因的手段。技术开发方面的主要进展包括生成分子工具并在特定位点切割基因组 DNA，以允许靶向改变 DNA 序列。近年来，若干此类方法已被引入并有效应用于临床领域。

在过去的 5 年里，研究人员基于对病毒感染免疫的细菌系统的基础研究开发出一套全新的系统。这是第一套用于人类细胞基因组编辑的系统（被称为 CRISPR/Cas9），并以 RNA 指导的靶向技术为基础。与早期的方法相比，

CRISPR/Cas9 是一套更加简便、快速且廉价的系统。其易于使用的设计特点及卓越的特异性和高效性已经彻底改变了基因组编辑领域，重新激发了人们对人类基因组编辑潜力的关注。作为可编程的基因组编辑工具，CRISPR/Cas9 系统的开发建立在早期研究的坚实基础之上。

基因组 DNA 的损伤与修复

基因组及其构成基因由双链 DNA 组成；可在 DNA 中产生双链断裂（DSB）且被称为核酸内切酶（通常称为核酸酶）的蛋白质可通过无意（如辐射）或有意的方式破坏该 DNA。

细胞拥有修复 DNA 双链断裂的机制，此类机制可使 DNA 序列发生改变。细菌、酵母和哺乳动物系统领域的开创性研究表明，DSB 通过非同源末端连接（NHEJ）极大程度地刺激着 DNA 的修复速度，断裂末端在此过程中被重新连接（图 A-1）。NHEJ 修复途径通常可导致不同长度 DNA 序列的缺失或插入并破坏基因功能（Rouet 等，1994）。

然而，如果将同源 DNA 拉伸作为供体模板引入细胞，则同源性定向修复（HDR）可以实现更加精确的修复，或者如果在同源拉伸中包含特定改变，则可将特定的精确改变导入受体基因组 DNA（图 A-1，彩图 3）。此类细胞 DNA 修复机制已被应用于若干方法的开发过程，此类方法可使基因或基因组得到精确的编辑。

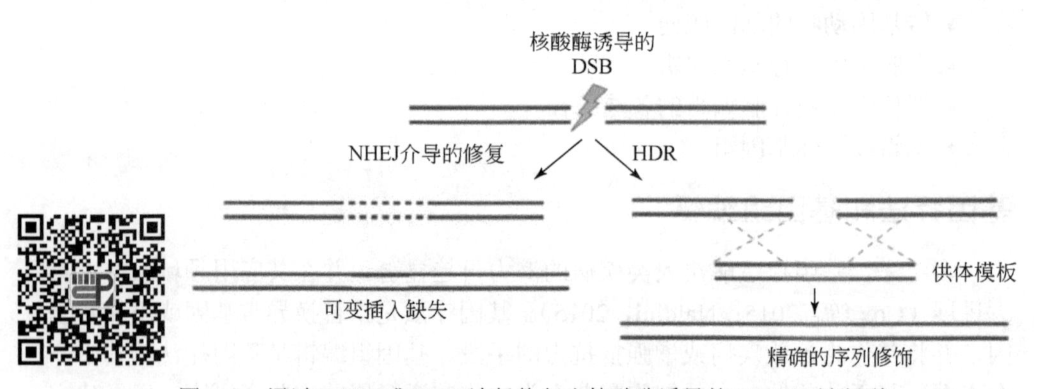

图 A-1 通过 NHEJ 或 HDR 途径修复由核酸酶诱导的 DNA 双链断裂和由此介导的基因组编辑结果

DSB=双链断裂；HDR=同源性定向修复；NHEJ=非同源末端连接。资料来源：修改自 Sander 和 Joung，2014

CRISPR/Cas9 基因编辑的先驱

在 CRISPR/Cas9 大范围核酸酶、锌指核酸酶（ZFN）和类转录激活因子效应物（TALE）核酸酶开发之前，基于核酸酶系统（在 DNA 中进行靶向切割）的三种不同的策略便已经存在（图 A-2，彩图 4）。这三项研究在确定使用此类靶向核酸酶消除致病基因及修复受损或突变基因的可行性方面取得了重大进展，并且开创了生物学和医学领域的新时代。

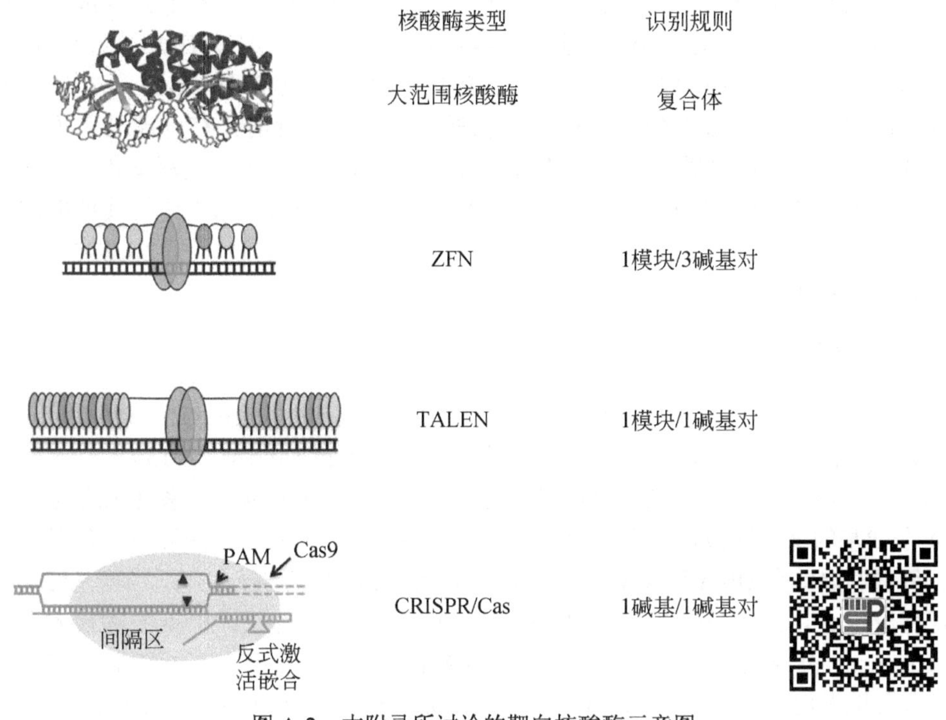

图 A-2　本附录所讨论的靶向核酸酶示意图

大范围核酸酶是 E-Dre Ⅰ（工程化Ⅰ-Dmol/Cre Ⅰ）晶体结构的原理图。关于锌指核酸酶（ZFN）和类转录激活因子效应物核酸酶（TALEN）的图解，DNA 以黑色水平线表示，紫色椭圆形代表 Fok Ⅰ核酸酶结构域，核酸酶的其他模块（module）则以多种颜色代表其在 DNA 中识别的不同碱基。针对 CRISPR/Cas 系统，Cas9 蛋白以橙色椭圆形表示，DNA 以蓝色表示，而向导 RNA（间隔区和 tracr RNA 的嵌合体——参见前文）则以绿色表示。箭头所指方向代表 DNA 切割位点。资料来源：Carroll，2014.（经生物化学年鉴批准修改，第 83 卷©2014 年年鉴，http://www.annualreviews.org）；Chevalier 等，2002

锌指核酸酶（ZFN）

锌指是已经进化并且可识别和结合特定 DNA 序列的蛋白质片段。通过天然锌指获得的知识使得作为 DNA 切割酶的 ZFN 得以被开发利用（图 A-2），其在基因组工程领域的应用代表了具有开创性甚至史诗意义的蛋白质工程。蛋白质工程取得的两项重大进展使得 ZFN 的开发成为可能，这两项进展如下：①由 Berg（Desjarlais 和 Berg，1992）、Pabo（Rebar 和 Pabo，1994）和 Wells（Jamieson 等，

1994）开创的具有 DNA 结合特异性的锌指蛋白质工程；②融合此类设计锌指、DNA 断裂蛋白质和 Fok I 核酸酶（Kim 等，1996）以产生“人工限制性内切酶”，通过在基因组中的固定位置制造 DSB 来促成特定位点的基因组工程（Bibikova 等，2001，2002，2003）。

Sangamo Therapeutics 利用此类研究结果将 ZFN 从实验室工具发展成为可使致病基因失能（通过 NHEJ 途径）或纠正现有基因（通过 HDR 途径）的治疗剂。后者尤其具有挑战性，因为 HDR 的效率通常远低于 NHEJ 的不精确和诱变修复。通过克服部分最具难度的挑战，Sangamo 目前正在开展若干人类临床试验项目[69]，其中最先进的是人类免疫缺陷病毒（HIV）或艾滋病的治疗（共同受体 CCR5 HIV 的缺失有可能在骨髓移植后消除 HIV）。ZFN 的其他应用已经完成，或正在进行临床测试［NCT02695160（血友病 B）和 NCT02702115（体内编辑 MPS1）］。

类转录激活因子效应物核酸酶

TALEN 与 ZFN 一样由 DNA 结合蛋白组成，该蛋白可识别与核酸酶效应物结构域相融合的特定 DNA 序列以便进行切割（Joung 和 Sander，2013）（图 A-2）。TALE 是具有 DNA 结合结构域的细菌分泌的蛋白质，其中包含一系列长度为 32～34 个残基的保守区段，每个区段均拥有两种不同的氨基酸。此类不同的氨基酸主要负责确定单个 DNA 碱基对的 DNA 结合特异性，通过选择含有适当氨基酸的重复片段组合，此类特异性可设计特定的 DNA 结合结构域。根据生物技术公司 Cellectis 的报告，英国首次通过基于 TALEN 的基因编辑临床试验成功治愈了一名患有急性淋巴细胞白血病（ALL）的女孩（Qasim 等，2017）。尽管 ZFN 和 TALEN 的应用领域在很大程度上具有重叠性，但 TALEN 由于拥有强大的识别代码而具有相对易于使用的设计优势。

大范围核酸酶

大范围核酸酶是一种拥有较长 DNA 识别位点的核酸酶，最多可达 40 个核苷酸（Silva 等，2011）（图 A-2）。由于其长度问题，即使是在复杂的人类基因组中也几乎没有可能在偶然的情况下出现天然位点。大范围核酸酶面临的挑战是难以设计新的可任意瞄准目标序列的核酸酶。DNA 结合位点的改变及大范围核酸酶与 TALE DNA 结合元件的组合已经在一定程度上取得了成功。然而，考虑到备选方法相对简单，大范围核酸酶不太可能被广泛应用于人类基因组编辑。

---

69 参阅 http://www.sangamo.com/pipeline/index.html［访问时间：2017 年 1 月 7 日］。

CRISPR/Cas9 技术的开发

CRISPR 作为细菌的适应性免疫系统

发现 CRISPR 系统可为细菌提供适应性免疫代表其概念本身的重大进步。这一发现对 CRISPR/Cas9 基因组工程的发展同样重要。下文简要概述了研究的主要发现结果（更加完整的评论请参阅 Doudna 和 Charpentier，2014）。

研究人员首先基于细菌基因组分析发现了 CRISPR（成簇的规律间隔的短回文重复序列）基因座，并根据此类研究推断出 CRISPR 基因座的间隔区（即非重复区）来源于噬菌体（感染细菌的病毒）的基因组 DNA，最终假设 CRISPR 提供了抵抗外来遗传元件的防御机制（Makarova 等，2006；Mojica 等，2005；Pourcel 等，2005）。关键的实验性突破来自以下研究结果：通过将噬菌体基因组片段整合到 CRISPR 基因座中，CRISPR 可使细菌获得对噬菌体的抗性，这表明 CRISPR 是一种新的适应性免疫方式（Barrangou 等，2007）。2010 年，经证明 II 型 CRISPR/Cas 系统可介导入侵噬菌体 DNA 的切割（Garneau 等，2010）。此外，研究人员于 2011 年发现了相关 RNA 和 tracrRNA（Deltcheva 等，2011），且 CRISPR 相关基因 Cas9 被证明是防御功能所需的 II 型 Cas 基因座中唯一的蛋白质编码基因（Sapranauskas 等，2011）。

Cas9（作为可编程核酸内切酶）的开发

2012 年，来自 Doudna 和 Charpentier 实验室的基于 CRISPR/Cas9 基因组编辑方法的开发过程取得了重大进展。研究人员确定 CRISPR 相关蛋白 Cas9 与两种小 RNA、从 CRISPR 基因座转录的 CRISPR RNA（crRNA）和反式激活 crRNA（tracrRNA）相结合可产生位点特异性内切酶，切割位点通过 crRNA 与靶 DNA 的碱基配对予以确定。这为确定以下事实奠定了基础：Cas9 是可通过单一“向导 RNA”（gRNA，从 CRISPR 基因座转录的 crRNA 和 tracrRNA 嵌合体）进行编程并在特定 DNA 位点进行切割的核酸内切酶（Jinek 等，2012）（图 A-3a，彩图 5）。与此同时，Siksnys 和同事们（Gasiunas 等，2012）证明含有 Cas9 和 crRNA 的纯化复合物可在与 crRNA 互补的位点体外介导双链 DNA 切割。虽然这是一项显著的重大进展，但确定 tracrRNA 形成活性内切核酸酶的要求仍然是关键的缺失因素。

Jinek 等的论文（2012）取得了关键性的突破——使用单一的嵌合引导 RNA 可发挥 crRNA 和 tracrRNA 的作用（图 A-3a）。因此，从机械的角度来看，CRISPR/Cas9 系统在易用性方面优于 ZFN 和 TALEN；生成位点特异性核酸酶需要设计和合成单个向导 RNA（gRNA），从而使 Cas9 核酸酶瞄准预期的编辑位点。虽然并非所有预测的向导 RNA 都能发挥作用，但其易于合成的特点使其可通过简便和廉价的方式合成多个潜在的候选目标。

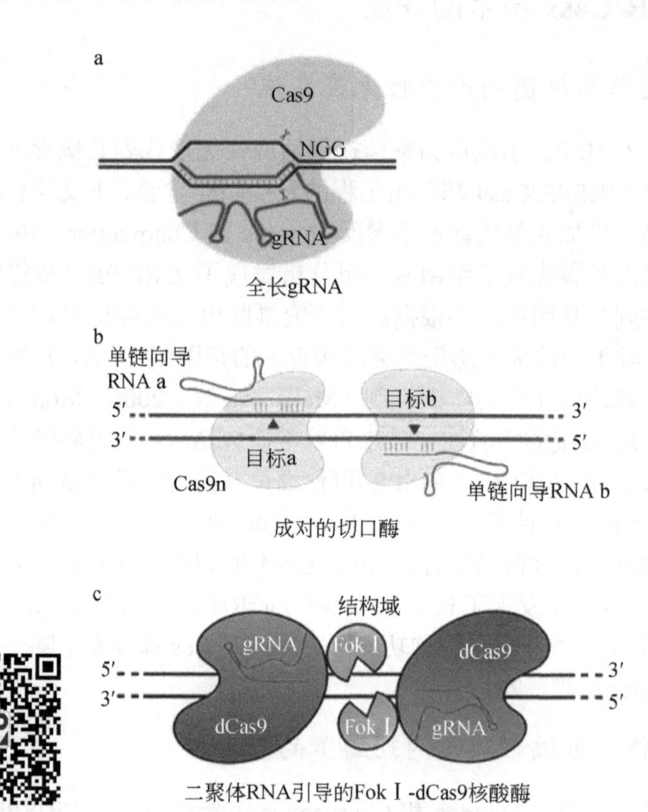

图 A-3 Cas9 和不同 Cas9 变体的示意图

a.具有靶向特定 DNA 序列的向导 RNA（gRNA）的未修饰 Cas9；确定 DNA 切割位点。b.成对的 Cas9 切口酶（Cas9n）。两个 Cas9 的核酸酶结构域中的一个催化失活以产生酶促活性切口酶。c.二聚体 RNA 引导的 FokⅠ-dCas9 核酸酶（RFN）。催化失活的"死亡"Cas9（dCas9）与二聚化依赖性 FokⅠ非特异性核酸酶结构域融合。一对以 PAM-out 方向为导向的 FokⅠ-dCas9 单体介导有效的 DSB。资料来源：修改自 Tsai 和 Joung，2016

体内应用可编程的 Cas9 核酸酶

在 Jinek 等（2012）的研究和 Siksnys 实验室手稿（Sapranauskas 等，2011；Gasiunas 等，2012）发表后的几个月内，共有六份独立报告使用了 RNA 指导的 Cas9 系统介导可编程的体内基因组编辑。其中四篇论文报告了在哺乳动物细胞中进行的 Cas9 编辑（Cho 等，2013；Cong 等，2013；Jinek 等，2013；Mali 等，2013）；其余两篇论文分别与斑马鱼（Hwang 等，2013）和细菌（Jiang 等，2013）相关。此外，第七篇论文（Qi 等，2013）表明催化失活的 dCas9 可用于抑制转录。自此以后，Cas9 介导切割的应用和改进及适用于基因组编辑的新型 CRISPR 系统的发现数量激增。其中包括一种新的RNA引导的核酸内切酶Cpf1（Zetsche等，2015），最新的研究还发现了具有不同潜能的CRISPR靶向核酸酶。

基因编辑的准确性

在以安全的方式将基因组编辑作为治疗策略的过程中，DNA的非预期性变化所带来的潜在影响将成为重要挑战。在非预期位点切割DNA可能会导致基因组发生非预期性变化。

脱靶毒性带来的挑战

Cas9切割DNA的位点根据DNA靶标与前间区邻近基序序列（PAM）的向导RNA（通常为20个碱基对）的互补性（如用于化脓性链球菌的NGG是最常用的Cas9种类）而定。原则上，这22个碱基序列可提供足够的多样性，因此，即使在包含30亿个碱基对的人类基因组中，切割位点也应该具有唯一性。然而在实践中可以接受部分碱基错配，脱靶切割的可能性将因此显著增加。这促使人们努力监测脱靶切割位点并增强靶向核酸酶的特异性。为确定Cas9脱靶切割所做的前期努力侧重于近同源位点的切割。最近，相对无偏倚的全基因组方法也被纳入其中。此类方法可分为两大类：基于细胞的方法和无细胞方法（体外）。

全基因组细胞测定

从表面上看，单细胞层面的全基因组测序（WGS）似乎可对Cas9基因组编辑的准确性进行确切评估。然而就细胞群而言，证明不存在脱靶切割所需的测序深度目前仍难以实现。但是应该有可能针对脱靶编辑估算系统的灵敏度。如未能通过测定来检测编辑行为，则表明脱靶编辑率低于检测水平。

整合酶缺陷型慢病毒载体（IDLV）捕获（图A-4a，彩图6）是用于评估基因组编辑核酸酶特异性的全基因组方法，其最初应用于工程化ZFN，之后被应用于TALEN和CRISPR/Cas9（Gabriel等，2011；Wang等，2015）。该方法基于NHEJ对IDLV的捕获——将具有线性双链DNA基因组的IDLV捕获到核酸酶诱导的DSB位点。尽管IDLV捕获方法可直接识别活细胞中发生的DSB，但其灵敏度相对较低且具有较高的背景。为了克服这种局限性，研究人员已开发出通过测序（GUIDE-seq）（图A-4b）进行的全基因组无偏倚DSB鉴别（Tsai等，2015）。GUIDE-seq利用平端、末端保护的双链寡聚脱氧核苷酸（dsODN）标记的高效整合，然后进行标记特异性扩增和高通量测序。GUIDE-seq可以检测到Cas9-sgRNA在细胞群中以低频率（<0.1%）诱变的脱靶位点，即使只有数百万个测序读数。

高通量全基因组易位测序（HTGTS）（图 A-4c）是识别活细胞中 Cas9 脱靶切割的另一种全基因组方法（Chiarle 等，2011）。HTGTS 基于核酸酶诱导的“诱饵”DSB 和脱靶“猎物”DSB 之间的易位检测。其局限性是代表罕见事件的核酸酶诱导的易位，因此需要大量检测所用的输入基因组。检测固定细胞中全基因组核酸酶诱导 DSB 的策略（称为“BLESS”）用于断裂标记、链霉抗生物素蛋白富集和下一代测序、捕获瞬时存在于细胞群中的瞬时 DBS 快照（通过生物素化发夹适配器在固定和透化核细胞中的直接原位结扎，图 A-4d）。

全基因组体外测定

消化基因组测序（Digenome-seq）（图 A-4e）是检测基因组 DNA 中的核酸酶诱导 DSB 的体外方法（利用 Cas9 切割基因组 DNA 的全基因组测序）。在体外使用高浓度的 Cas9/向导 RNA 分离和处理基因组 DNA 可将脱靶切割最大化，并可通过 DNA 测序确定切割位点。因为该测定法是基于纯化 DNA 实施的体外方法，所以其不受染色质背景、表观遗传因素、亚核定位或适合度效应等细胞因素的限制。因此，Digenome-seq 可检测在基于细胞的方法中可能会被掩盖的位点处潜在的额外脱靶切割。也正因如此，该方法可能会高估体内脱靶事件。

增强 CRISPR/Cas9 的特异性

鉴于其易用性、灵活性和多功能性，CRISPR/Cas9 系统正迅速发展成为基因编辑的首选工具。然而，关于非预期脱靶效应潜在风险的担忧已成为近期的讨论焦点。针对癌细胞进行的大多数实验已经监测到显著的脱靶效应（Fu 等，2013；Hsu 等，2013），其可能已经改变导致脱靶事件增加的 DNA 修复途径。相反，针对小鼠（Yang 等，2013）、灵长类动物（Niu 等，2014）、斑马鱼（Auer 等，2014）或秀丽隐杆线虫（Dickinson 等，2013）等整个机体开展的实验均报告了较低的脱靶频率或未检出脱靶频率，这与 CRISPR/Cas9 介导的基因靶向的高特异性相一致。在非转化细胞中，脱靶切割可能会被内源性 DNA 损伤应答反向选择。人多能干细胞（hPSC）是在基因方面拥有完整质量控制机制的原代细胞，且脱靶事件在 hPSC 或正常体细胞中的积累似乎比在癌细胞中观察到的要少。尽管如此，确定是否存在易于累积脱靶事件的细胞类型和条件仍然是至关重要的环节。为了解决有关脱靶事件的关切问题，研究人员正在开发各种降低瞄准误差的方法。根据已经取得的进展，预计在不久的将来，人们可通过多种基因组编辑方法大幅降低脱靶事件的风险（即使无法完全消除）。以下是其中三种方法和相关进展。

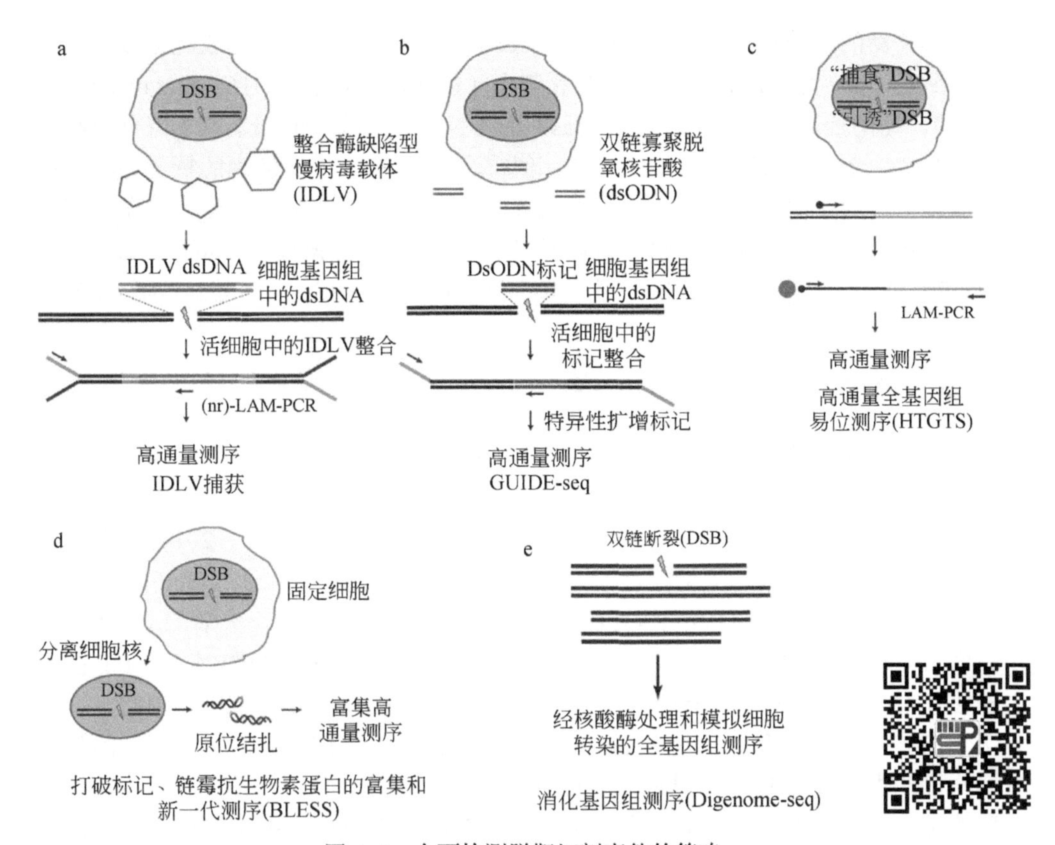

图 A-4　全面检测脱靶切割事件的策略

a.整合酶缺陷型慢病毒载体（IDLV）捕获。IDLV（绿色）与选择性标记整合到活细胞中核酸酶诱导的双链断裂（DSB）位点。通过线性扩增介导的 PCR（LAM-PCR）恢复整合位点，之后进行高通量测序。b.通过测序（GUIDE-seq）激活的全基因组无偏倚鉴别。末端保护的双链寡聚脱氧核苷酸（dsODN）被有效整合到活细胞中核酸酶诱导的 DSB 位点。该短序列用于之后进行高通量测序以确定脱靶切割位点。c.高通量全基因组易位测序（HTGTS）。核酸酶在细胞中进行表达以产生“猎物”和“诱饵”DSB。使用针对目标诱饵 DSB 结合点设计的生物素化引物，猎物和诱饵之间的易位可通过 LAM-PCR 和用于高通量测序的基于链霉抗生物素蛋白的富集得到恢复。脱靶切割位点（猎物）可通过此类易位结合点的分析予以确定。d.打破标记、链霉抗生物素蛋白的富集和新一代测序（BLESS）。核酸酶处理的细胞被固定，完整的细胞核被分离和透化，之后，测序适配器被原位结扎到瞬时核酸酶诱导的 DSB。适配器结扎的片段被富集和扩增以用于高通量测序。e.消化基因组测序（Digenome-seq）。基因组 DNA 从细胞中分离并在体外利用 Cas9 核酸酶进行处理。测序适配器被结扎，高通量测序在标准的全基因组测序覆盖率下进行。连续序列读数的缺失可确定切割位点。资料来源：修改自 Tsai 和 Joung，2016

Cas9 结构的修饰

研究人员可利用蛋白质设计方法以更加精确和高效的方式开发更好的 Cas9

变体。最新的两篇论文基于对 CRISPR/Cas9 结构的研究报告了工程化替换物，以使得到的 Cas9 蛋白拥有显著降低的脱靶率（Kleinstiver 等，2016；Slaymaker 等，2016）。这两项研究侧重于不同的 Cas9 的 DNA 结合域，但都采取了降低非特异性 DNA 结合相对亲和力的常用策略。值得注意的是，Cas9 切割的特异性将因此得到增强，且不会对其整体效率产生显著的影响。虽然此类尝试令人振奋，但必定会出现其他以 CRISPR/Cas9 结构为依据并进一步改进该过程的策略（Haurwitz 等，2012；Jinek 等，2014；Jore 等，2011；Staals 等，2013；Wiedenheft 等，2009，2011）。

Cas9 与修饰切割位点的工程化组合

该方法涉及两种靶向 DNA 切割，可确保比单一靶向切割更好的保真度。其基本原理如下：Cas9 蛋白具有两个活性 DNA 切割位点，涉及天冬氨酸 D10 和组氨酸 H840，分别负责切割单链 DNA 以产生双链断裂（Jinek 等，2014）。目前有两种以该特性为基础的灭活 Cas9 的方法：单一失活和双重失活（Guilinger 等，2014；Ran 等，2013；Tsai 等，2014）。在第一种方法中，单一失活的 Cas9 也被命名为 Cas9 切口酶（Cas9n），其中仅有一个活性位点残基（D10 或 H840）被丙氨酸（A）取代，并产生能切割双链 DNA 其中一条链的 Cas9 蛋白。因此，提供两个指导性 RNA（直接切割由 Cas9n 单一切割器的二聚体介导的极为接近的相反链）可产生有效的 DSB，并刺激 NHEJ 和 HDR 以产生 DSB（图 A-3b）。值得注意的是，即使在大约 100bp 的范围内，这些刻痕仍然有效。在第二种方法中，两个 Cas9 切割位点均被灭活，并产生核酸酶缺陷型“死亡”Cas9（dCas9），之后与 Fok Ⅰ 切割结构域相融合。与 ZFN 和 TALEN 一样，两个 Cas9 单体可为 Fok Ⅰ 二聚化和 DNA 切割提供特异性识别（图 A-3c）。此外，这两种策略要求靶标之间存在适当长度的间隔区：如果间隔区太短，则会出现两个相互抵触的 Cas9 蛋白，如果间隔区太长，则进行有效切割的难度将因此加大。尽管靶标选择难度有所增加，但此类严格的要求使得脱靶率大幅降低。此类策略已被证明可显著降低脱靶率（Guilinger 等，2014；Ran 等，2013；Tsai 等，2014）。

Cas9 碱基编辑器：无 DNA 双链断裂的基因组编辑

为了提高在基因组 DNA 中产生定点突变的效率和精确度，Liu 带领其团队开发出了 Cas9“碱基编辑器”的变体（图 A-5，彩图 7），该变体由高度工程化的融合蛋白组成（募集将胞嘧啶转化为尿嘧啶的胞嘧啶脱氨酶结构域），从而在无 DNA 双链切割的情况下实现不可逆的 C→T 置换（或通过靶向互补链进行 G→A 置换）（Komor 等，2016）。

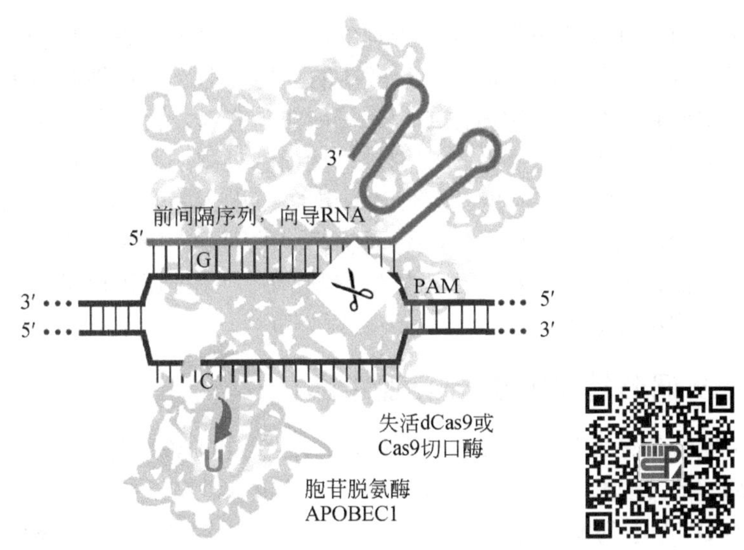

图 A-5　使用 Cas9 核酸酶变体的 CRISPR/Cas9 基因组编辑系统示意图

在改变基因组 DNA 的过程中，Cas9“碱基编辑器”的变体提高了其效率和精度。资料来源：Komor 等，2016

由于胞嘧啶脱氨酶仅作用于单链 DNA，因此，C→U 转换活性被靶向置换到 DNA 链上向导 RNA 指定的原型间隔区序列的 5'末端附近的大约 5 个核苷酸的小窗口。通过避免双链断裂，外源 DNA 模板和随机 DNA 修复过程及碱基编辑在未经修饰的哺乳动物细胞中引入定点突变，其效率高达 75%。定点突变校正比例：插入缺失超过 20∶1。以后的研究将侧重于开发碱基编辑器的替代品，以便介导更加广泛的遗传变化，并在理想的情况下允许将任何碱基转换为自定义窗口内的任何其他碱基。此外，对胞嘧啶脱氨酶结构域的倾向性进行可靠的评估也非常重要，从而在 Cas9 指导 RAN 瞄准的 DNA 区域之外引入突变。

另一种改善 HDR 的策略被称为“校正”（连续指导以消除 CRISPR/Cas 阻断的靶点），该方法利用了纳入阻断 CRISPR/Cas 沉默突变和预期的功能性突变可显著提升 HDR 的准确性这一观察结果（Paquet 等，2016）。这有助于防止可能破坏成功的 HDR 产物的重新修复和潜在的 NHEJ 修复。作者表明，通过控制引入定点突变的位置（相对于 Cas9 介导的双链断裂的位置），可以改变诱变效率，并在人诱导多能干细胞（hiPSC）中产生杂合或纯合变异。

基因编辑的质量控制和质量保证

与实验室研究相比，基因组编辑的特异性在临床应用中具有更重要的意义。作为医疗产品或医疗实践，基因组编辑必须具备安全性、有效性和成本效益。基因组编辑监管框架的开发过程需要解决与此类要求相关的各种问题。如上文所述，虽然技术进步有望使脱靶事件成为可管理的问题，但这一考虑因素仍然是质量控制（QC）和质量保证（QA）程序必须解决的关切问题。在体细胞基因组编辑领域，建立解决脱靶变化的测定方法或程序可能较为容易，但这种概率可能会随着不同的细胞类型发生变化，因此需要测量每种细胞类型的脱靶事件。虽然具体情况可能因案例而异，但为了确保安全性和有效性，仍应遵循一般监控原则。相反，在需要进行编辑的情况下，胚胎监测将面临极大的困难。应在达成一致的基础上制定功能等效测定方法，并将其作为质量控制措施。此外还可以考虑替代方案，如对精子祖细胞进行编辑。

利用 dCas9 调节转录或进行表观修饰

基因组编辑的替代策略涉及催化“死亡”Cas9（dCas9）变体的使用。该策略将产生可编程的 DNA 结合蛋白，其无法形成单链或双链断裂，因此通常不会导致基因组的 DNA 序列发生任何变化。然而，通过将不同的效应子结构域与 dCas9 融合，可将其用于激活（CRISPRa）（Gilbert 等，2014；Konermann 等，2015；Perez-Pinera 等，2013）或关闭（CRISPRi）转录（Gilbert 等，2013；Qi 等，2013）或使表观遗传标记（调节基因表达的染色质修饰）发生基因座特异性变化。大部分（非全部）此类表观遗传改变很可能无法传递给后代，由此缓解了与生殖细胞编辑方法相关的担忧。同样，对于基因突变引发的疾病，这种变化的瞬时性使其纠正此类疾病的效用受到限制。然而，此类瞬时性生殖细胞工程的潜在用途包括扩展生殖细胞的能力，或者在体外产生所需干细胞或终末分化细胞的能力。此外，这种变化的瞬时性将扩展可安全靶向的基因数量。例如，HIV CCR5 共同受体的瞬时下调可防止 HIV 的垂直传播，且该策略可延伸至其他病毒受体。此外，基因表达的瞬时改变可能导致胚胎发育的永久性变化，这有助于减轻致病性遗传突变的影响。由于并未使个体发生永久的遗传性变化，因此利用 dCas9 改变基因表达确实在某种程度上缓解了伦理方面的担忧。尽管如此，与涉及生殖细胞编辑的方法相比，dCas9 目前在胚胎方面的潜在用途仍然面临较大的局限性，而 dCas9 更直接的治疗性应用可能涉及基因表达的体细胞变化。

转基因动物中的基因靶向技术

基因突变可能导致异常发育和疾病。在过去的几十年中，针对突变后果开展的研究取得了一项重大进展，研究人员可将经过设计的靶向突变引入小鼠、果蝇和斑马鱼等生物体的基因，从而提供了解胚胎发育和疾病的分子遗传学基础的重要工具。此类方法也可用于纠正存在缺陷的基因。在描述当前基因组编辑方法的应用领域之前，我们将总结最初针对基因修饰动物制订的主要措施。

随机插入外源 DNA

对于大多数旨在了解胚胎发育和人类疾病的研究，动物的遗传操作一直被视为关键基础。其中一项强大技术的基础是在体外进行小鼠胚胎操作并将该胚胎移植回养母体内以产生遗传变异动物（图 A-6，彩图 8）。

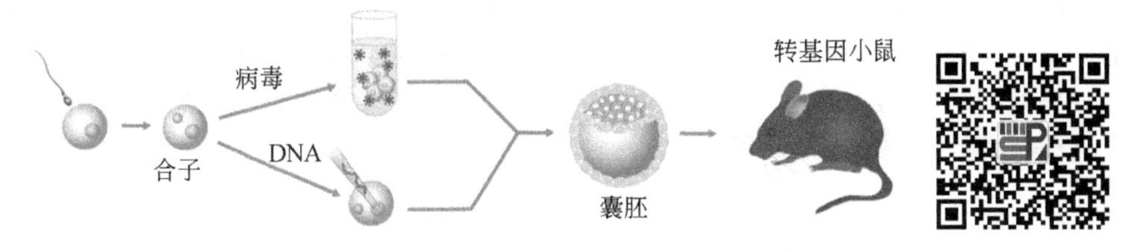

图 A-6　随机插入转基因的转基因小鼠

4～8 细胞期的胚胎被逆转录病毒感染，或者将 DNA 注入合子的雄性原核中。将胚胎孵育直至达到囊胚期（约 100 个细胞）并移植回养母体内。将外源 DNA 序列随机整合到所得转基因小鼠的基因组中

从最初的 SV40 DNA（Jaenisch 和 Mintz，1974）到随后被引入小鼠早期胚胎的逆转录病毒（Jaenisch，1976），此类技术的应用创造了第一代转基因小鼠（根据孟德尔分离比将外来 DNA 传递给下一代）。创造遗传修饰动物最常用的方法是采用显微注射法将 DNA 注入受精小鼠或果蝇卵中，由此产生大量转基因小鼠或果蝇（其生殖细胞中携带外源 DNA）（Brinster 等，1981；Costantini 和 Lacy，1981；Gordon 和 Ruddle，1981；Rubin 和 Spradling，1982）。

外源 DNA 随机整合到动物基因组中可使内源基因被破坏并导致其失活。在这种“插入诱变”方法中，整合 DNA 被用作分离和鉴定突变基因的分子标签。I 型胶原蛋白基因是通过逆转录病毒插入诱变灭活的第一个内源基因，其致突变的小鼠表型类似于脆性骨病（Schnieke 等，1983），这种疾病是骨胶原基因突变引起的主要骨骼系统疾病。同样，注入合子原核的 DNA 可通过插入诱变产生突变小鼠（Mahon 等，1988）。除了插入诱变之外，将基因整合到基因组中可导致临近基因的转录激活，其已被广泛用于异位转基因表达后果的研究过程（Hammer 等，1984）。

虽然与基因组整合并引发插入诱变或异位转基因表达可在创造转基因动物的过程中发挥作用，但该方法具有不可预测性，因为 DNA 在基因组中的插入具有随机性，并且不允许预先确定的基因靶向或可预测的转基因表达。

胚胎干细胞的基因靶向技术

胚胎干（ES）细胞最初从小鼠胚泡中分离而来，可分化为身体的所有细胞类型（Evans 和 Kaufman，1981；Martin，1981）。最引人关注的是，ES 细胞注入小

鼠载体胚泡之后可整合到处于发育阶段的胚胎中，从而促进所有体细胞组织的形成并产生“嵌合小鼠”。尤其重要的是，细胞能够促进生殖细胞的形成，由此允许从人工培养的细胞中衍生动物。因此，该方法可通过 ES 细胞的体外操作产生携带内源基因变异的小鼠。

衍生自 ES 细胞的携带预定基因突变的第一个小鼠品系是具有失活 *HPRT* 基因的品系，其在有严重精神障碍的莱施-奈恩综合征的患者中发生突变。使用培养基（HAT）杀死正常细胞并选择携带失活 *HPRT* 基因的细胞，*HPRT* 突变 ES 细胞的分离具有简单明了的特点（Kuehn 等，1987）。这种选择性方法虽然已成功应用于 *HPRT*，但不能用于编辑其他基因。

同源重组

同源重组的发现是一项重大突破，其允许对任何基因进行编辑（Doetschman 等，1987；Thomas 和 Capecchi，1987）。基因靶向需要产生靶向载体（包含与预期修饰侧翼内源基因序列同源的 DNA 区段）（图 A-7，彩图 9）。将载体转染到 ES 细胞中并选择正确的靶向克隆（图 A-7a）。将携带预期修饰的细胞注入小鼠胚泡以产生嵌合小鼠（图 A-7b），其与正常小鼠交配可得到携带突变等位基因的后代（图 A-7c）。与 ES 细胞结合的同源重组有助于科学家有效的创造——将特定基因突变传递给下一代的小鼠。在第一代携带β_2-微球蛋白和 *c-abl* 基因靶向突变的小鼠之后（Schwartzberg 等，1989；Zijlstra 等，1989），ES 细胞中的同源重组已成为广泛使用的工具，主要用于研究哺乳动物的发育和生成人类遗传疾病的动物模型（Solter，2006）。由于嵌合 ES 细胞只能用于小鼠系统，因此，通过同源重组进行的基因编辑仅限于小鼠，不可直接用于其他物种。

核克隆与突变动物的形成

将体细胞核转移到去核卵中可将核细胞的表观遗传状态重置为胚胎状态并允许创造动物，如第一只克隆哺乳动物 Dolly（Wakayama 等，1998；Wilmut 等，1997）。通过核克隆从体细胞产生动物的技术允许在没有 ES 细胞可用的物种当中创造突变动物。首次成功将核克隆与同源重组结合以产生基因变异家畜的应用方法中使用的是羊成纤维细胞。人类α_1-抗胰蛋白酶基因被插入到 *COL1A1* 基因的 3'UTR 中，这是一种便利的“安全港”基因座，并且可预测转基因的表达。利用核克隆技术可创造衍生自靶向成纤维细胞的转基因绵羊，此类动物可表达在治疗方面具有重要意义的人α_1-抗胰蛋白酶蛋白（McCreath 等，2000）。

如上文所述，创造携带工程化基因变异动物的策略根据 ES 细胞的操作或核克隆，两者均属于劳动密集型且需要特殊技术的策略。当基于 ZFN、TALEN 和 CRISPR/Cas9 的新基因组编辑方法变得可用时，这种情况发生了巨大变化（Doudna

和 Charpentier，2014）。如上文所述，这种方法彻底改变了研究人员编辑任何物种基因的能力、花费少量时间和精力创造基因变异动物的能力及复杂程度较低的实验技术（与通过 ES 细胞或核转移策略创造基因编辑动物所需的技术相比）。

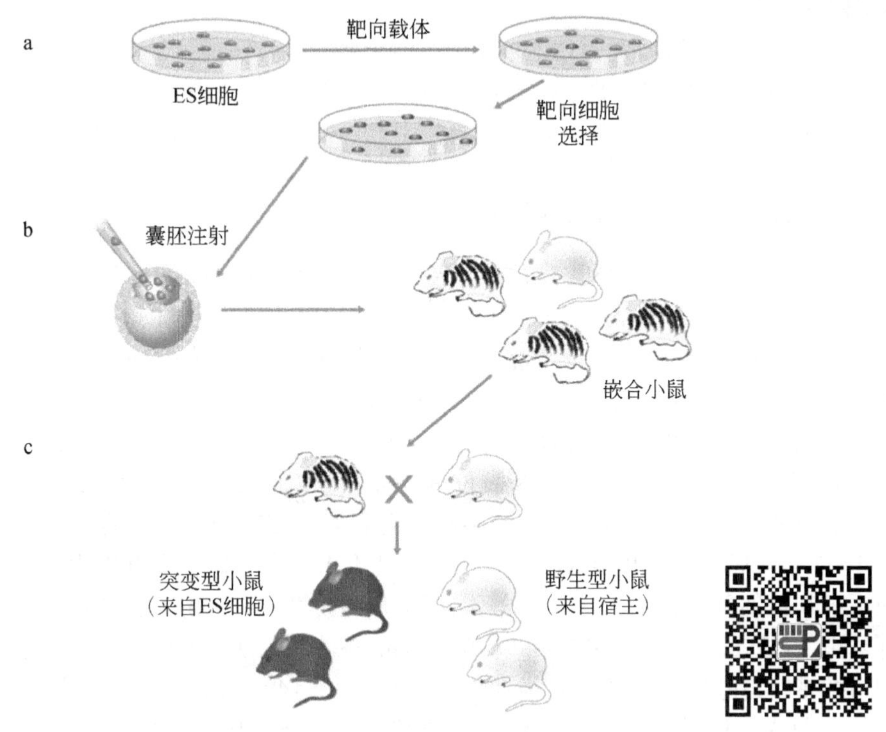

图 A-7　通过同源重组产生携带特定基因变异的小鼠（三步法）

a.在第一阶段，将与靶基因具有同源性的靶向载体引入 ES 细胞，并在培养物中选择正确的靶向克隆。b.将靶向 ES 细胞注入白化宿主胚泡中，将胚泡移植到养母体内以产生嵌合小鼠，供体 ES 细胞有助于形成动物组织（如衍生自 ES 细胞的体表毛色）。c.ES 细胞克隆的生殖细胞传递通过嵌合小鼠与白化宿主品系的交配得到验证。色素沉着性后代衍生自供体 ES 细胞

胚胎基因组编辑

常规基因靶向中的同源重组是一个低效率的过程，需要在细胞培养物中选择正确的靶向细胞克隆。在第二阶段，将靶向 ES 细胞克隆注入宿主胚泡以产生嵌合动物，其将在第三阶段交配以产生预期的突变型动物，该过程可能长达一年或两年（对比图 A-7）。相反，通过 TALEN 或 CRISPR/Cas9 技术实施的基因靶向极为有效，因此无须选择正确的靶向（Sakuma 和 Woltjen，2014）即可通过受精卵的直接基因操作产生基因修饰动物（图 A-8，彩图 10）。

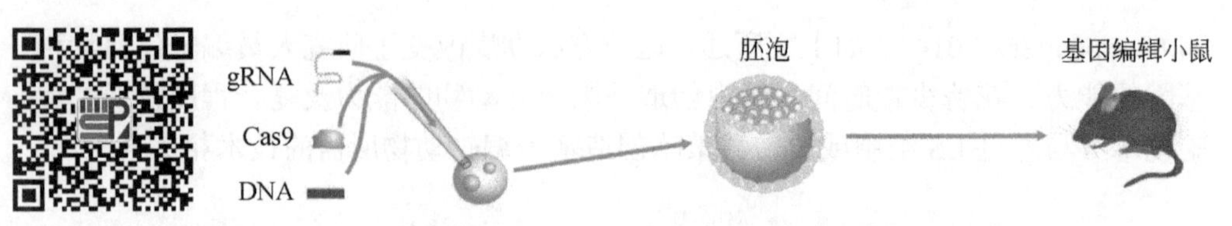

图 A-8　通过合子中的 CRISPR/Cas9 靶向创造基因编辑小鼠（一步法）

Cas9 RNA 和向导 RNA（gRNA）瞄准被注入合子细胞质的目标基因。携带两个靶向等位基因突变的小鼠可以较高的频率衍生自一个步骤。如果与 DNA 载体共同注入，则外源序列将以双链断裂的某种频率插入

CRISPR/Cas9 介导的合子基因编辑

将向导 RNA 与 Cas9 RNA 一同注入受精卵（合子）可产生携带若干基因突变的小鼠。Cas9 介导的 DNA 双链断裂具有较高的效率，可导致 80%的幼鼠携带两个不同的等位基因突变（Wang 等，2013）。如果同时注入向导 RNA 和 Cas9 RNA 及携带定点突变的寡核苷酸，基因突变将被引入 60%的幼鼠的两个靶基因中。此外，条件性突变需要将两个 LoxP 位点插入到合子中有效的同一等位基因。因此，NHEJ 介导的突变及 DNA 在双链断裂位点的插入极为高效，其允许在 3 周内（小鼠的妊娠时间）产生携带复杂突变的小鼠，而非使用 ES 细胞介导的基因靶向所需的 1～2 年时间。CRISPR/Cas9 基因编辑方法不仅可在小鼠中发挥作用，其同样可应用于其他物种，包括大鼠（Li 等，2013）、斑马鱼（Hwang 等，2013）、秀丽隐杆线虫（Friedland 等，2013）和果蝇（Zeng 等，2015）。重要的是，该方法允许创造携带特定基因突变的灵长类动物（Niu 等，2014）。最近，有两篇报告表明针对植入前人类胚胎进行的基因组编辑仍然存在缺陷，因此不能用于获得妊娠（Kang 等，2016；Liang 等，2015）。

上文总结的证据表明，通过操纵受精卵可在一个步骤中创造携带多个特定基因突变的动物。但是，如果计划将其用于基因疗法（修正突变基因），则需要考虑几个重要的复杂化因素，其中包括操纵的胚胎频繁出现嵌合现象，修正一个突变等位基因时导致两个等位基因均发生突变，以及无法对单细胞胚胎进行基因分型。

嵌合体

靶基因的切割和 DNA 在双链断裂点的插入可能晚于合子，如双细胞阶段。整合阶段晚于单细胞胚胎阶段的后果是一半或更少的（具体取决于 DNA 的插入时间）胚胎细胞将携带突变基因，而其他细胞则不会出现这种情况。只有一部分细胞发生基因变异的动物被称为“嵌合体”。现有证据表明嵌合现象的发生率可能高达 50%或以上（Wang 等，2013）。嵌合体的高发生率体现了一个重要的实践性后果：植入前基因诊断（PGD，操纵胚胎的单细胞活检）不能用于确定基因靶

向是否导致了预期突变，因为单个细胞可能无法反映其他胚胎细胞的基因型。

通过 Cas9 介导的切割形成的野生型等位基因突变

Cas9 切割的有效性显著高于通过同源重组在切割位点插入供体 DNA。如果在胚胎中进行基因编辑的目的是修正突变等位基因，则可能会使问题复杂化。为了修正特定的突变基因，需要将向导 RNA 和 DNA 靶向构建注入胚胎。DNA 在双链断裂处整合到突变等位基因中并修正突变基因，其他等位基因通常会被切割，从而通过 NHEJ 产生新的突变。突变等位基因得到修正的同时将产生新的突变等位基因，鉴于目前的技术水平，这一现象会使基因疗法面临严重的问题。利用小分子进行末端连接所产生的修复抑制作用可能有助于缓解这一问题，有证据表明，通过 HDR 插入 DNA 的优势大于 NHEJ（Maruyama 等，2015）。然而，正常等位基因的非预期突变目前仍然是 CRISPR/Cas9 介导的基因修正所面临的复杂化因素。

单细胞胚胎的基因分型

以修正突变等位基因为目标的胚胎基因组编辑还面临着另外一个问题：如何区分野生型胚胎和突变型胚胎。如果亲本一方携带显性突变基因，则 50%的胚胎将受到影响，还有 50%为野生型胚胎；如果亲本双方携带隐性突变基因，则 75%的胚胎属于正常胚胎，其余 25%将受到影响。由于在合子阶段不可能使用任何当前的分子测试来区分突变型胚胎和正常胚胎，因此任何基因编辑都将瞄准（并修饰）大部分正常的胚胎。在可预见的未来，技术进步可能无法解决这种困境。

基因驱动：通过有性繁殖种群扩散遗传变异的机制

有人提出，自然发生的“归巢内切核酸酶”可以通过“基因驱动”过程（Burt，2003，2014）借助有性繁殖种群迅速扩散突变等位基因。通过种群传播此类突变等位基因不需要突变基因载体的选择性优势，而是像“自体复制基因”一样进行繁殖（Esvelt 等，2014；Oye 等，2014）。

在最近的研究中，编码 Cas9 和向导 RNA 的载体被引入果蝇基因座，其可控制角质层颜色并敲除突变基因。在生殖细胞发育过程中进行 Cas9 介导的切割可刺激野生型基因座插入物的复制，以使所有雌性配子携带插入物（图 A-9）。重要的是，当此类卵子受精时，杂合动物的突变基因在减数分裂（通过 Cas9 介导的靶基因切割）过程中将野生型等位基因转变为突变型等位基因，之后是由 HDR 导致的纯合突变。因此，携带 Cas9 基因和向导 RNA 的载体在整合到一个等位基因中时，将使其他等位基因在减数分裂过程中被转化（效率高达 98%），并导致突变等位基因通过种群快速扩散（Gantz 和 Bier，2015）。这种自动催化过程被称为“诱变连锁反应”。

如果将载体（其携带的序列可修正除 Cas9 和向导 RNA 之外的特定突变）插入一个等位基因，则此类序列可在减数分裂过程中充当模板并通过同源重组转换另一个等位基因，从而产生两个经过修复的等位基因（图 A-9a，彩图 11）。同样，如果将载体（其携带的序列可编码除 Cas9 和向导 RNA 之外的其他基因）与一个等位基因进行整合，则在减数分裂期间由 Cas9 介导的野生型等位基因切割会将外源“货物”基因转移至另一个等位基因并产生纯合转基因动物（Esvelt 等，2014）。因此，基因驱动机制可以通过动物种群有效地繁殖和扩散突变等位基因或新插入的基因（图 A-9b）。

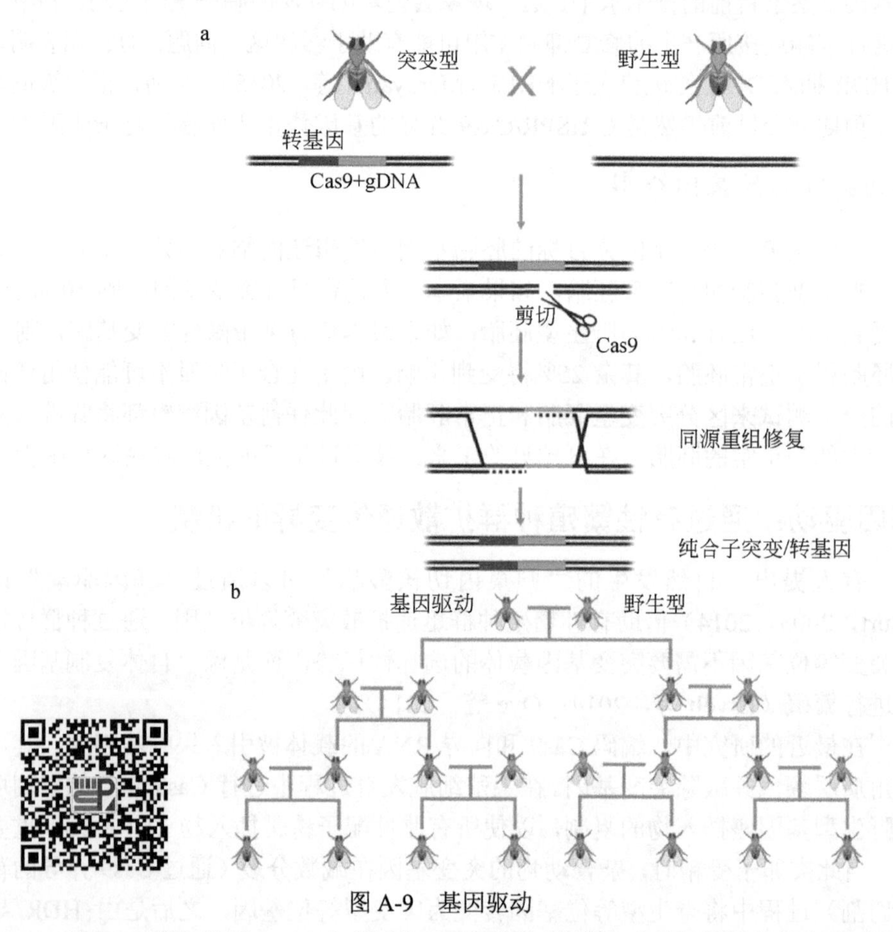

图 A-9 基因驱动

a.将 Cas9、向导 RNA（靶向基因的 gDNA）和“货物”DNA 序列插入目标基因。如果在减数分裂过程中进行表达，则向导 RNA/Cas9 复合体将在其他等位基因上引入双链断裂，之后在同源重组的驱动下进行修复，以便将 Cas9/gRNA/转基因序列插入野生型等位基因。b.基因修饰将通过有性繁殖种群迅速扩散。资料来源：修改自 Esvelt 等，2014

到目前为止，人们已经证明，基因驱动构建体可通过昆虫种群进行扩散，并且拟用于控制蚊子种群。在哺乳动物中，基因驱动尚未表现出类似的作用。然而，考虑到在哺乳动物胚胎中进行基因组编辑的效率，潜在的基因驱动机制也可能对哺乳动物发挥作用，并且可能在原则上产生可通过种群扩散的基因修饰。但是，考虑到人类的传代时间和繁殖模式，基因驱动在人类领域的任何应用方式均需经过漫长的时间，并且似乎是不可想象的。

遗传性生殖细胞编辑的备选路径

CRISPR/Cas9 基因编辑方法的效率和精确性增加了通过精确基因编辑促进人类生殖细胞的可能性。传递给下一代的遗传变异必须发生在：①能够产生配子（卵子和精子）的祖细胞；②卵子和精子本身；③受精卵或早期胚胎中（在所有细胞仍可促成未来生殖细胞的情况下）。

正如前文所述，生殖细胞编辑方法已经在小鼠研究中得到高度发展，并且应用于许多其他哺乳动物物种，尤其是与农业需求或人类遗传疾病临床前疾病模型相关的领域。直到最近，随着先进基因组编辑工具的出现，小鼠的生殖细胞基因改造主要通过将转基因 DNA 非靶向导入合子基因组或通过 ES 细胞中的定向诱变得以实现。后一种方法涉及靶向载体进入宿主基因组的同源重组、正确靶向克隆的选择及生殖细胞传递嵌合动物的形成（详见有关生殖细胞遗传变异的章节）。虽然这种方法已被证明在产生基因敲除小鼠、条件性突变、报告细胞系和各种人类疾病模型方面可发挥极大的作用，但效率相对较低，且无法直接适用于合子中的靶向基因组改造。因此，在人类胚胎中进行靶向基因改造或修正的想法尚未被纳入考虑范围。

然而，在最近的研究中，CRISPR/Cas 打开了核酸酶增强型编辑靶向基因组特定位点效率的新局面，包括潜在的人类生殖细胞编辑。在证明 CRISPR/Cas 能够有效靶向哺乳动物细胞基因组中的特定位点之后，该方法很快被证明可直接应用于小鼠受精卵，且无须经过起媒介作用的 ES 细胞步骤（参阅上文和图 A-8）。因此，可考虑直接在人类胚胎中进行基因组编辑。目前为止唯一一篇关于人类合子 CRISPR 试验的文章表明其可产生靶向突变，但同时也证明了由此产生的突变通常具有一定的复杂性，且只有部分胚胎或胚胎细胞携带靶向事件（Kang 等，2016；Liang 等，2015）。如上文所述，此类有关 CRISPR 编辑的本质问题导致利用合子基因组编辑来纠正人类遗传疾病的概念面临着极大的挑战。

但是，胚胎基因组编辑并非修饰生殖细胞基因组的唯一潜在途径。在受精前直接修饰配子（卵子和精子）基因组可克服嵌合体问题，并有可能在体外受精前预先选择适当的靶向配子。

配子基因编辑的现状

目前已有若干潜在的配子基因编辑途径，其中一部分已应用于小鼠，其余部分则有待充分开发。

编辑因子直接导入卵母细胞

小鼠试验已经表明，母系遗传的Cas9核酸酶提供了使所得合子发生靶向变异的有效手段（Sakurai 等，2016），其关键在于酶的立即可用性。虽然该方法不适用于人类，但其确实表明在体外受精前利用编辑因子预加载排卵时的卵母细胞是避免嵌合编辑和提高效率的潜在手段。该方法是否确实可以促进卵母细胞基因组中（而非受精之后）的基因靶向仍然有待报告。突变或修正卵母细胞的预先选择仍然是一大挑战，但嵌合现象的减少将使PGD可用于鉴别正确靶向的胚胎。

在体外对精子进行基因编辑

精子介导的基因转移是一种极为完善的可用于多个物种（从鱼类到猪）的转基因途径，但效率相对较低（Lavitrano 等，2013）。因此，应当有可能将基因组编辑系统的组件引入精子，并将其携带到合子中以促成基因组编辑。更加引人关注的问题是在精子核中直接编辑基因组的可能性。鉴于精子属于非分裂细胞，目前只有NHEJ介导的基因编辑具有可行性，尽管修复机制可能与体细胞中的修复机制有所不同（Ahmed 等，2010）。目前，同源重组介导的基因校正或改变只能用于分裂细胞。然而，有迹象表明人们可以克服这一障碍（Orthwein 等，2015）。Izpisua Belmonte研究小组最近开发了一种基于NHEJ的基因敲入方法——同源非依赖性基因靶向整合（HITI）。HITI允许在有丝分裂后细胞（如神经元）中的特定基因座直接敲入DNA序列（Suzuki 等，2016b）。HITI将开启精子（甚至卵母细胞）基因编辑的新途径。插入瞬时荧光报告基因以鉴别携带编辑因子的精子将有助于强化潜在的基因编辑精子。在体外受精或卵质内单精子注射（ICSI）后，需要进行PGD以便最终确认得到适当编辑的胚胎。

生殖干细胞基因编辑

从体外无限增殖的干细胞系中产生配子具有重要的生物学和临床意义。精原干细胞（SSC）可从小鼠睾丸中分离，并且（再次移植到生殖细胞耗尽的成体睾丸时）具备再生授精精子的能力（Kanatsu-Shinohara 和 Shinohara，2013）。SSC中的基因编辑允许预先选择满足以下条件的克隆系：具有适当的靶向突变；可在产生配子之前预先筛选脱靶效应或其他非预期基因组或表观基因组变异。研究人员已经公布了该方法的原理论证（Wu 等，2015），作者可通过SSC中的CRISPR/Cas9编辑校正引起小鼠白内障的基因突变。SSC将被转移回睾丸并针对ICSI收集圆形精子细胞。对后代的正确编辑效率为100%。

将这项研究转移至人类领域的过程将面临诸多挑战。尽管研究人员已经从人类睾丸中分离出 SSC 样细胞（Wu 等，2015），但尚未获得具有稳定自我更新能力的细胞系。即使克服这项挑战，通过 SSC 产生具有 ICSI 能力的配子仍然是一大问题。在小鼠试验中，转移到生殖细胞耗尽的睾丸可解决这个问题，但这并不是适用于人类领域的捷径。备选方法包括通过混合的 SSC 产生“重建睾丸”，支持睾丸细胞并将其移植到睾丸白膜之下。该方法在人类领域面临同样的伦理挑战。种间重组和移植到免疫缺陷小鼠的潜在用途可能会带来科学和伦理挑战。最佳解决方案是在充分确定的体外培养体系中促成 SSC 向成熟单倍体配子的分化，这是目前任何系统尚未解决的挑战。

尽管应用类似方法处理雌性生殖细胞的可能性具有一定的吸引力，但卵原干细胞的存在证据仍然处于争议阶段（Johnson 等，2004）。大多数证据表明，成年哺乳动物卵巢中存在有限的卵母细胞资源（Eggan 等，2006），但未发现任何有关内源干细胞的证据。

多能干细胞基因编辑之后的生殖细胞分化

雄性和雌性均可产生易于进行 CRISPR 编辑的多能胚胎干细胞或诱导多能干细胞，并且可分化为具有减数分裂能力的生殖细胞。在小鼠试验中，关于 ES 细胞产生生殖细胞的最可靠报告源于对已知途径的模仿——从早期胚胎中的上胚层多能干细胞诱导原始生殖细胞。通过这种方法，Saitou 的实验室已经从雄性和雌性 ES 细胞中生成原始生殖细胞样细胞（PGC-LC）。如果通过来自睾丸或卵巢的支持细胞重组 PGC-LC 并将其移植回睾丸或卵巢，则研究人员可恢复精子细胞或卵母细胞（与正常卵子和精子结合以产生可存活的后代）（Hayashi 等，2011，2012）。最近，Zhou 实验室将这种方法向前推进了一步，据报告，在两周内共同培养 PGC-LC 与睾丸细胞可分离出精子样细胞，这些精子样细胞能够在 ICSI 之后使卵母细胞受精并产生可存活的后代（Zhou 等，2016）。有人对这种培养系统中的表观遗传重编程的完整性表示担忧，但其总体效果极为显著。另一项引人关注的进展来自 Izpisua Belmonte、Okuda 和 Matsui 小组，研究人员证明在小鼠胚胎干细胞中敲低或敲除 *Max* 可强烈激活与生殖细胞相关的基因表达，并导致与细胞减数分裂相似的强烈的细胞学变异（Maeda 等，2013；Suzuki 等，2016a）。是否可以使用这种方法产生功能性单倍体细胞仍有待观察。

在小鼠系统中获得的此类结果提高了人们对人类多能细胞产生单倍体配子的期望，并且为理解配子形成、造成不育的原因和开发不育夫妇的新生育途径提供了启示。这也开启了一种新的可能性，即通过对干细胞的遗传修饰修复已知的不育因素或显性基因突变。但是，目前尚无法从多能干细胞成功生成人类配子，尽管最近发布的两篇论文报告了从人类 ES 细胞中生成早期 PGC-LC 的案例（Irie 等，2015；Sasaki 等，2015）。此类研究揭示了与小鼠生殖细胞分化途径的共性和差异。这也表明了推动此项研究向前发展的必要因素——人们需要进一步了解生殖细胞在人类或非人灵长类动物胚胎和小鼠胚胎中的发育方式。

单倍体 ES 细胞的基因编辑

大多数动物均拥有二倍体、天然单倍体细胞（通常仅限于成熟的生殖细胞）。在最近的研究中，研究人员已经从小鼠和大鼠体内获得雄性和单性（雌性）单倍体胚胎干细胞（haESC）（Leeb 和 Wutz，2011；Li 等，2012，2014；Yang 等，2012）。haESC 只含有一个二倍体细胞等位基因拷贝，可通过传统的基因靶向方法和新的基于核酸酶的基因组编辑策略进行基因修饰（Li 等，2012，2014）。更为引人关注的是，含有 Y 染色体（非 X 染色体）的孤雄 haESC 在细胞质内注射到成熟卵母细胞后能产生可存活的具有繁殖能力的后代（Li 等，2012，2014）。如果被注入卵母细胞替代母本基因组，则单倍体孤雌生殖小鼠 haESC 也可产生具有繁殖能力的小鼠（Wan 等，2013）。这两种策略均有可能用于将遗传修饰引入后代。在最近的研究中，已经成功地产生了孤雌生殖人类 haESC（Sagi 等，2016）。目前尚无有关人类孤雄 haESC 的报告。

haESC 存在若干局限性。一个缺点是单倍体表型在培养过程中缺乏稳定性。haESC 需经历自发的同源二倍体化，并且需要通过流式活化细胞分类进行数轮单倍体纯化，之后才能在培养过程中保持稳定。此外，目前尚无含有 Y 染色体的孤雄 haESC（Li 等，2012），这是因为含有 YY 染色体的雄性胚胎发育潜力较差（Latham 等，2000；Tarkowki，1977），因此，目前只能创造雌性动物。在进一步的育种过程中可创造雄性动物。另一个主要缺点是孤雄 haESC 使卵子受精的效率偏低（小鼠不到 5%，大鼠不到 2%）。

总而言之，虽然目前还没有可能从干细胞系中生成“人造”人类配子，但针对小鼠展开的研究表明其具备一定的可行性。从人类 ES 细胞的体外分化过程获得生殖细胞和支持细胞（如塞托利细胞）及卵丘细胞即可在体外重建睾丸或卵巢环境。进一步了解促进生殖细胞发育和减数分裂成熟的内源性信号转导途径有助于在体外进一步衍生人类配子。此类细胞可立即在理解配子形成和剖析生育问题的过程中发挥作用，但在将其应用于人类生育问题之前（无论是否进行基因组编辑），首先必须克服安全问题。与体细胞不同，生殖细胞通常被认为具有一定程度的遗传损伤保护作用，并且将在配子形成之前经历广泛的表观遗传重塑。这两个因素均需在体外生成的人工配子中进行复制。

编辑线粒体基因组

线粒体疾病是因线粒体 DNA（mtDNA）突变引起的线粒体功能障碍所引发的一系列疾病。线粒体疾病与具有高能量需求的组织和器官（包括肌肉、心脏和大脑）的退化有关，这种退化最终将导致肌病、心肌病、神经病、脑病、乳酸酸中毒、脑卒中样综合征及失明等病症（Taylor 和 Turnbull，2005）。患者是否出现症状通常取决于突变 mtDNA 分子的百分比。目前尚无针对线粒体疾病的治疗方法，对于健康程度足以保证其生育能力的患者而言，遗传咨询和 PGD 是预防疾病传播的最佳选择。然而，由于非孟德尔遗传的 mtDNA 及不同卵裂球之间潜在的不同异质性水平，PGD 只能减少而无法消除传播疾病的风险。最新开发的线粒体替换技术涉及患者和供体卵母细胞之间核基因组的一系列复杂技术操作，由此产生的胚胎将携带来自三种不同来源的遗传物质（Paull 等，2012；Tachibana 等，2012）。为此，线粒体替换技术已经引发了生物学、医学和伦理方面的担忧（Hayden，2013；Reinhardt 等，2013）。线粒体替换技术的成功率较低，有关低等生物体的研究报告了替换线粒体后与线粒体 DNA 不相容的潜在问题（Reinhardt 等，2013）。

研究人员新近开发出了一种替代疗法来消除生殖细胞中的突变 mtDNA。线粒体靶向内切核酸酶成功地阻止了小鼠生殖细胞中的靶向 mtDNA 传递给下一代（Reddy 等，2015）。由于可通过限制性内切核酸酶靶向的 mtDNA 突变数量有限，研究人员已经努力通过线粒体靶向的类转录激活因子效应物核酸酶（mito-TALEN）和 ZFN 靶向大多数 mtDNA 突变（Bacman 等，2013；Gammage 等，2014）。mito-TALEN 能够特异性清除小鼠生殖细胞中的靶向 mtDNA（Reddy 等，2015）。值得注意的是，将核酸酶（如 mito-TALEN）注入卵母细胞或早期胚胎的技术涉及简单的 mRNA（可编码核酸酶）显微注射。此外，线粒体定位信号（如 Cox8 和 ATP5b）的使用限制了单纯针对线粒体的转运。该技术的一个注意事项是，消除卵母细胞中高水平的突变 mtDNA 可获得拥有少量正常 mtDNA 的胚胎，如果未能在植入后进行复制，则可能导致妊娠失败。PGD 可用于选择和转移拥有较高水平正常 mtDNA 的胚胎。重要的是，与核编辑不同，mtDNA 编辑的目的并非纠正基因突变，而是消除因卵母细胞中存在多个 mtDNA 拷贝所引起的 DNA 突变。此外，由于线粒体中的修复机制活性偏低，因此，靶线粒体 DNA 重新连接和引入新突变的频率极低。此外，未来类似的线粒体编辑工具也可用于消除衍生自干细胞配子中的突变 mtDNA。最后，线粒体基因编辑工具与线粒体替换技术的组合可能代表未来的备选方案，可以防止 mtDNA 突变的种系传递。此类突变不仅可导致线粒体特异性疾病，还可能导致线粒体功能的改变，从而引发癌症、糖尿病和衰老相关疾病等病症。

与递送相关的挑战

除了在基因组编辑系统方面取得的技术进步之外，有效递送是体内应用过程面临的一项重要挑战。表 A-1 强调了一系列处于探索阶段的基因组编辑组件递送策略，并探讨了各项策略的优势和劣势。

表 A-1　递送基因组编辑组件的常规方法

<table>
<tr><th>方法</th><th>递送组件</th><th>说明</th><th>优势</th><th>劣势</th><th>首选应用领域</th></tr>
<tr><td colspan="6">非病毒</td></tr>
<tr><td>转染</td><td rowspan="4">核酸酶作为质粒DNA、RNA或蛋白质
向导RNA作为质粒DNA或寡核苷酸与核酸酶RNA混合（可与核酸酶复合，如核糖核蛋白、RNP）
模板作为质粒DNA或寡核苷酸（可预先与RNP复合）
［在部分方案中，核酸酶作为mRNA、蛋白质或RNP通过非病毒方法（通常为电穿孔）进行递送，在递送核酸酶之前或之后，模板DNA分别通过病毒载体进行递送］</td><td>所有组件均集中在有利于细胞进入的糖类或脂质聚合物媒介；在体外将该复合物施用于细胞或注入组织或血液</td><td>相对易于使用；可同时递送所有编辑“机器”；瞬时表达可限制编辑“机器”的细胞毒性和免疫原性</td><td>细胞摄取和核进入存在速率限制；媒介物可引起体内细胞毒性和炎症；为了完成体内递送，RNA需经过修饰以提高稳定性；无法针对特定组织；其公式通常具有专有性</td><td>细胞系和部分原始细胞（体外）</td></tr>
<tr><td>纳米颗粒</td><td>上文所述复合物与纳米颗粒（金、葡聚糖）偶联以增强细胞摄取和递送及体内的生物分布</td><td>细胞摄取可得到增强；可针对特定组织；瞬时表达可限制编辑“机器”的细胞毒性和潜在的免疫原性</td><td>极少</td><td>组织或全身</td></tr>
<tr><td>电穿孔</td><td>短暂的电脉冲通过溶液（含有或不含模板的编辑核酸酶试剂）中的细胞群</td><td>多种细胞类型的有效递送方法（体外）；瞬时表达可限制编辑“机器”的细胞毒性和潜在的免疫原性</td><td>可导致细胞毒性(从蛋白质到mRNA到DNA呈递增趋势；利用经修饰的核酸可得到缓解)，耐受性高于转染方法；体内递送存在难度</td><td>细胞系和原始细胞（体外）</td></tr>
<tr><td>挤压孔道（非病毒）</td><td>细胞群通过小于细胞直径的小通道，在膜上产生小孔以便核酸酶和供体试剂进入细胞</td><td>尚未经过广泛验证的新策略</td><td>不适用于体内递送</td><td></td></tr>
</table>

续表

方法	递送组件	说明	优势	劣势	首选应用领域
病毒					
慢病毒载体（LV）	核酸酶和向导RNA作为基因表达盒由载体基因组进行递送（可由单独的组织特异性启动子驱动） 模板DNA［可单独递送模板，与核酸酶RNA、蛋白质或RNP的电穿孔相结合，或用于结合在相同或不同载体上递送的模板和向导RNA和（或）核酸酶］	可包装约8000个核酸碱基的复制缺陷型病毒，能进入几乎所有细胞类型；载体随机整合到细胞基因组中，允许稳定表达并传递给后代细胞；利用突变的整合酶缺陷型慢病毒载体（IDLV）制备的修饰版本无法进行整合，并在增殖细胞中迅速丢失	是目前最常用的体外基因转移工具，体内应用正处于探索阶段；针对LV和IDLV的表达分别具有稳定性、瞬时性和组织特异性，并且受到控制和条件限制；人体细胞转导具有良好的耐受性；IDLV提供限制细胞毒性和免疫原性的瞬时核酸酶表达，并且非常适用于模板递送	核酸酶的稳定表达可能导致细胞毒性和免疫原性；LV可诱发插入诱变的潜在风险；载体的制备过程更加复杂和昂贵（与非病毒平台相比）	细胞系和原始细胞（体外）
腺相关病毒（AAV）载体		可包装约4700个碱基的复制缺陷型病毒，带有大量可靶向不同细胞类型的变体（天然和工程化血清型）	是目前最常用的体内基因转移工具；主要在靶细胞核中保持游离基因形式；可在多种细胞类型和组织中进行高效递送和稳定表达；人体细胞转导具有良好的耐受性；在分裂细胞中瞬时表达，非常适用于核酸酶和模板递送	能力有限，载体在非增殖细胞和组织中可持续数年，从而导致核酸酶的长期表达及潜在的细胞毒性和免疫原性；部分人群对AAV拥有预先存在的免疫力，体内基因转移或转导细胞的清除将受到抑制	原始细胞（体外）和组织或全身（体内）
腺病毒载体		可包装超过20000个碱基的复制缺陷型病毒，可在体外和体内转导多种细胞类型	可包装大片段DNA；可用于体内和体外递送；在分裂细胞和组织中瞬时表达	在部分临床试验中表现出严重的急性毒性；多数人群拥有预先存在的免疫力；不再属于常用的基因治疗载体	原始细胞（体外）

注：IDLV=整合酶缺陷型慢病毒载体；RNP =核糖核蛋白复合物；sgRNA=单个向导RNA。

参考文献

Ahmed，E. A.，P. de Boer，M. E. P. Philippens，H. B. Kal，and D. G. de Rooij. 2010. Parp1-XRCC1 and the repair of DNA double strand breaks in mouse round spermatids. Mutation Research/Fundamental and Molecular Mechanisms of Mutagenesis 683（1-2）：84-90.

Auer，T. O.，K. Duroure，A. De Cian，J. P. Concordet，and F. Del Bene. 2014. Highly efficient CRISPR/Cas9-mediated knock-in in zebrafish by homology-independent DNA repair. Genome Research 24（1）：142-153.

Bacman，S. R.，S. L. Williams，M. Pinto，S. Peralta，and C. T. Moraes. 2013. Specific elimination of mutant mitochondrial genomes in patient-derived cells by mitoTALENs. Nature Medicine 19（9）：1111-1113.

Barrangou，R.，C. Fremaux，H. Deveau，M. Richards，P. Boyaval，S. Moineau，D. A. Romero，and P. Horvath. 2007. CRISPR provides acquired resistance against viruses in prokaryotes. Science 315（5819）：1709-1712.

Bibikova，M.，D. Carroll，D. Segal，J. K. Trautman，J. Smith，Y. G. Kim，and S. Chandrasegaran. 2001. Stimulation of homologous recombination through targeted cleavage by chimeric nucleases. Molecular and Cellular Biology 21（1）：289-297.

Bibikova，M.，M. Golic，M.，K. G. Golic，and D. Carroll. 2002. Targeted chromosomal cleavage and mutagenesis in Drosophila using zinc-finger nucleases. Genetics 161（3）：1169-1175.

Bibikova，M.，K. Beumer，J. K. Trautman，and D. Carroll. 2003. Enhancing gene targeting with designed zinc finger nucleases. Science 300（5620）：764.

Brinster，R. L.，H. Y. Chen，M. Trumbauer，A. W. Senear，R. Warren，and R. D. Palmiter. 1981. Somatic expression of herpes thymidine kinase in mice following injection of a fusion gene into eggs. Cell 27（1 Pt. 2）：223-231.

Burt，A. 2003. Site-specific selfish genes as tools for the control and genetic engineering of natural populations. Proceedings of The Royal Society B：Biological Sciences 270（1518）：921-928.

Burt，A. 2014. Heritable strategies for controlling insect vectors of disease. Philosophical Transactions of the Royal Society B：Biological Sciences 369（1645）：20130432.

Carroll, D. 2014. Genome engineering with targetable nucleases. Annual Review of Biochemistry 83：409-439.

Chevalier，B. S.，T. Kortemme，M. S. Chadsey，D. Baker，R. J. Monnat，and B. L. Stoddard. 2002. Design，activity，and structure of a highly specific artificial endonuclease. Molecular Cell 10（4）：895-905.

Chiarle，R.，Y. Zhang，R. L. Frock，S. M. Lewis，B. Molinie，Y. J. Ho，D. R. Myers，V. W. Choi，M. Compagno，D. J. Malkin，D. Neuberg，S. Monti，C. C. Giallourakis，M. Gostissa，and F. W. Alt. 2011. Genome-wide translocation sequencing reveals mechanisms of chromosome breaks and rearrangements in B cells. Cell 147（1）：107-119.

Cho，S. W.，S. Kim，J. M. Kim，and J. S. Kim. 2013. Targeted genome engineering in human cells with the Cas9 RNA-guided endonuclease. Nature Biotechnology 31（3）：230-232.

Cong，L.，F. A. Ran，D. Cox，S. Lin，R. Barretto，N. Habib，P. D. Hsu，X. Wu，W. Jiang，L. A. Marraffini，and F. Zhang. 2013. Multiplex genome engineering using CRISPR/Cas systems. Science 339（6121）：819-823.

Costantini，F.，and E. Lacy. 1981. Introduction of a rabbit beta-globin gene into the mouse germ line. Nature 294（5836）：92-94.

Cox，D. B. T.，R. J. Platt，and F. Zhang. 2015. Therapeutic genome editing：Prospects and challenges. Nature Medicine 21（2）：121-131.

Deltcheva，E.，K. Chylinski，C. M. Sharma，K. Gonzales，Y. Chao，Z. A. Pirzada，M. R. Eckert，J. Vogel，and E. Charpentier. 2011. CRISPR RNA maturation by trans-encoded small RNA and host factor RNase III. Nature 471（7340）：602-607.

Desjarlais，J. R.，and J. M. Berg. 1992. Toward rules relating zinc finger protein sequences and DNA binding site preferences. Proceedings of the National Academy of Sciences of the United States of America 89（16）：7345-7349.

Dickinson，D. J.，J. D. Ward，D. J. Reiner，and B. Goldstein. 2013. Engineering the Caenorhabditis elegans genome using Cas9-triggered homologous recombination. Nature Methods 10（10）：1028-1034.

Doetschman，T.，R. G. Gregg，N. Maeda，M. L. Hooper，D. W. Melton，S. Thompson，and O. Smithies. 1987. Targeted correction of a mutant HPRT gene in mouse embryonic stem cells. Nature 330：576-578.

Doudna，J. A.，and E. Charpentier. 2014. Genome editing：The new frontier of genome engineering with CRISPR-Cas9. Science 346（6213）：1258096.

Eggan，K.，S. Jurga，R. Gosden，I. M. Min，and A. J. Wagers. 2006. Ovulated oocytes in adult mice derive from non-circulating germ cells. Nature 441（7097）：1109-1114.

Esvelt，K. M.，A. L. Smidler，F. Catteruccia，and G. M. Church. 2014. Concerning RNA-guided gene drives for the alteration of wild populations. eLife e03401.

Evans，M. J.，and M. H. Kaufman. 1981. Establishment in culture of pluripotential cells from mouse embryos. Nature 292（5819）：154-156.

Friedland，A. E.，Y. B. Tzur，K. M. Esvelt，M. P. Colaiacovo，G. M. Church，and J. Calarco. 2013. Heritable genome editing in C. elegans via a CRISPR-Cas9 system. Nature Methods 10（8）：741-743.

Fu，Y.，J. A. Foden，C. Khayter，M. L. Maeder，D. Reyon，J. K. Joung，and J. D. Sander. 2013. High-frequency off-target mutagenesis induced by CRISPR-Cas nucleases in human cells. Nature Biotechnology 31（9）：822-826.

Gabriel，R.，A. Lombardo，A. Arenas，J. C. Miller，P. Genovese，C. Kaeppel，A. Nowrouzi，C. C. Bartholomae，J. Wang，G. Friedman，M. C. Holmes，P. D. Gregory，H. Glimm，M. Schmidt，L. Naldini，and C. von Kalle. 2011. An unbiased genome-wide analysis of zinc-finger nuclease specificity. Nature Biotechnology 29（9）：816-823.

Gammage，P. A.，J. Rorbach，A. I. Vincent，E. J. Rebar，and M. Minczuk. 2014. Mitochondrially targeted ZFNs for selective degradation of pathogenic mitochondrial genomes bearing large-scale deletions or point mutations. EMBO Molecular Medicine 6（4）：458-466.

Gantz，V.，and E. Bier. 2015. The mutagenic chain reaction：A method for converting heterozygous to homozygous mutations. Science 348（6233）：442-444.

Garneau，J. E.，M. E. Dupuis，M. Villion，D. A. Romero，R. Barrangou，P. Boyaval，C. Fremaux，P. Horvath，A. H. Magadan，and S. Moineau. 2010. The CRISPR/Cas bacterial immune system cleaves bacteriophage and plasmid DNA. Nature 468（7320）：67-71.

Gasiunas，G.，R. Barrangou，P. Horvath，and V. Siksnys. 2012. Cas9-crRNA ribonucleoprotein complex mediates specific DNA cleavage for adaptive immunity in bacteria. Proceedings of the National Academy of Sciences of the United States of America 109（39）：E2579-E2586.

Gilbert，L. A.，M. H. Larson，L. Morsut，Z. Liu，G. A Brar，S. E. Torres，N. Stern-Ginossar，O. Brandman，E. H. Whitehead，J. A. Doudna，W. A. Lim，J. S. Weissman，and L. S. Qi. 2013. CRISPR-mediated modular RNA-guided regulation of transcription in eukaryotes. Cell 154（2）：442-451.

Gilbert，L. A.，M. A. Horlbeck，B. Adamson，J. E. Villalta，Y. Chen，E. H. Whitehead，C. Guimaraes，B. Panning，H. L. Ploegh，M. C. Bassik，L. S. Qi，M. Kampmann，and J. S. Weissman. 2014. Genome-scale CRISPR-mediated control of gene repression and activation. Cell 159（3）：647-661.

Gordon，J. W.，and F. H. Ruddle. 1981. Integration and stable germ line transmission of genes injected into mouse pronuclei. Science 214（4526）：1244-1246.

Guilinger，J. P.，D. B. Thompson，and D. R. Liu. 2014. Fusion of catalytically inactive Cas9 to Fok Ⅰ nuclease improves the specificity of genome modification. Nature Biotechnology 32（6）：577-582.

Hammer，R. E.，R. D. Palmiter，and R. L. Brinster. 1984. Partial correction of murine hereditary growth disorder by germ-line incorporation of a new gene. Nature 311（5981）：65-67.

Haurwitz，R. E.，S. H. Sternberg，and J. A. Doudna. 2012. Csy4 relies on an unusual catalytic dyad to position and cleave CRISPR RNA. The EMBO Journal 31（12）：2824-2832.

Hayashi，K.，H. Ohta，K. Kurimoto，S. Aramaki，and M. Saitou. 2011. Reconstitution of the mouse germ cell specification pathway in culture by pluripotent stem cells. Cell 146（4）：519-532.

Hayashi，K.，S. Ogushi，K. Kurimoto，S. Shimamoto，H. Ohta，and M. Saitou. 2012. Offspring from oocytes derived from in vitro primordial germ cell-like cells in mice. Science 338（6109）：971-975.

Hayden，E. C. 2013. Regulators weigh benefits of “three-parent” fertilization. Nature 502（7471）：284-285.

Hsu，P. D.，D. A. Scott，J. A. Weinstein，F. A. Ran，S. Konermann，V. Agarwala，Y. Li，E. J. Fine，X. Wu，O. Shalem，T. J. Cradick，L. A. Marraffini，G. Bao，and F. Zhang. 2013. DNA targeting specificity of RNA-guided Cas9 nucleases. Nature Biotechnology 31（9）：827-832.

Hwang，W. Y.，Y. Fu，D. Reyon，M. L. Maeder，S. Q. Tsai，J. D. Sander，R. T. Peterson，J. R. Yeh，and J. K. Joung. 2013. Efficient genome editing in zebrafish using a CRISPR-Cas system. Nature Biotechnology 31（3）：227-229.

Irie，N.，L. Weinberger，W. W. Tang，T. Kobayashi，S. Viukov，Y. S. Manor，S. Dietmann，J. H. Hanna，and M. A. Surani. 2015. SOX17 is a critical specifier of human primordial germ cell fate. Cell 160（1-2）：253-268.

Jaenisch，R. 1976. Germ line integration and Mendelian transmission of the exogenous Moloney leukemia virus. Proceedings of the National Academy of Sciences of the United States of America 73（4）：1260-1264.

Jaenisch，R.，and B. Mintz. 1974. Simian virus 40 DNA sequences in DNA of healthy adult mice derived from preimplantation blastocysts injected with viral DNA. Proceedings of the National Academy of Sciences of the United States of America 71（4）：1250-1254.

Jamieson，A. C.，S. H. Kim，and J. A. Wells. 1994. In vitro selection of zinc fingers with altered DNA-binding specificity. Biochemistry 33（19）：5689-5695.

Jiang，W.，D. Bikard，D. Cox，F. Zhang，and L. A. Marraffini. 2013. RNA-guided editing of bacterial genomes using CRISPR-Cas systems. Nature Biotechnology 31（3）：233-239.

Jinek，M.，K. Chylinski，I. Fonfara，M. Hauer，J. A. Doudna，and E. Charpentier. 2012. A programmable dual-RNA-guided DNA endonuclease in adaptive bacterial immunity. Science 337（6096）：816-821.

Jinek，M.，A. East，A. Cheng，S. Lin，E. Ma，and J. Doudna. 2013. RNA-programmed genome editing in human cells. eLife 2：e00471.

Jinek，M.，F. Jiang，D. W. Taylor，S. H. Sternberg，E. Kaya，E. Ma，C. Anders，M. Hauer，K. Zhou，S. Lin，M. Kaplan，A. T. Iavarone，E. Charpentier，E. Nogales，and J. A. Doudna. 2014. Structures of Cas9 endonucleases reveal RNA-mediated conformational activation. Science 343（6176）：1247997.

Johnson，J.，J. Canning，T. Kaneko，J. K. Pru，and J. L. Tilly. 2004. Germline stem cells and follicular renewal in the postnatal mammalian ovary. Nature 428（6979）：145-150.

Jore，M. M.，M. Lundgren，E. van Duijn，J. B. Bultema，E. R. Westra，S. P. Waghmare，B. Wiedenheft，Ü. Pul，R. Wurm，R. Wagner，M. R. Beijer，A. Barendregt，K. Zhou，A. P. L. Snijders，M. J. Dickman，J. A. Doudna，E. J. Boekema，A. J. R. Heck，J. van der Oost，and S. J. J. Brouns. 2011. Structural basis for CRISPR RNA-guided DNA recognition by Cascade. Nature Structural & Molecular Biology 18（5）：529-536.

Joung，J. K.，and J. D. Sander. 2013. TALENs：A widely applicable technology for targeted genome editing. Nature Reviews Molecular Cell Biology 14（1）：49-55.

Kanatsu-Shinohara，M.，and T. Shinohara. 2013. Spermatogonial stem cell self-renewal and development. Annual Reviews Cell and Developmental Biology 29：163-187.

Kang，X.，W. He，Y. Huang，Q. Yu，Y. Chen，X. Gao，X. Sun，and Y. Fan. 2016. Introducing precise genetic modifications into human 3PN embryos by CRISPR/Cas-mediated genome editing. Journal of Assisted Reproduction and Genetics 33（5）：581-588.

Kim，Y. G.，J. Cha，and S. Chandrasegaran. 1996. Hybrid restriction enzymes：Zinc finger fusions to Fok I cleavage domain. Proceedings of the National Academy of Sciences of the United States of America 93（3）：1156-1160.

Kleinstiver，B. P.，V. Pattanayak，M. S. Prew，S. Q. Tsai，N. T. Nguyen，Z. Zheng，and J. K. Joung. 2016. High-fidelity CRISPR-Cas9 nucleases with no detectable genome-wide off-target effects. Nature 529（7587）：490-495.

Komor，A. C.，Y. B. Kim，M. S. Packer，J. A. Zuris，and D. R. Liu. 2016. Programmable editing of a target base in genomic DNA without double-stranded DNA cleavage. Nature 533（7603）：420-424.

Konermann，S.，M. D. Brigham，A. E. Trevino，J. Joung，O. O. Abudayyeh，C. Barcena，P. D. Hsu，N. Habib，J. S. Gootenberg，H. Nishimasu，O. Nureki，and F. Zhang. 2015. Genome-scale transcriptional activation by an engineered CRISPR-Cas9 complex. Nature 517（7536）：583-588.

Kuehn，M.，A. Bradley，E. Robertson，and M. Evans. 1987. A potential animal model for Lesch-Nyhan syndrome through introduction of HPRT mutations into mice. Nature 326（6110）：295-298.

Latham，K. E.，B. Patel，F. D. Bautista，and S. M. Hawes. 2000. Effects of X chromosome number and parental origin on X-linked gene expression in preimplantation mouse embryos. Biology of Reproduction 63（1）：64-73.

Lavitrano，M.，R. Giovannoni，and M. G. Cerrito. 2013. Methods for sperm-mediated gene transfer. In Spermatogenesis：Methods and protocols，Vol. 927，edited by D. Carrell，and K. I. Aston. New York：Humana Press. Pp. 519-529.

Leeb，M.，and A. Wutz. 2011. Derivation of haploid embryonic stem cells from mouse embryos. Nature 479（7371）：131-134.

Le Page，M. 2015. Gene editing saves girl dying from leukemia in world first. New Scientist，November 5. https：//www. newscientist. com/article/dn28454-gene-editing-saves-life-of-girl-dying-from leukaemia-in-world-first（accessed October 31，2016）.

Li，W.，L. Shuai，H. Wan，M. Dong，M. Wang，L. Sang，C. Feng，G. Z. Luo，T. Li，X. Li，L. Wang，Q. Y. Zheng，C. Sheng，H. J. Wu，Z. Liu，L. Liu，L. Wang，X. J. Wang，X. Y. Zhao，and Q. Zhou. 2012. Androgenetic haploid embryonic stem cells produce live transgenic mice. Nature 490（7420）：407-411.

Li，W.，F. Teng，T. Li，and Q. Zhou. 2013. Simultaneous generation and germline transmission of

multiple gene mutations in rat using CRISPR-Cas systems. Nature Biotechnology 31（8）：684-686.
Li，W.，X. Li，T. Li，M. G. Jiang，H. Wan，G. Z. Luo，C. Feng，X. Cui，F. Teng，Y. Yuan，Q. Zhou，Q. Gu，L. Shuai，J. Sha，Y. Xiao，L. Wang，Z. Liu，X. J. Wang，X. Y. Zhao，and Q. Zhou. 2014. Genetic modification and screening in rat using haploid embryonic stem cells. Cell Stem Cell 14（3）：404-414.
Liang，P.，Y. Xu，X. Zhang，C. Ding，R. Huang，Z. Zhang，J. Lv，X. Xie，Y. Chen，Y. Li，Y. Sun，Y. Bai，Z. Songyang，W. Ma，C. Zhou，and J. Huang. 2015. CRISPR/Cas9-mediated gene editing in human tripronuclear zygotes. Protein & Cell 6（5）：363-372.
Maeda，I.，D. Okamura，Y. Tokitake，M. Ikeda，H. Kawaguchi，N. Mise，K. Abe，T. Noce，A. Okuda，and Y. Matsui. 2013. Max is a repressor of germ cell-related gene expression in mouse embryonic stem cells. Nature Communications 4：1754.
Mahon，K. A.，P. A. Overbeek，and H. Westphal. 1988. Prenatal lethality in a transgenic mouse line is the result of a chromosomal translocation. Proceedings of the National Academy of Sciences of the United States of America 85（4）：1165-1168.
Makarova，K. S.，N. V Grishin，S. A Shabalina，Y. I. Wolf，and E. V. Koonin. 2006. A putative RNA-interference-based immune system in prokaryotes：Computational analysis of the predicted enzymatic machinery，functional analogies with eukaryotic RNAi，and hypothetical mechanisms of action. Biology Direct 1（1）：7.
Mali，P.，L. Yang，K. M. Esvelt，J. Aach，M. Guell，J. E. DiCarlo，J. E. Norville，and G. M. Church. 2013. RNA-guided human genome engineering via Cas9. Science 339（6121）：823-826.
Martin，G. R. 1981. Isolation of a pluripotent cell line from early mouse embryos cultured in medium conditioned by teratocarcinoma stem cells. Proceedings of the National Academy of Sciences of the United States of America 78（12）：7634-7638.
Maruyama，T.，S. K. Dougan，M. C. Truttmann，A. M. Bilate，J. R. Ingram，and H. L. Ploegh. 2015. Increasing the efficiency of precise genome editing with CRISPR-Cas9 by inhibition of nonhomologous end joining. Nature Biotechnology 33（5）：538-542.
McCreath，K. J.，J. Howcroft，K. H. Campbell，A. Colman，A. E. Schnieke，and A. J. Kind. 2000. Production of gene-targeted sheep by nuclear transfer from cultured somatic cells. Nature 405（6790）：1066-1069.
Mojica，F. J. M.，C. Diez-Villasenor，J. Garcia-Martinez，and E. Soria. 2005. Intervening sequences of regularly spaced prokaryotic repeats derive from foreign genetic elements. Journal of Molecular Evolution 60（2）：174-182.
Naldini，L. 2015. Gene therapy returns to centre stage. Nature 526（7573）：351-360.
Niu，Y.，B. Shen，Y. Cui，Y. Chen，J. Wang，L. Wang，Y. Kang，X. Zhao，W. Si，W. Li，A. P. Xiang，J. Zhou，X. Guo，Y. Bi，C. Si，B. Hu，G. Dong，H. Wang，Z. Zhou，T. Li，T. Tan，X. Pu，F. Wang，S. Ji，Q. Zhou，X. Huang，W. Ji，and J. Sha. 2014. Generation of gene-modified cynomolgus monkey via Cas9/RNA-mediated gene targeting in one-cell embryos. Cell 156（4）：836-843.
Orthwein，A.，S. M. Noordermeer，M. D. Wilson，S. Landry，R. I. Enchev，A. Sherker，M. Munro，J. Pinder，J. Salsman，G. Dellaire，B. Xia，M. Peter，and D. Durocher. 2015. A mechanism for the suppression of homologous recombination in G1 cells. Nature 528（7582）：422-426.
Oye，K. A.，K. Esvelt，E. Appleton，F. Catteruccia，G. Church，T. Kuiken，S. B. Lightfoot，J. McNamara，A. Smidler，and J. P. Collins. 2014. Biotechnology：Regulating gene drives. Science 345（6197）：626-628.
Paquet，D.，D. Kwart，A. Chen，A. Sproul，S. Jacob，S. Teo，K. M. Olsen，A. Gregg，S. Noggle，

and M. Tessier-Lavigne. 2016. Efficient introduction of specific homozygous and heterozygous mutations using CRISPR/Cas9. Nature 533（7601）：125-129.

Paull，D.，V. Emmanuele，K. A. Weiss，N. Treff，L. Stewart，H. Hua，M. Zimmer，D. J. Kahler，R. S. Goland，S. A. Noggle，R. Prosser，M. Hirano，M. V. Sauer，and D. Egli. 2012. Nuclear genome transfer in human oocytes eliminates mitochondrial DNA variants. Nature 493（7434）：632-637.

Perez-Pinera，P.，D. D. Kocak，C. M. Vockley，A. F. Adler，A. M. Kabadi，L. R. Polstein，P. T. Thakore，K. A. Glass，D. G. Ousterout，K. W. Leong，F. Guilak，G. E. Crawford，T. E. Reddy，and C. A. Gersbach. 2013. RNA-guided gene activation by CRISPR-Cas9-based transcription factors. Nature Methods 10（10）：973-976.

Pourcel，C.，G. Salvignol，and G. Vergnaud. 2005. CRISPR elements in Yersinia pestis acquire new repeats by preferential uptake of bacteriophage DNA，and provide additional tools for evolutionary studies. Microbiology 151（Pt. 3）：653-663.

Qasim，W.，H. Zhan，S. Samarasinghe，S. Adams，P. Amrolia，S. Stafford，K. Butler，C. Rivat，G. Wright，and K. Somana. 2017. Molecular remission of infant B-ALL after infusion of universal TALEN gene-edited CAR T cells. Science Translational Medicine 9（374）：eaaj2013.

Qi，L. S.，M. H. Larson，L. A. Gilbert，J. A. Doudna，J. S. Weissman，A. P. Arkin，and W. A. Lim. 2013. Repurposing CRISPR as an RNA-guided platform for sequence-specific control of gene expression. Cell 152（5）：1173-1183.

Ran，F. A.，P. D. Hsu，C. Y. Lin，J. S. Gootenberg，S. Konermann，A. E. Trevino，D. A. Scott，A. Inoue，S. Matoba，Y. Zhang，and F. Zhang. 2013. Double nicking by RNA-guided CRISPR Cas9 for enhanced genome editing specificity. Cell 154（6）：1380-1389.

Rebar，E. J.，and C. O. Pabo. 1994. Zinc finger phage：Affinity selection of fingers with new DNA-binding specificities. Science 263（5147）：671-673.

Reddy，P.，A. Ocampo，K. Suzuki，J. Luo，S. R. Bacman，S. L. Williams，A. Sugawara，D. Okamura，Y. Tsunekawa，J. Wu，D. Lam，X. Xiong，N. Montserrat，C. R. Esteban，G. H. Liu，I. Sancho-Martinez，D. Manau，S. Civico，F. Cardellach，M. del Mar O'Callaghan，J. Campistol，H. Zhao，J. M. Campistol，C. T. Moraes，and J. C. I. Belmonte. 2015. Selective elimination of mitochondrial mutations in the germline by genome editing. Cell 161（3）：459-469.

Reinhardt，K.，D. K. Dowling，and E. H. Morrow. 2013. Medicine：Mitochondrial replacement，evolution，and the clinic. Science 341（6152）：1345-1346.

Rouet，P.，F. Smih，and M. Jasin. 1994. Introduction of double-strand breaks into the genome of mouse cells by expression of a rare-cutting endonuclease. Molecular and Cellular Biology 14（12）：8096-8106.

Rubin，G. M.，and A. C. Spradling. 1982. Genetic transformation of Drosophila with transposable element vectors. Science 218（4570）：348-353.

Sagi，I.，G. Chia，T. Golan-Lev，M. Peretz，U. Weissbein，L. Sui，M. V. Sauer，O. Yanuka，D. Egli，and N. Benvenisty. 2016. Derivation and differentiation of haploid human embryonic stem cells. Nature 532（7597）：107-111.

Sakuma，T.，and K. Woltjen. 2014. Nuclease-mediated genome editing：At the front-line of functional genomics technology. Development，Growth & Differentiation 56（1）：2-13.

Sakurai，T.，A. Kamiyoshi，H. Kawate，C. Mori，S. Watanabe，M. Tanaka，R. Uetake，M. Sato，and T. Shindo. 2016. A non-inheritable maternal Cas9-based multiple-gene editing system in mice. Scientific Reports 6：20011.

Sapranauskas，R.，G. Gasiunas，C. Fremaux，R. Barrangou，P. Horvath，and V. Siksnys. 2011. The

Streptococcus thermophilus CRISPR/Cas system provides immunity in Escherichia coli. Nucleic Acids Research 39（21）：9275-9282.

Sander，J. D.，and J. K. Joung. 2014. CRISPR-Cas systems for editing，regulating and targeting genomes. Nature Biotechnology 32（4）：347-350.

Sasaki，K.，S. Yokobayashi，T. Nakamura，I. Okamoto，Y. Yabuta，K. Kurimoto，H. Ohta，Y. Moritoki，C. Iwatani，H. Tsuchiya，S. Nakamura，K. Sekiguchi，T. Sakuma，T. Yamamoto，T. Mori，K. Woltjen，M. Nakagawa，T. Yamamoto，K. Takahashi，S. Yamanaka，and M. Saitou. 2015. Robust in vitro induction of human germ cell fate from pluripotent stem cells. Cell Stem Cell 17（2）：178-194.

Schnieke，A.，K. Harbers，and R. Jaenisch. 1983. Embryonic lethal mutation in mice induced by retrovirus insertion into the a1（I）collagen gene. Nature 304（5924）：315-320.

Schwartzberg，P.，S. Goff，and E. Robertson. 1989. Germ-line transmission of a c-abl mutation produced by targeted gene disruption in ES cells. Science 246（4931）：799-803.

Silva，G.，L. Poirot，R. Galetto，J. Smith，G. Montoya，P. Duchateau，and F. Paques. 2011. Meganucleases and other tools for targeted genome engineering：Perspectives and challenges for gene therapy. Current Gene Therapy 11（1）：11-27.

Slaymaker，I. M.，L. Gao，B. Zetsche，D. A. Scott，W. X. Yan，and F. Zhang. 2016. Rationally engineered Cas9 nucleases with improved specificity. Science 351（6268）：84-88.

Solter，D. 2006. From teratocarcinomas to embryonic stem cells and beyond：A history of embryonic stem cell research. Nature Reviews Genetics 7：319-327.

Staals，R. H.，J. Y. Agari，S. Maki-Yonekura，Y. Zhu，D. W. Taylor，E. van Duijn，A. Barendregt，M. Vlot，J. J. Koehorst，K. Sakamoto，A. Masuda，N. Dohmae，P. J. Schaap，J. A. Doudna，A. J. R. Heck，K. Yonekura，J. van der Oost，and A. Shinkai. 2013. Structure and activity of the RNA-targeting Type III-B CRISPR-Cas complex of Thermus thermophilus. Molecular Cell 52（1）：135-145.

Suzuki，A.，M. Hirasaki，T. Hishida，J. Wu，D. Okamura，A. Ueda，M. Nishimoto，Y. Nakachi，Y. Mizuno，Y. Okazaki，Y. Matsui，J. C. I. Belmonte，and A. Okuda. 2016a. Loss of MAX results in meiotic entry in mouse embryonic and germline stem cells. Nature Communications 7：11056.

Suzuki，K.，Y. Tsunekawa，R. Hernandez-Benitez，J. Wu，J. Zhu，E. J. Kim，F. Hatanaka，M. Yamamoto，T. Araoka，Z. Li，M. Kurita，T Hishida，M. Li，E. Aizawa，S. Guo，S. Chen，A. Goebl，R. D. Soligalla，J. Qu，T. Jiang，X. Fu，M. Jafari，C. R. Esteban，W. T. Berggren，J. Lajara，E. Nuñez-Delicado，P. Guillen，J. M. Campistol，F. Matsuzaki，G. H. Liu，P. Magistretti，K. Zhang，E. M. Callaway，K. Zhang，and J. C. Belmonte. 2016b. In vivo genome editing via CRISPR/Cas9 mediated homology-independent targeted integration. Nature 540：144-149.

Tachibana，M.，P. Amato，M. Sparman，J. Woodward，D. M. Sanchis，H. Ma，N. M. Gutierrez，R. Tippner-Hedges，E. Kang，H. S. Lee，C. Ramsey，K. Masterson，D. Battaglia，D. Lee，D. Wu，J. Jensen，P. Patton，S. Gokhale，R. Stouffer，and S. Mitalipov. 2012. Towards germline gene therapy of inherited mitochondrial diseases. Nature 493（7434）：627-631.

Tarkowki，A. K. 1977. In vitro development of haploid mouse embryos produced by bisection of one-cell fertilized eggs. Journal of Embryology and Experimental Morphology 38：187-202.

Taylor，R. W.，and D. M. Turnbull. 2005. Mitochondrial DNA mutations in human disease. Nature Reviews Genetics 6（5）：389-402.

Thomas，K.，and M. Capecchi. 1987. Site directed mutagenesis by gene targeting in mouse embryo-derived stem cells. Cell 51（3）：503-512.

Tsai，S. Q.，and J. K. Joung. 2016. Defining and Improving the genome-wide specificities of CRISPR-

Cas9 nuclease. Nature Reviews Genetics 17（5）：300-312.

Tsai，S. Q.，N. Wyvekens，C. Khayter，J. A. Foden，V. Thapar，D. Reyon，M. J. Goodwin，M. J. Aryee，and J. K. Joung. 2014. Dimeric CRISPR RNA-guided Fok Ⅰ nucleases for highly specific genome editing. Nature Biotechnology 32（6）：569-576.

Tsai，S. Q.，Z. Zheng，N. T. Nguyen，M. Liebers，V. V. Topkar，V. Thapar，N. Wyvekens，C. Khayter，A. J. Iafrate，L. P. Le，M. J. Aryee，and J. K. Joung. 2015. GUIDE-seq enables genome-wide profiling of off-target cleavage by CRISPR-Cas nucleases. Nature Biotechnology 33（2）：187-197.

Wakayama，T.，A. C. Perry，M. Zuccotti，K. R. Johnson，and R. Yanagimachi. 1998. Full-term development of mice from enucleated oocytes injected with cumulus cell nuclei. Nature 394（6691）：369-374.

Wan，H.，Z. He，M. Dong，T. Gu，G. Z. Luo，F. Teng，B. Xia，W. Li，C. Feng，X. Li，T. Li，L. Shuai，R. Fu，L. Wang，X. J. Wang，X. Y. Zhao，and Q. Zhou. 2013. Parthenogenetic haploid embryonic stem cells produce fertile mice. Cell Research 23（11）：1330-1333.

Wang，H.，H. Yang，C. S. Shivalila，M. M. Dawlaty，A. W. Cheng，F. Zhang，and R. Jaenisch. 2013. One-step generation of mice carrying mutations in multiple genes by CRISPR/Cas-mediated genome engineering. Cell 153（4）：910-918.

Wang，X.，Y. Wang，X. Wu，J. Wang，Y. Wang，Z. Qiu，T. Chang，H. Huang，R. J. Lin，and J. K. Yee. 2015. Unbiased detection of off-target cleavage by CRISPR-Cas9 and TALENs using integrasedefective lentiviral vectors. Nature Biotechnology 33（2）：175-178.

Wiedenheft，B.，K. Zhou，M. Jinek，S. M. Coyle，W. Ma，and J. A. Doudna. 2009. Structural basis for DNase activity of a conserved protein implicated in CRISPR-mediated genome defense. Structure 17（6）：904-912.

Wiedenheft，B.，G. C. Lander，K. Zhou，M. M. Jore，S. J. J. Brouns，J. van der Oost，J. A. Doudna，and E. Nogales. 2011. Structures of the RNA-guided surveillance complex from a bacterial immune system. Nature 477（7365）：486-489.

Wilmut，I.，A. E. Schnieke，J. McWhir，A. J. Kind，and K. H. Campbell. 1997. Viable offspring derived from fetal and adult mammalian cells. Nature 385（6619）：810-813.

Wu，Y.，H. Zhou，X. Fan，Y. Zhang，M. Zhang，Y. Wang，Z. Xie，M. Bai，Q. Yin，D. Liang，W. Tang，J. Liao，C. Zhou，W. Liu，P. Zhu，H. Guo，H. Pan，C. Wu，H. Shi，L. Wu，F. Tang，and J. Li. 2015. Correction of a genetic disease by CRISPR-Cas9-mediated gene editing in mouse spermatogonial stem cells. Cell Research 25（1）：67-79.

Yang，H.，L. Shi，B. A. Wang，D. Liang，C. Zhong，W. Liu，Y. Nie，J. Liu，J. Zhao，X. Gao，D. Li，G. L. Xu，and J. Li. 2012. Generation of genetically modified mice by oocyte injection of androgenetic haploid embryonic stem cells. Cell 149（3）：605-617.

Yang，H.，H. Wang，C. S. Shivalila，A. W. Cheng，L. Shi，and R. Jaenisch. 2013. One-step generation of mice carrying reporter and conditional alleles by CRISPR/Cas-mediated genome engineering. Cell 154（6）：1370-1379.

Zeng，H.，S. Wen，W. Xu，Z. He，G. Zhai，Y. Liu，Z. Deng，and Y. Sun. 2015. Highly efficient editing of the actinorhodin polyketide chain length factor gene in Streptomyces coelicolor M145 using CRISPR/Cas9-CodA（sm）combined system. Applied Microbiology and Biotechnology 99（24）：10575-10585.

Zetsche，B.，J. S. Gootenberg，O. O. Abudayyeh，I. M. Slaymaker，K. S. Makarova，P. Essletzbichler，S. E. Volz，J. Joung，J. Van der Oost，A. Regev，E. V. Koonin，and F. Zhang. 2015. Cpf1 is a single RNA-guided endonuclease of a class 2 CRISPR-Cas system. Cell 163（3）：759-771.

Zhou，Q.，M. Wang，Y. Yuan，X. Wang，R. Fu，H. Wan，M. Xie，M. Liu，X. Guo，Y. Zheng，

G. Feng，Q. Shi，X. Y. Zhao，J. Sha，and Q. Zhou. 2016. Complete meiosis from embryonic stem cell-derived germ cells in vitro. Cell Stem Cell 18（3）：330-340.
Zijlstra，J.，E. Li，F. Sajjadi，S. Subramani，and R. Jaenisch. 1989. Germ line transmission of a disrupted b2-microglobulin gene produced by homologous recombination in embryonic stem cells. Nature 342（6248）：435-438.

附录B 国际研究监管制度

关于利用人类基因组编辑技术开展的研究和临床试验，其监管制度应借鉴其他临床研究和发展领域适用的国际和国家法规、政策和指导，包括其他涉及人类胚胎的基因技术、干细胞、生殖医学研究。本附录包含与此类制度相关的详细信息。本附录无意提供广泛全面的信息，而是侧重于除美国以外的国家解决此类问题的角度。

公众咨询可构成监管策略的组成部分

世界范围内针对各种生物医学和环境政策开展公众咨询的例子众多（辅文B-1 详细介绍了其中两个范例）。美国《国家政策环境法》在环境法领域具有一定的特殊性，因其并非直接发挥监管作用，而是规定政府在做出重大决策时必须在更大程度上接受公众监督。通过采纳公众意见，此类公众监督制度所产生的政治压力将以不同的方式推进决策过程，并允许政府专业意见/权威和公众咨询之间产生一定程度的相互作用。加拿大针对各种形式的辅助生殖技术成立了皇家委员会，负责审议全国范围内的新生殖技术，并就该主题举行了公开听证会。在欧盟（EU）国家，基因工程食品备受关注，根据欧盟指令的要求，如果产品可能对生物多样性或其他环境要素产生影响，则公众有权获取此类信息。公众咨询被视为指导性集中监管形式的替代方法，公众可通过其分散式流程向政府或行业施加压力，并且改变生物技术的创新方向或速度（Charo，2016b）。

辅文 B-1

关于公众咨询的两个例子

本辅文探讨了法国和英国针对新兴技术在人类领域的应用问题所开展的公众咨询活动。不同咨询方法之间的共性和差异可提供有价值的参考信息，其他国家可据此考虑如何解决与人类基因组编辑相关的科学和伦理问题。

2009 年，法国在出台《生物伦理法》修订版之前组织了一次公众讨论会（“生命伦理学的遗产”）。除了机构报告和互动网站，咨询活动还包括三次与生物伦理问题（包括胚胎研究和新生殖技术的使用权限）相关的共识会议。通过民意调查选出的25位公民作为代表参与每次会议。参与者还出席了周末研讨会，并就相关问题接受多学科专家团队的指导。公民代表还受邀参加了公众辩论，有关专家针对其提出的问题做出了解答。在该流程结束时，公民起草的建议均被纳入咨询活动的最终报告。咨询活动结束后提出的批评意见包括后续的法律修订并未纳入公民建议，且修订版未能解决公民小组提出的部分社会问题。另一方面，咨询活动为扩大《生物伦理法》修订过程的公民参与度提供了机会，该法于1994年首次实施，主要依据为国家生物伦理委员会提出的建议，委员会成员包括医生、生物医学研究人员、哲学家等专业人士及各宗教派别的代表。参与咨询活动的公民提出的社会价值观（如希望孩子了解其历史或致力于夫妻使用生殖技术且不考虑性别取向问题）同样有机会在官方论坛和媒体报道中发表，并且可为后续的公众讨论活动提供参考。

最近，英国根据2009年修订的《人类受精与胚胎学法》（HFEA），就线粒体替换疗法开展了咨询活动。公众研讨会和辩论及互动网站主要侧重于线粒体技术的应用可能引发的伦理问题，以及是否应批准将该技术应用于英国的临床实践领域。2013年，针对此项实践平衡各方意见之后得出的观点是应当在谨慎控制其用途的情况下批准该治疗技术的应用。2014年，英国就法规草案进一步开展了咨询活动。为确保广泛的受众覆盖面，政府招募了各类组织，其中包括患者团体、专业团体、研究机构、遗传利益群体、宗教信仰和社区组织及个人群体。若干利益相关方就法规草案做出了回应（1857份），个人群体也发表了自己的意见。与法国采用的流程相比，HFEA流程包含多个站点的公共论坛和大量公民提出的意见，以及针对单一问题开展的咨询活动所得到的更具针对性的建议。另一方面，咨询活动收到的批评意见包括程序和模式均以规则作为指导，并未以对话和审议为基础，且咨询意见与最终立法结果之间缺乏明确的关联。

通过指导方针进行自愿性规制是监管制度的另一个组成部分

除咨询活动之外，还有自愿性的自律措施和不具法律约束力的协议。此类自愿实施的规定对组织的捐献、捐献者的招募和引发公众关切的实验（如使用嵌合体的实验）提出了严格的限制条件。例如，国际干细胞研究学会通过的指导方针，此类指导方针已经过修订并涵盖所有形式的胚胎研究（从基础科学研究到涉及干细胞的临床试验）（ISSCR，2016）。指导方针的形式还包括具有说服力的国际文件（虽然不具备强制执行性），如国际医学科学组织委员会（CIOMS）针对人类受试者全球标准所发布的文件（Gallagher 等，2000）。

当然还有在极端情况下的监管制度和立法。尤其是关于基因疗法和生殖细胞操作的具有不同程度可执行性的国际文件。例如，欧洲委员会的《奥维耶多公约》

规定预测性基因检测只可用于医疗目的，并特别呼吁禁止使用生殖细胞基因工程或改变后代的基因组成。该公约建立在早期《欧洲公约》的基础之上，但与许多国际文件一样，其并未得到每个成员国的批准，即使获得批准，也未必能通过国内立法、得到执行。该公约具有极高的规范性价值，但执行程度参差不齐。

管理方法因国家而异

根据最近对基因转移试验信息的审查结果（来自监管机构或其他来源），截至2012 年 6 月，31 个国家共计批准、启动或完成了 1800 多项试验（Ginn 等，2013；IOM，2014）。到 2016 年年中，试验数量已增加至 2400 多项，主要集中于美洲和欧洲等人口密集的大洲，研究数量呈现逐年增长的趋势[70]。2013 年的审查报告显示，65.1%的试验集中在美洲，欧洲和亚洲所占的比例分别为 28.3%和 3.4%。2015 年和 2016 年的数据也呈现出类似的模式。由于超过一半的试验（63.7%，1174 项）涉及美国的研究人员或机构（Ginn 等，2013），美国国家卫生研究院（NIH）资助的研究或由于联邦范围内的保证而受制于 NIH 规则的研究所遵循的美国法规将对美国境外开展的研究产生影响。FDA 的规则也将适用于需要获得FDA 批准以便在美国进行销售的产品，无论其资金来源如何，也无论试验地点是在美国还是在其他国家。

各国均以不同的方式处理其监管途径的结构。日本的监管途径试图预先识别面临高、中、低风险的活动，并实施相应的监管措施。美国在医疗器械监管方面遵循类似的程序。但对于药物监管而言，美国自始至终认为所有药物具有同样的危险性，并且通过相同的安全性和有效性测试规则管理所有申报药物。与之相反，日本选择对每种申报药物可能存在的风险水平和监管程序的严格程度进行初步确定。日本还增加了专门用于再生医学和基因治疗产品的有条件审批途径，由于其属于最新采取的措施，因此评估工作尚无法进行（Charo，2016b）。

新加坡也有一种类似于日本的基于风险的方法，就细胞疗法而言，其采用的变量包括操作程度的大小；预期用途属于同源或非同源；其是否会与某种药物、设备或其他生物制品结合使用。

巴西通过积累过程提供了监管和治理方面的例子。该国已基于早期的通用规则批准了与基因工程食品和干细胞研究及细胞疗法有关的专项法律，包括禁止销售任何人体组织的宪法禁令和 1996 年颁布的关于人类生物材料的专利法，其造成的混乱局面导致一定程度的瘫痪状态，而法律之间的相互影响正处于管理阶段。

从更笼统的角度来说，拉丁美洲关于人体细胞基因组编辑的讨论受到转基因动植物、生物剽窃、生物安全和临床护理领域干细胞应用的影响。就转基因生物

70 全球基因疗法临床试验（由《基因医学杂志》提供）。http://www.abedia.com/wiley/years.php［访问时间：2017 年 1 月 30 日］。

和生物安全而言，墨西哥在其一般健康法和研究法规中提出了基因工程问题[71]。巴西则在其《生物安全法》中解决基因编辑问题，并以隐含的方式批准一部分人类体细胞基因编辑研究，尽管其明确的关注焦点是转基因生物[72]。同样，厄瓜多尔宪法针对转基因生物和生物剽窃涉及的基因组遗传做出了规定，并且在保障人格完整性的同时禁止使用遗传物质进行侵犯人权的科学研究[73]。

拉丁美洲的少数司法管辖区已经明确提出与体细胞基因组编辑相关的问题，并施加限制条件以禁止可能被视为“增效”手段（而非治疗或预防疾病和创伤）的应用方法。智利在一部具有深远意义的法律中规定“仅出于治疗和预防疾病的目的进行体细胞中的基因编辑”，该法律还涉及知识产权、歧视和确保遗传相似性及禁止“优生实践”等问题（遗传咨询除外）[74]。在巴拿马和墨西哥，针对消除或治疗严重缺陷和疾病之外的目的进行遗传操作将面临2～6年的有期徒刑[75]。哥伦比亚的刑法同样允许以治疗、诊断和研究为目的进行基因修饰，以减轻痛苦或改善人类健康，如果将其用于其他目的将面临1～5年有期徒刑[76]。

在欧盟，欧洲药品管理局（EMA）负责评估和监督人类药品和兽药以保护公众和动物健康（EMA，2013）。2007年，EMA成立了高级疗法委员会，负责评估基因和细胞药物的质量、安全性和有效性，此类药物被称为“高级疗法医药产品”。该委员会针对在欧盟销售的药物提供集中的评估和审批程序。该程序对于生物制剂具有强制性，包括基因和细胞治疗产品及其他若干产品类别（包括治疗HIV/AIDS和癌症的药物）（Cichutek，2008）。

但是，EMA无权审查和批准临床研究方案，包括基因转移研究（Pignatti，2013）。该权力属于国家监管机构，但每个欧盟国家均已采纳欧洲临床试验指令（Kong，2004）。该指令要求成员国采用符合国际公认标准的临床研究评审制度，确保在伦理、科学有效的设计、管理和试验报告方面遵循良好的临床实践（Kong，2004）。FDA参与了制定此类标准的国际程序，其同样认可此类标准并将其作为指导文件予以发布（FDA，2012）[77]。

---

71 《一般卫生法》第十二章，第282条。《卫生研究卫生总法》第四章、第二章，第85～88条（重组DNA研究）。

72 第11.105号公法第1章第6条（由WIPO翻译）。

73 2008年《厄瓜多尔共和国宪法》标题Ⅱ，第66条，1.3（d）。有趣的是，厄瓜多尔颁布了一套管理生物样本和基因组数据使用的广泛法规，特别引用了该国土著居民的DNA生物剽窃现象。公共卫生部（MSP），《厄瓜多尔使用人类遗传材料的条例》，公共卫生部，国家免疫化和国家遗传计划局，2013年。

74 第20.120号公法（关于人类基因组及其基因和禁止克隆人的科学调查）第1、3、4、7、8、12和13条（英文译本）。

75《一般刑法》第二章，第145条（2010年）；《联邦区的刑法典》第二章，第154条（其间也禁止就业和其他福利）。

76《哥伦比亚刑法》第八章，第132（2015）号。

77 关于可能适用于若干欧洲国家体细胞和生殖细胞人类基因组编辑的监管框架，可参阅欧盟2016年人类基因组编辑研讨会的背景文件了解相关信息。 http://acmedsci.ac.uk/file-download/41517-573f212e2b52a.pdf［访问时间：2017年1月30日］。

和欧洲一样，中国针对人类医疗产品的开发和应用制定了监管框架。尽管目前尚未专门涉及基因组编辑问题，但已经实施基因和细胞疗法的监管框架，国家食品药品监督管理局［中国食品药品监督管理总局（CFDA）的前身］已经批准基因治疗产品上市销售。此外，中国机构就人类胚胎研究和体外受精（IVF）实践发布了监管准则（China Ministry of Health，2001，2003）。在目前的监管框架内，人类体细胞基因组编辑可能会被视为第三类治疗技术（非药物）。在此情况下，CFDA 将负责监管此项技术，监管程序包括通过临床前试验和临床试验对其安全性和有效性进行评估（与 FDA 和 EMA 采用的程序类似）。除 CFDA 之外，监管 IVF 诊所的卫生和计划生育委员会（HFPC）极有可能参与监督人类基因组编辑。与科学技术部、中国科学院、中国医学科学院和中国工程院等机构进行协商，以使其立场能够被纳入相关法规。

可遗传基因修饰引发的其他问题

对人类胚胎的应用及使人类生殖细胞发生遗传变异的可能性将引发一系列特殊的监管和治理问题。关于胚胎干细胞、克隆辅助生殖技术和生命起源等话题的辩论为此类问题的探讨提供了参考信息。

如上文所述，《关于生物和医学应用之人权与人性尊严保护公约：人权与生物医学公约》（《奥维耶多公约》）针对引发生物伦理问题的若干医学主题制定了一系列原则。已经签署和批准该条约的国家应当保护个体的基因组成，以防止试图修改生殖细胞的非法干预措施。许多国家还颁布了限制人类生殖细胞修饰的国家法律、法规或准则，各国针对人类生殖细胞的可遗传修饰采取不同的监管方法。

尽管正式的监管调和存在不可行性，但针对人类基因组编辑的监管问题开展国际合作仍是理想选择

考虑到科学和医学进步的全球化性质及人类基因技术监管方法的多样性和复杂性，人们一直以来都呼吁在人类基因组编辑方面进行国际合作甚至监管调和。对国家基因组技术监管措施的国际趋同化持赞成和反对意见者均可提出相关论据（Breggin 等，2009；Marchant 等，2012）。关于制定统一或一致的基因编辑监管措施，其中一个令人信服的论据是如果提供方和消费者可前往监管环境较为宽松或无相关法规的司法管辖区开展在其他地区受到限制的程序，则统一的监管措施有助于避免此类“监管天堂”的出现（Charo，2016a）。利润丰厚的医疗旅游业的发展潜力可能会引发一场“逐底竞争”，促使寻求医疗旅游收入的国家采用较为宽松的标准（Abbott 等，2010）。统一标准也有助于所有国家公民获得同等程度的健康保障，并且可为该领域的公司和科学家提供一致的要求，从而降低交易成本并提升规模效益（Vogel，1998）。统一的标准也可以为监管机构提供规模经济效益，

减少采纳和实施国家法律的行政成本，并增加共享监管资源和分担工作的机会。最后，协调过程可促进良好实践的交流和监管能力的建设（OECD，2013）。

另一方面，各国拥有不同的历史、经济、社会、文化体系及价值观，这些制度和价值观可能转化为针对人类基因组编辑等强大技术的不同监管方法。统一的国家法规也可能使每个国家受制于共同监管法规的最低标准，具体取决于最终达到的协调程度。作为一个具有现实意义的问题，要在100多个国家之间就任何技术的监管要求达成共识是一项耗时、费力并需要动用大量资源的任务，最终不可能获得成功。监管方法的多样性也为评估不同监管框架的效果提供了天然的实验机会，为“促进创新和快速了解在创新和预防措施之间实现不同平衡的影响”提供了一个“国家实验室”（Evans，2015）。但是，促进信息交流和学习的程序是实现这一目标的必要条件。

表B-1总结了调整国家监管要求的一系列方法（Breggin等，2009）。协调过程通常涉及根据参与国的国家法律实施相同或同等的监管要求，并通过国际条约或其他正式且具有约束力的法律文书予以完成（OECD，2013）。国际条约和其他正式协议的谈判较为耗时且存在一定的难度，并且经常面临执行困难的问题[78]。考虑到此类障碍，技术和产品的国际监管领域出现了避免涉及条约并且有利于国际合作与协调的新趋势（Falkner，2013；Susskind，2008）。

正式的国际协调与合作机制不会针对具体规定的执行提出法律要求，而是以不具约束力的准则、建议、共识文件、原则声明或自愿性标准的形式提供政府间的总体协议。此类规范性准则可在独立谈判中达成共识，但通常需要在适当的国际组织内部进行谈判（Abbott，2014）。国际合作与协调方法也可通过科学团体等非政府组织［如国际干细胞研究学会（ISSCR）的《胚胎干细胞研究指南》］予以实施（Daley等，2007）。

表B-1 国际监管趋同化的三种基本方法

趋同过程	定义	实例
跨国监管对话与网络	监管机构之间的非正式交流和政策学习过程	负责任的纳米技术国际对话
国际协调或合作	不具约束力的国际文书，如准则、原则和标准	ISSCR胚胎干细胞研究指南
基于条约的协调	约束性条约的正式谈判	联合国克隆公约（失败）

资料来源：修改自Breggin等，2009。感谢查塔姆研究所（英国皇家国际事务研究所）允许复制《巩固纳米技术的前景：以跨大西洋监管合作为目标》（Linda Breggin、Robert Falkner、Nico Jaspers、John Pendergrass和Read Porter，2009）

78 关于条约谈判和执行过程所面临的挑战，其中一个例子：21世纪初，联合国系统未能成功制定具有约束力的禁止克隆人的国际条约（Cameron和Henderson，2008）。

通过跨国监管对话和网络进行政策扩散是正式程度最低的国际趋同机制。这种方法通常不涉及制定各国遵循的具体实质性或程序性建议。相反，该方法为不同国家的监管机构提供了一个分享信息、方法、挑战和观点的平台。纳米技术国际对话就是其中一个例子，来自25个国家的政府专家每两年召开一系列会议，汇报其监管活动和面临的挑战（Meridian Institute，2004）。参与国际协调活动的监管机构声明，这种人与人之间的联系和沟通是促进国际合作与理解的有效机制之一（Saner和Marchant，2015）。

如上文所述，人类基因组编辑监管措施的趋同化将带来一定程度的有益效果，但各国已经针对人类基因组编辑实施了不同的法律，正式或全面的协调目前似乎并不可行，甚至是完全不可取的方式。此外，国家对人类基因组编辑的反映体现了独特的历史、文化、经济和社会因素。尽管此类重要差异阻碍了国际统一标准的制定，但在不同国家的监管机构之间进行稳定的交流与协作可带来显著的益处，并且有可能提供就具体的实质性或技术性问题确定共同点及产生学习效益的机会（Zhai等，2016）。

参考文献

Abbott，K. W. A. 2014. International organisations and international regulatory co-operation：Exploring the links. In International regulatory co-operation and international organisations：The Cases of the OECD and the IMO. Paris：OECD Publishing. Pp. 17-44.

Abbott，K. W. A.，D. J. Sylvester，and G. E. Marchant. 2010. Transnational regulation：Reality or romanticism? In International handbook on regulating nanotechnologies，edited by G. Hodge，D. Bowman，and A. Maynard. Cheltenham，UK：Edward Elgar Publishing. Pp. 525-544.

Araki，M. and T. Ishii. 2014. International regulatory landscape and integration of corrective genome editing into in vitro fertilization. Reproductive Biology and Endocrinology 12：108. http://www.rbej. com/content/12/1/108（accessed January 25，2017）.

Breggin，L.，R. Falkner，N. Jaspers，J. Pendergrass，and R. Porter. 2009. Securing the promise of nanotechnologies：Towards transatlantic regulatory cooperation. London，UK：Chatham House. https：//www. chathamhouse. org/sites/files/chathamhouse/public/Research/Energy，% 20Environment%20and%20Development/r0909_nanotechnologies. pdf（accessed November 7，2016）.

Cameron，N. M. de S.，and A. V. Henderson. 2008. Brave new world at the General Assembly：The United Nations Declaration on Human Cloning. Minnesota Journal of Law，Science and Technology 9（1）：145-238.

Charo，R. A. 2016a. On the road（to a cure?）：Stem-cell tourism and lessons for gene editing. New England Journal of Medicine 374（10）：901-903.

Charo，R. A. 2016b. The legal and regulatory context for human gene editing. Issues in Science and Technology 32（3）. http://issues.org/32-3/the-legal-and-regulatory-context-for-human-gene-editing（accessed November 7，2016）.

China Ministry of Health（People's Republic of China Ministry of Health）. 2001. Guidelines on human assisted reproductive technologies [in Chinese]. http://go. nature. com/1ztc8qb（accessed November 7，2016）.

China Ministry of Health（People's Republic of China Ministry of Health）. 2003. Guidelines on human embryonic stem cell research. http://www. cncbd. org. cn/News/Detail/3376（accessed November 7，2016）.

Cichutek，K. 2008. Gene and cell therapy in Germany and the EU. Journal fur Verbraucherschutz und Lebensmittelsicherheit 3（Suppl. 1）：73-76.

Daley，G. Q.，L. Ahrlund-Richter，J. M. Auerbach，N. Benvenisty，R. A. Charo，G. Chen，H. K. Deng，L. S. Goldstein，K. L. Hudson，I. Hyun，S. C. Junn，J. Love，E. H. Lee，A. McLaren，C. L. Mummery，N. Nakatsuji，C. Racowsky，H. Rooke，J. Rossant，H. R. Scholer，J. H. Solbakk，P. Taylor，A. O. Trounson，I. L. Weissman，I. Wilmut，J. Wu，and L. Zoloth. 2007. The ISSCR guidelines for human embryonic stem cell research. Science 315：603-604.

EMA（European Medicines Agency）. 2013. Legal foundation. http://www. ema. europa. eu/ema/index. jsp?curl=pages/about_us/general/general_content_000127. j sp&mid=WC0b01ac0580029320（accessed January 25，2017）.

Evans，B. J. 2015. Panel：Governance at the institutional and national levels：National regulatory frameworks. Presentation at International Summit on Gene Editing，Washington，DC，December 2.

Falkner，R. 2013. The crisis of environmental multilateralism：A liberal response. In The green book：New Directions for liberals in government，edited by D. Brack，P. Burall，N. Stockley，and M. Tuffrey. London，UK：Biteback Publishing. Pp. 347-358.

FDA（U. S. Food and Drug Administration）. 2012. Vaccine，blood，and biologics：SOPP 8101. 1：Scheduling and conduct of regulatory review meetings with sponsors and applicants. Rockville，MD：FDA. http://www. fda. gov/BiologicsBloodVaccines/GuidanceComplianceRegulatoryInformation/Proced uresSOPPs/ucm079448. htm（accessed January 25，2017）.

Gallagher，J.，S. Gorovitz，and R. J. Levine. 2000. Biomedical research ethics：Updating international guidelines：A consultation. Geneva，Switzerland：Council for International Organizations of Medical Sciences（CIOMS）. http://www. cioms. ch/index. php/publications/availablepublications/540/view_bl/61/bioethics-and-health-policy/3/biomedical-research-ethics-updatinginternational-guidelines-a-consultation?tab=getmybooksTab&is_show_data=1（accessed November 7，2016）.

Ginn，S. L.，I. E. Alexander，M. L. Edelstein，M. R. Abedi，and J. Wixon. 2013. Gene therapy clinical trials worldwide to 2012—An update. Journal of Gene Medicine 15（2）：65-77.

IOM（Institute of Medicine）. 2014. Oversight and review of clinical gene transfer protocols：Assessing the role of the Recombinant DNA Advisory Committee. Washington，DC：The National Academies Press.

Ishii，T. 2015. Germline genome-editing research and its socioethical implications. Trends in Molecular Medicine 21（8）：473-481.

ISSCR（International Society for Stem Cell Research）. 2016. Guidelines for stem cell research and clinical translation. http://www. isscr. org/docs/default-source/guidelines/isscr-guidelines-forstem-cell-research-and-clinical-translation. pdf?sfvrsn=2（accessed November 7，2016）.

Kong，W. M. 2004. The regulation of gene therapy research in competent adult patients，today and tomorrow：Implications of EU directive 2001/20/EC. Medical Law Review 12（2）：164-180.

Marchant，G. E.，K. W. Abbott，D. J. Sylvester，and L. M. Gaudet. 2012. Transnational new governance and the international coordination of nanotechnology oversight. In The nanotechnology challenge：Creating law and legal institutions for uncertain risks，edited by D. A. Dana. Cambridge，UK：Cambridge University Press. Pp. 179-202.

Meridian Institute. 2004. International dialogue on responsible research and development of nanotechnology. Washington，DC：Meridian Institute. http://www. temas. ch/nano/nano_homepage.

nsf/vwRes/SafetyAlexandria/$FILE/Final_Report_Re sponsible_Nanotech_RD_040812. pdf（accessed November 7，2016）.

OECD（Organisation for Economic Co-operation and Development）. 2013. International regulatory cooperation：Addressing global challenges. Paris：OECD Publishing.

Pignatti，F. 2013. Harmonizing across regions. Presentation at Implementing a National Cancer Clinical Trials System for the 21st Century，Washington，DC，February 12.

Saner，M. A.，and G. E. Marchant. 2015. Proactive international regulatory cooperation for governance of emerging technologies. Jurimetrics 55（2）：147-178.

Susskind，L. 2008. Strengthening the global environmental treaty system. Issues in Science and Technology 25（1）：60-68.

Vogel，D. 1998. Globalization of pharmaceutical regulation. Governance 11（1）：1-22.

Zhai，X.，V. Ng，and R. Lie. 2016. No ethical divide between China and the West in human embryo research. Developing World Bioethics 16（2）：116-120.

附录C 数据来源和方法

美国国家科学院和美国国家医学院人类基因编辑：科学、医学和伦理委员会的任务是研究人类基因编辑技术的科学基础（包括人类生殖细胞编辑）及其应用方法在临床、伦理、法律和社会方面的影响。该委员会还研究了其他任何国家在制定人类基因编辑指南时可能适用的基本原则。为了全面响应其职责，委员会审查了来自各种渠道的数据，包括文献、公开会议和电话会议、公众证言和意见及其他公开资源。

委员会结构

为了完成任务声明中的工作内容，美国国家科学、工程与医学院（国家科学院）成立了由22名专家组成的委员会。该委员会的专家成员来自基础科学、临床研究与医学、法律与法规、伦理与宗教、患者支持、科学传播、公众参与和生物医学领域。附录D提供了委员会各成员的履历信息。

会议和信息收集活动

该委员会自2015年12月至2017年1月进行审议以便开展其评估工作，并且通过以下方式收集与其任务声明相关的信息和数据：对现有文献进行审查；邀请利益相关方在公开会议上交流观点；通过网络和当面交流征询公众意见。

文献审查

目前有多项策略被用于确定与委员会职责相关的文献，包括搜索 PubMed、Scopus、Web of Science、ProQuest Research Library、Medline、Embase 和 LexisNexis 等文献数据库以获取同行评议期刊中的文章，此类期刊涉及基础研究、临床应用、患者安全、科学标准、伦理、监督及与人类基因编辑相关的社会问题。工作人员审查了最近的新闻和文献，以确定与委员会职责相关的文章并创建文献数据库。此外，委员会成员、发言人、发起人和其他利益相关方就此类主题提交了文章、报告和政策声明。该委员会数据库包括数百篇相关文章和报告，并在整个研究过程中不断进行更新。

公开会议

研究期间总共举行了五次会议，其中四次会议包含由委员会成员向各类利益相关群体和公众成员征询意见的环节。其中三次会议在华盛顿举行（2015 年 12 月、2016 年 2 月和 2016 年 7 月），法国国家医学科学院于 2016 年 4 月在法国巴黎举办了一次会议。

2015 年 12 月，该委员会的第一次会议与为期 3 天的人类基因编辑国际峰会（由美国国家科学院、美国国家医学院、中国科学院和英国皇家学会组织）共同举办。此次峰会的策划方为独立的特设委员会，其为研究委员会提供了收集信息的重要机会。峰会召集了来自世界各地的专家，针对与人类基因编辑研究相关的科学、伦理和监管问题展开讨论[79]。

2016 年 2 月，委员会的第二次会议向可能受到影响的利益相关群体征询了意见，如患者群体和开发基因编辑疗法的公司代表。此外，众多专家在此次会议中就公众参与模式及联邦和体制性的监督机构发表了演讲。

法国国家医学科学院于 2016 年 4 月在法国巴黎针对此项研究举办了第三次会议，重点探讨了基因编辑技术的基本治理原则。在此次会议中，发言人展现出具有包容性、中立性、前瞻性和预防性的国际视角。会议还讨论了涉及人类生殖细胞基因编辑的潜在治疗性临床应用。此次会议开始于欧洲医学联合会（FEAM/UK）召集的基因编辑研讨会的第二天。因此，部分委员会成员可参与 FEAM 研讨会，其为进一步了解整个欧洲地区的基因编辑监管和治理问题及其策略提供了重要契机。

最后，2016 年 7 月举行的第四次研究会议针对与人类基因编辑相关的若干社会问题提供了意见，包括美国的种族和遗传学历史及道德观点和公共政策的交集。下文将提供在上述会议中向委员会提供意见的发言人名单。

公众意见

委员会的数据收集会议也为委员会提供了接触各类利益相关群体并与之互动的机会。每次公开会议均包含一段公众评论期，委员会可邀请任何利益相关方提

---

79 此次国际峰会的发言人名单：Peter Braude，Annelien Bredenoord，Philip Campbell，Alta Charo，George Church，Ralph Cicerone，Chad Cowan，George Daley，Marcy Darnovsky，Victor Dzau，Fola Esan，Barbara Evans，William Foster，Bδrbel Friedrich，Hille Haker，John Harris，John Holdren，Rudolf Jaenisch，Weizhi Ji，Pierre Jouannet，J. Keith Joung，Daniel Kevles，Jonathan Kimmelman，Eric Lander，Ephrat Levy-Lahad，Jinsong Li，Robin Lovell-Badge，Gary Marchant，Jennifer Merchant，Keymanthri Moodley，Indira Nath，Staffan Normark，Kyle Orwig，Pilar Ossorio，Duanquing Pei，Matthew Porteus，K. Vijay Raghavan，Klaus Rajewsky，Thomas Reiss，Janet Rossant，Ismail Serageldin，Bill Skarnes，John Skehel，Azim Surani，Sharon Terry，Adrian Thrasher，Fyodor Urnov，Marco Weinberg，Ernst-Ludwig Winnacker，Zhihong Xu 和 Feng Zhang。访问以下网址可获取峰会演讲报告和其他材料 http://nationalacademies.org/gene-editing/Gene-Edit-Summit/index.htm［访问时间：2017 年 1 月 7 日］。

供相关意见。此外，委员会已尽力确保其活动的透明度和可及性，并为有特殊需求或可能无法亲自出席的活动者提供便利。

研究网站定期进行更新以反映委员会最新的活动和计划。此项研究的服务范围还包括专门用于收集意见和问题的电子邮箱及社交媒体订阅和标签。定期更新的电子邮件可分享更多信息，并为委员会征求更多评论和意见。

在整个研究过程中，无法亲自出席会议者可通过带有隐藏字幕的现场视频及在线公共评论工具提出意见。所有在线评论和意见均记录在该研究的公共访问文件中。由外部来源或在线评论工具向委员会提供的任何信息均可通过美国国家科学院公共访问记录办公室获取。

发言人

以下是受邀在委员会数据收集会议中发言的人士。

Roberto Andorno
苏黎世大学

Mónica López Barahona
生物防治研究中心

Pierre Bégué
法国国家医学科学院

Nick Bostrom
牛津大学

Abby Bronson
肌萎缩计划

Dominique Brossard
威斯康星大学麦迪逊分校

Jacqueline Chin
新加坡国立大学

Fredrik Lanner
卡罗林斯卡研究所

James Lawford-Davies
英国 Hempsons 律师事务所

John Leonard
NTLA 基因工程&制药公司

Hans Clevers
胡布勒支研究所

Ronald Cole-Turner
匹兹堡神学院

Francis Collins
美国国立卫生研究院

George William Foster
国会议员，IL-11

Søren Holm
曼彻斯特大学

Rahman Jamal
马来西亚国立大学

Bartha Knoppers
麦吉尔大学

Trevor Thompson
田纳西州镰状细胞研究基金会

Anna Veiga
西班牙巴塞罗那再生医学研究中心

Thomas Voit
伦敦大学学院

Bruce Lewenstein
康奈尔大学

Andrew May
驯鹿生物科学公司

Vic Myer
爱迪塔斯医药公司

Alondra Nelson
哥伦比亚大学

Erik Parens
海斯丁中心

Guido Pennings
比利时根特大学

Pearl O' Rourke
医疗联盟集团

Jackie Leach Scully
纽卡斯尔大学

Oliver Semler
科隆大学

Elizabeth Vroom
联合肌萎缩计划

Keith Wailoo
普林斯顿大学

Michael Werner
再生医学联盟

Nancy Wexler
遗传疾病基金会

Bethan Wolfenden
本托生物

Carrie Wolinetz
国立卫生研究院

Philip Yeske
联合线粒体病基金会

Xiaomei Zhai
中国北京协和医学院

附录 D　委员会成员履历

R. Alta Charo（法学博士，联合主席）是美国国家医学院的成员，也是威斯康星大学麦迪逊分校法律与生物伦理学 Warren P. Knowles 教授兼 Sheldon B. Lubar 商学院特聘研究主席，在法律和医学院教授公共卫生法、生物技术和生物伦理学。她拥有哈佛大学的生物学学士学位和哥伦比亚大学的法学博士学位。Charo 教授曾经是奥巴马总统过渡小组的成员，其重点关注科学政策方面的问题。2009～2011 年，她曾在美国 FDA 专员办公室就新兴技术问题担任高级政策顾问。她曾担任过职务的其他联邦政府机构包括国会技术评估办公室、美国国际开发署、美国国立卫生研究院人类胚胎研究小组和克林顿总统国家生物伦理咨询委员会。在美国国家科学、工程与医学院，她曾与 Richard Hynes 共同主持胚胎干细胞研究指南委员会，并且曾经为以下委员会的成员：生命科学委员会，人口健康与公共卫生实践委员会，科学、技术和法律委员会，卫生科学政策委员会。

Richard O. Hynes（哲学博士，联合主席）是麻省理工学院（MIT）癌症研究 Daniel K. Ludwig 教授兼霍华德·休斯医学研究所研究员。他拥有英国剑桥大学的文科学士学位和麻省理工学院的生物学博士学位（1971 年）。在伦敦帝国癌症研究基金会完成博士后研究之后，他开始了有关细胞黏附的研究工作，之后回到麻省理工学院担任教员。Hynes 博士是伦敦皇家学会、美国人文与科学院和美国科学促进协会的会员，同时也是美国国家科学院和美国国家医学院的成员。他曾获得 Gairdner 基金会医学科学成就国际奖和 Pasarow 心血管研究奖。他曾在麻省理工学院先后担任生物系副主任和主任，并且曾担任癌症研究中心主任，2007～2016 年，他曾担任 Wellcome（威康）信托基金会管理者。他曾在美国国家科学院与 Jonathan Moreno 和 Alta Charo 共同主持人类胚胎干细胞研究指南委员会。

David W. Beier（法学博士）是 Bay City Capital 的常务董事，自 2013 年以来一直在该公司工作。他在医疗保健政策、定价、知识产权、政府事务、监管事务、医疗保健经济学和产品商业化领域的领导地位得到了广泛的认可。此外，作为全球两大生物技术公司 Amgen 和 Genentech 的高层管理人员，他在 20 年任职期间为创业型生物技术战略、潜在收购者的需求和全球医疗保健行业做出了宝贵的贡献。在克林顿任职期间，Beier 先生曾在白宫担任副总统戈尔的首席国内政策顾问。他曾是克林顿总统贸易政策和谈判咨询委员会的成员、医学研究院卫生与人类服务讨论小组成员及总统科学技术顾问委员会顾问。此外，Beier 先生曾经是国际律师事务所 Hogan 和 Hartson 的合伙人，并担任美国众议院司法委员会顾问。他曾在国会和联邦贸易委员会的见证下撰写了大量法律评论文章和技术性的法律著作，并且定期受邀撰写医疗保健领域的专家专栏文章，同时为涉及知识产权、贸易、隐私和公平问题的书籍撰稿。他被加利福尼亚州州长布朗任命为州政府组织和经济委员会的成员，在全球企业中心担任研究员，并在加州大学伯克利分校哈斯商学院担任兼职讲师。Beier 先生拥有联合大学奥尔巴尼法学院的法学博士学位和柯盖德大学的学士学位，且被批准在纽约和哥伦比亚特区执业。

Juan Carlos Izpisua Belmonte（哲学博士）自 1993 年开始在加州拉霍亚萨尔克生物研究所基因表达实验室担任教授一职。2005～2013 年担任巴塞罗那再生医学中心主任。Izpisua Belmonte 博士毕业于西班牙瓦伦西亚大学，获得了药学和科学学士学位及药理学硕士学位，之后于 1987 年获得意大利博洛尼亚大学和西班牙瓦伦西亚大学的博士学位。他在德国海德堡的欧洲分子学生物实验室和美国洛杉矶的加州大学洛杉矶分校完成了博士后研究。Izpisua Belmonte 博士的研究主要涉及干细胞生物学、器官形成、再生和衰老。他在国际同行评审期刊上发表了 400 多篇文章，并为上述领域的书籍撰写了若干章节。他的终极研究目标是开发细胞和基因疗法及治疗人类疾病的新分子。

Ellen Wright Clayton（医学博士，法学博士）因在法律和遗传学领域的领导地位而在国际上享有盛誉，她在范德堡大学法学院和医学院任职，联合创立了生物医学伦理和社会中心并负责管理工作。她出版了两本书籍，并在医学期刊、跨学科期刊和法律期刊上发表了 150 多篇学术论文，主要涉及法律、医学和公共健康领域。此外，她还与范德堡大学的全体教员和学生及全国各地和全世界的众多机构就跨学科研究项目展开合作，协助众多国家和国际组织制定了政策声明。目前，她在基因组学国际公共人口计划的儿科平台担任主席。作为政策辩论的积极参与者，她向美国国立卫生研究院及其他联邦和国际机构提供了一系列主题的咨询服务（从儿童健康到涉及人类受试者的研究伦理）。Clayton 教授曾经参与国家医学院的多个项目，她是国家咨询委员会执行委员会的成员，并在美国国家科学、工程与医学院人口健康和公共卫生实践委员会担任主席，负责确诊肌痛性脑脊髓炎/慢性疲劳综合征。此外，她是美国国家科学院报告评审委员会的成员，并被选为美国科学促进会的会员。

Barry S. Coller（医学博士）是洛克菲勒大学 David Rockefeller 医学教授、主治医师、医学事务部副主席兼 Allen 和 Frances Adler 血液与血管生物学实验室负责人。他在血小板生理学、血管生物学和镰状细胞病黏附现象的研究领域处于领导地位。他研制的单克隆抗体可抑制血小板聚集和镰状红细胞对血管壁的黏附。他构建了最早的血小板单克隆抗体，并促使其发展成为（冠状动脉血管成形术和支架植入人体后）预防血栓形成的药物。他还发现了导致人类出血性疾病的基因突变。Coller 博士于 1998 年获得美国心脏协会颁发的国家研究成就奖，2001 年获得 Warren Alpert Faundation（沃伦·阿尔珀特）基金会奖，2005 年获得 Pasarow 基金会奖。他是美国国家医学院、美国国家科学院及美国人文与科学院的成员。Coller 博士是美国血液学协会的前任主席，同时也是临床和转化科学学会的创会主席。他目前在美国国家科学、工程与医学院的健康科学政策委员会任职。Coller 博士于 1966 年获得哥伦比亚大学的文学学士学位，1970 年获得纽约大学医学院的博士学位。他在纽约市贝尔维尤医院完成了住院医师实习，并在美国国立卫生研究院接受了血液学和临床病理学的高级培训。1976～1993 年，他在石溪大学担任医学教授，1993～2001 年在西奈山医学院担任医学系主任。2001 年 Coller 博士进入洛克菲勒大学任职，目前担任该大学临床和转化科学奖的首席研究员兼临床和转化科学中心主任。

John H. Evans（哲学博士）在加利福尼亚大学圣地亚哥分校担任社会学教授。Evans 博士拥有麦卡利斯特学院的文学学士学位和普林斯顿大学的博士学位。他曾作为耶鲁大学博士后研究员和新泽西州普林斯顿高等研究院的访问成员，并曾在爱丁堡大学和明斯特大学担任访问学者。他的研究涉及宗教、文化、政治和科学领域。他出版了一本关于 20 世纪下半叶人类基因工程伦理辩论的著作，另一本著作探讨了美国宗教人士对生殖遗传技术的看法。最新出版的著作涉及如何将社会观点纳入遗传修饰等问题的生物伦理公共辩论。即将出版的著作重点研究了美国人对人类的看法及其与我们相互对待的方式存在何种关联。他正在撰写的新作涉及美国公民宗教和科学之间的关系。除了以上著作，Evans 博士还撰写了 40 多篇关于宗教、文化、政治和科学等主题的文章。

Rudolf Jaenisch（医学博士）是 Whitehead 生物医学研究所的创始成员兼麻省理工学院生物学教授。Jaenisch 博士主要研究基因表达的表观遗传调控，其目的是将一种分化细胞类型有效地转变为另一种类型。哺乳动物胚胎干细胞研究和已被重编程为胚胎干细胞样状态的成体细胞［称为诱导多能干（iPS）细胞］研究因此取得了突破性的进展。Jaenisch 博士持续推进 iPS 细胞研究，并展示了 iPS 细胞在镰状细胞贫血和帕金森病模型中的治疗潜力。因其在研究方面取得的成果，Jaenisch 博士曾荣获首个 Peter Gruber 基金会遗传学奖、Brupracher 基金会癌症奖、美国科学院院刊（PNAS）Cozzarelli 奖、Robert Koch 科学成就卓越奖、Meira 和 Shaul G. Massry 奖、Ernst Schering 奖、Vilcek 奖、Wolf（沃尔夫）医学奖和美国国家科学院奖章。Jaenisch 博士是美国国家科学院和美国医学研究院的成员兼美国人文与科学院院士。

Jeffrey Kahn（哲学博士，公共卫生学硕士）是约翰霍普金斯伯曼生物伦理研究所的 Andreas C. Dracopoulos 所长。此外，他还在约翰霍普金斯大学彭博公共卫生学院担任生物伦理学 Robert Henry Levi 教授、公共政策 Ryda Hecht Levi 教授及卫生政策和管理系教授。他的研究领域包括研究伦理、道德与公共健康、道德与新兴生物医学技术。他在美国和海外均有广泛的影响力，目前已出版四本著作，在生物伦理学和医学文献中发表的文章超过 125 篇。他是美国国家医学院院士和海斯丁中心的会员，曾在美国国立卫生研究院、疾病预防和控制中心及美国医学研究院/国家医学院的委员会中担任要职或专家小组成员。目前，他在美国国家科学、工程与医学院健康科学政策委员会担任主席。他拥有加州大学洛杉矶分校的文学学士学位、乔治城大学的博士学位和约翰霍普金斯大学彭博公共卫生学院的公共卫生学硕士学位。

Ephrat Levy-Lahad（医学博士）是耶路撒冷希伯来大学内科和医学遗传学教授，同时兼任以色列耶路撒冷 Shaare Zedek 医疗中心医学遗传部主任。她拥有耶路撒冷希伯来大学哈达萨医学院的医学学位，并获得了内科医学（以色列）和临床遗传学与临床分子遗传学（以色列和美国）资格认证。Levy-Lahad 博士的临床实验室进行癌症遗传学诊断和大型植入前诊断服务。她的研究实验室专注于乳腺癌遗传学（特别是 *BRCA1* 和 *BRCA2* 基因）及影响此类突变风险的遗传和环境因素。她的研究还涉及基因检测在群体筛查和大规模预防工作中的应用。她的另一个研究重点是阐明罕见疾病的遗传基础，包括神经表型新基因的发现和卵巢发育缺陷。Levy-Lahad 博士热衷于参与基因研究生物伦理方面的工作，目前在以色列国家生物伦理委员会担任联合主席。她是以色列国家妇科、围产医学和遗传学委员会及数字健康创新委员会的成员。在国际上，她是联合国教科文组织国际生物伦理委员会的成员（2006～2009 年）和国际干细胞研究学会的工作组成员（干细胞临床转化）。

Robin Lovell-Badge（哲学博士）是弗朗西斯克里克研究所的高级组组长。Lovell-Badge 博士长期致力于探索干细胞生物学、胚胎发育背景下的基因研究和针对细胞命运做出决策的方式。他目前的研究重点包括性别鉴定、神经系统和垂体发育及早期胚胎干细胞生物学。此外，他还热衷于公众参与和政策工作，特别是涉及干细胞、遗传学、人类胚胎和动物研究及科学管理和传播方式的领域。他是 HFEA 科学和临床进展咨询委员会的增选成员，也是委员会的专家小组成员，该小组正在研究避免线粒体疾病的科学及安全方式。他曾是英国医学科学院“种间人类胚胎”和“含人类组织动物”委员会及联合研究院“人类增强与未来研究”委员会的成员，也曾是 Hinxton 小组、皇家学会公共参与委员会和英国科学媒体中心咨询委员会的指导委员会成员。他于 1993 年当选为欧洲分子生物学组织的成员，1999 年成为医学科学院院士，并于 2001 年当选为皇家学会会员。1995 年，他获得 Louis Jeantet（路易斯·让泰）医学奖，1996 年获得美国人文与科学院颁发的 Amory（艾默里）奖，2008 年获得 Feldberg Foundation 奖，2010 年获英国发育生物学学会颁发的 Waddington 奖章。此外，他曾被香港大学特聘为客座教授（2009～2015 年），并且曾担任动物技术研究所所长。Lovell-Badge 博士于 1975 年获得伦敦大学学院的动物学理学学士学位，并于 1978 年获得伦敦大学学院的胚胎学博士学位。

Gary Marchant（法学博士，哲学博士）是亚利桑那州立大学（ASU）桑德拉·戴·奥康纳法学院新兴技术、法律和伦理系摄政教授和林肯教授。此外，他还是 ASU 生命科学系教授和 ASU 法律、科学与技术研究中心执行主任。Marchant 教授拥有不列颠哥伦比亚大学的遗传学博士学位、肯尼迪政府学院的公共政策硕士学位和哈佛大学的法律学位。在 1999 年加入 ASU 之前，他曾是华盛顿特区律师事务所的合伙人，主要执业领域为环境法和行政法。Marchant 教授主要在环境法、风险评估与风险管理、遗传学与法律、生物技术法、食品与药物法、纳米技术法律问题及法律、科学和技术领域从事教学和研究工作。

Jennifer Merchant（哲学博士）是巴黎第二大学英美法系和政治机构专业的教授。她是比较公共政策生物伦理问题领域的领先研究者，在北美和欧洲的比较政策、政治和人类生殖医疗技术的监管方面具备深厚的专业知识。此外，她还是法国胚胎研究和辅助生殖技术法律与政治方面的专家。她的重点研究领域包括比较公共政策、生殖、生物伦理学、公民社会、科学和政府。Merchant 博士是法国公立大学研究所、行政与政治科学研究中心、法国国家健康和医学研究院（INSERM）及女权主义生物伦理学国际网络（FAB）协会的成员，同时也是 FAB 的法国国家代表。自 2001 年以来，她一直担任 *Revue Tocqueville/Tocqueville Review* 的联合主编，并自 2005 年起成为全球伦理观察站和联合国教科文组织的成员。

Luigi Naldini（医学博士，哲学博士）是圣拉斐尔生命健康大学细胞与组织生物学教授兼基因与细胞治疗学教授，同时在意大利米兰 San Raffaele Telethon 基因治疗研究所担任所长。Naldini 博士在基因转移慢病毒载体的开发和应用方面的研究处于领先地位，这种载体已成为广泛应用于生物医学研究领域的工具之一，并且已在近期进入临床试验阶段，为目前无法治疗的疾病或其他致命性人类疾病提供治疗的长期希望。在此之后，他持续对基因转移的新策略展开研究，以期消除影响基因转移安全性和有效性的主要障碍，之后将其转化为遗传疾病和癌症的新型治疗策略，并针对造血干细胞功能、诱导免疫耐受性和肿瘤血管生成提出了新的见解。其最新的研究工作有助于促进在细胞和基因疗法中将工程化核酸酶用于靶向基因组编辑。Naldini 博士是欧洲分子生物学组织（EMBO）的成员，曾担任欧洲基因与细胞治疗学会（ESGCT）主席，并于 2009 年获得欧洲研究理事会高级研究员资助，2014 年和 2015 年分别获得美国基因与细胞治疗协会及 ESGCT 颁发的杰出成就奖，2015 年获得布鲁塞尔自由大学荣誉博士称号，2016 年获得希门尼斯·迪亚兹（Jimenez Diaz）奖。他拥有都灵大学的医学博士学位和罗马第一大学的细胞与组织生物学博士学位。

裴端卿（哲学博士）是中国科学院广州生物医药与健康研究院的教授兼院长。裴端卿博士于2002年进入中国清华大学医学院任职，并于2004年转入新成立的广州生物医药与健康研究院。在此之前，他曾在明尼苏达大学医学院担任教员。裴端卿博士在其博士论文中研究了乙型肝炎病毒（HBV）的转录调控，并以博士后研究员和教员的身份开展与细胞外基质重塑相关的研究。回到中国后，他首先启动了干细胞多能性研究，之后转向重编程领域。清华大学裴端卿实验室公布了*Oct4*、*Sox2*、*FoxD3*、*Essrb*和*Nanog*的结构及其与多能性的依存关系。裴端卿实验室是中国第一个使用非选择性系统建立小鼠诱导多能干（iPS）细胞的实验室，并在之后系统化地改进了iPS细胞的培养过程。裴端卿实验室随后通过提供资源和培训研讨会在中国推广iPS细胞技术。实验室最新公布的研究结果包括将维生素C作为iPS细胞生成的有效助推剂，以及上皮间充质转化启动小鼠成纤维细胞的重编程过程。裴端卿实验室将持续探索改进iPS技术的新方法，剖析由*Oct4*/*Sox2*/*Klf4*或少数因子驱动的重编程机制，开发替代性重编程方法，应用iPS细胞技术在体外模拟人类疾病，并针对再生医学利用基因编辑工具校正干细胞突变。裴博士于1991年获得宾夕法尼亚大学的博士学位，并在密歇根大学作为博士后研究员接受培训。

Matthew Porteus（医学博士，哲学博士）是斯坦福医学院干细胞移植与再生医学、血液学/肿瘤学和人类基因治疗学部的儿科副教授。他拥有斯坦福医学院的硕士、博士双学位，其攻读博士学位期间的研究重点是哺乳动物前脑发育的分子基础。他的博士论文题目为《TES-1/DLX-2的分离和表征：哺乳动物前脑发育过程中表达的新型同源盒基因》。完成双学位课程之后，他进入波士顿儿童医院担任实习住院医师，之后在波士顿儿童医院/达纳法伯癌症研究所的联合项目中以研究员的身份完成了儿科血液学/肿瘤学研究。针对研究员和博士后研究，他与麻省理工学院的David Baltimore博士和加州理工学院就同源重组策略开发共同开展研究，以校正干细胞中的致病突变体，并将其作为遗传性血液疾病（尤其是镰状细胞病）患儿的确定性和治愈性疗法。在结束与David Baltimore博士的合作之后，他进入得克萨斯大学西南医学中心担任儿科和生物化学系的独立教员，之后于2010年再次回到斯坦福大学担任副教授。在此期间，他的研究首次证明了可在人体细胞中以足以治愈患者的高频率实现基因校正，其因此被视为基因编辑领域的先驱和创始人之一。目前全球范围内数以千计的实验室和若干新公司的研究都涉及该领域。他在主要的工程化核酸酶平台方面拥有丰富的经验，其中包括锌指核酸酶、类转录激活因子效应物核酸酶和CRISPR/Cas9核酸酶。他将基因组编辑策略应用于各种不同的干细胞，包括造血干细胞和祖细胞、神经干细胞、精原干细胞、人类胚胎干细胞和诱导多能干细胞。他的研究项目致力于通过同源重组开发基因组编辑策略，并将其作为遗传和非遗传疾病患者的治疗方法。在临床领域，Porteus 博士在 Lucille Packard 儿童医院负责接受造血干细胞移植患儿的护理工作。在行政方面，Porteus 博士在斯坦福医学科学家培训项目中担任副主任，负责监督斯坦福大学硕士和博士的录取及其学位的授予工作。

Janet Rossant（哲学博士）是多伦多大学儿童医院发育和干细胞生物学项目的高级研究员，兼任分子遗传学系和妇产科学系教授。她的研究重点是应用细胞和基因操作技术研究小鼠早期胚胎中正常和异常发育的遗传控制。她在针对早期胚胎的研究中发现了一种新型胚胎干细胞，即滋养层干细胞。此外，Rossant 博士还在 Gairdner 基金会担任主席兼科学主管。她活跃于国际发育和干细胞生物学领域，并为干细胞研究相关公共问题的科学和伦理讨论做出了贡献。她曾在加拿大健康研究院（CIHR）主持干细胞研究工作，并针对该领域内接受 CIHR 资助的研究项目制订指导原则。Rossant 博士曾在英国牛津大学和剑桥大学接受培训，并于 1977 年来到加拿大，1985～2005 年先后就职于 Samuel Lunenfeld 研究所和多伦多西乃山医院。

Dietram A. Scheufele（哲学博士）是威斯康星大学麦迪逊分校科学传播学 John E. Ross 教授兼莫格里奇研究所维拉斯杰出成就教授。他是德国德累斯顿工业大学传播学荣誉教授。Scheufele 博士曾主持科学、工程和医学圆桌会议（关于生命科学公共接口）及律师和科学家全国会议（美国科学促进协会和美国律师协会联合委员会）。他是美国科学促进协会、国际交流协会及威斯康星科学、艺术和文学学会的会员，也是德国国家科学与工程院院士。目前，他就职于美国国家科学、工程与医学院的地球与生命研究部门（DELS）咨询委员会。Scheufele 博士曾担任康奈尔大学的长期教员、哈佛大学的 Shorenstein 研究员和宾夕法尼亚大学 Annenberg 公共政策中心的访问学者。他曾在公共广播系统、世界卫生组织和世界银行从事咨询工作。

Ismail Serageldin（哲学博士）是亚历山大图书馆（BA）的创始董事，该图书馆于 2002 年正式启用。他还在各 BA 附属研究机构和博物馆担任董事会主席。他曾向埃及总理提出有关埃及文化、科学和博物馆等问题的建议。他曾在多个学术、研究、科学和国际机构及民间团体中担任咨询委员会主席或成员，包括 2013 年世界社会科学报告咨询委员会及联合国教科文组织支持的世界水情项目（2013 年）、世界数字图书馆执行委员会（2010 年）、生命百科全书执行委员会（2010 年）和互联网名称与数字地址分配审查互联网发展机构（2013 年）。此外，他曾在非洲联盟高级生物技术专家组（2006 年）和科学、技术与创新专家组（2012～2013 年）担任联合主席。他曾经担任世界银行副行长（1992～2000 年）、国际农业研究磋商小组主席（1994～2000 年）、全球水伙伴组织创始人兼前任主席（1996～2000 年）、协商小组小额信贷项目（1995～2000 年）援助人员、巴黎 Collégede France

International Savoirs Contre Pauvrete（反贫困知识）教授及荷兰瓦赫宁根大学的特聘教授。他是多个科学院的院士，包括美国国家科学院（公共福利奖章）、美国哲学学会、美国人文与科学院、世界科学院、世界人文与科学院、欧洲科学与艺术院、非洲科学院、埃及科学院、比利时皇家科学院、孟加拉国科学院和印度国家农业科学院。 Serageldin 博士出版了 100 多本著作及发表了 500 多篇论文，主要涉及生物技术、农村发展、可持续性及科学对社会的价值等领域。他曾在埃及主持一档文化类电视节目（130 多集），并制作了阿拉伯语和英语版的科普系列电视节目。他拥有开罗大学的工程学学士学位和哈佛大学的硕士及博士学位，并且拥有 34 个荣誉博士学位。

Sharon Terry（文学硕士）是遗传联盟主席兼首席执行官，该联盟是由 10 000 多个组织组成的网络，其中有 1200 个疾病宣传组织。遗传联盟可促进个人、家庭和社区参与改变健康状况的过程。Terry 是 PXE International 的创始人之一，这是针对遗传疾病弹性假黄色瘤成立的研究倡导组织，Terry 的两个成年子女也深受该疾病的影响。作为 PXE 相关基因的共同发现者，她拥有 ABCC6 的专利权和管理权，并已将其权利授予基金会。她研发出了诊断性测试，并针对其开展临床试验。她发表了 140 篇同行评议论文，其中 30 篇与 PXE 临床研究相关。Terry 是遗传联盟登记处和生物银行的联合创始人。她重点关注遗传学研究、服务和政策领域的消费者参与问题，并在多个国际和国家组织中担任领导角色，包括“加速药品合作项目”、美国国家科学、工程与医学院的科学和政策委员会、美国国家科学院基因组转化研究圆桌会议、PubMed 中央国家顾问委员会、PhenX 科学顾问委员会、全球基因组学与健康联盟、国际罕见病研究联盟执行委员会和瑞士日内瓦 EspeRare 基金会（创会主席）。她同时担任多个期刊的编辑委员和 *Genome* 的编辑。她领导的联盟在通过《遗传信息无歧视法案》的过程中起到了重要作用。她在 2006 年因参与社区工作获得爱纳大学的荣誉博士学位；2007 年获得北卡罗来纳大学研究所药物基因组学和个体化治疗研究所颁发的第一个患者服务奖；2009 年获得美国杰出研究组织倡导奖；2011 年获得临床研究论坛和基金会公共倡导组织能力年度奖。2012 年，她被中国唐山河北联合大学聘为名誉教授，并获得公益组织“正视我们的癌症风险（FORCE）”所颁发的精神倡导奖。她于 2013 年被美国 FDA 评选为“孤儿药法案三十周年三十大人物”。2012 年和 2013 年，Ms. Terry 在三项大型比赛中为“责任参与平台（PEER）”赢得了 40 万美元的一等奖奖金。2014 年，PEER 获得以患者为中心的成果研究所的 100 万美元合约。

Jonathan Weissman（哲学博士）是加利福尼亚大学旧金山分校细胞与分子药理学教授，兼任 Howard Hughes（霍华德休斯）医学研究所研究员。他致力于探索细胞以何种方式确保蛋白质折叠成正确的形状，以及蛋白质的错误折叠在疾病和正常生理学中的作用。此外，他正在开发探索生物系统组织原理的实验和分析方法，以便通过核糖体图谱全面分析蛋白质的翻译过程。他的主要研究目标是通过大规模的方法和深入的机制研究揭示基因组内的信息编码。

Keith Yamamoto（哲学博士）是加利福尼亚大学旧金山分校科学政策与战略发展部副教授。他还兼任医学院研究部副主任和细胞与分子药理学教授。Yamamoto 博士的研究重点是核受体的信号转导和转录调控(介导基本激素和细胞信号的作用)；利用机械和系统方法在纯分子、细胞和整个机体中研究此类问题。他曾领导或就职于多个国家委员会，重点关注公共和科学政策、公众对生物研究的理解和支持及科学教育；他目前担任生命科学联盟主席，同时也是美国国家医学委员会及美国国家科学、工程与医学院地球与生命研究咨询委员会的成员。他曾主持或服务于多个委员会，负责监督美国国立卫生研究院的培训工作和生物医学研究队伍、研究经费、同行评审过程及治理政策。他是 Lawrence Berkeley（劳伦斯伯克利）国家实验室咨询委员会和 Research America 董事会的成员。他被选为美国国家科学院院士、美国国家医学院院士、美国人文与科学院院士和美国微生物学院院士，同时也是美国科学促进协会的会员。

附录E　术语表[80]

成体干细胞——在成年生物体的分化组织中发现的未分化细胞，能够自我更新并且分化成其所在组织的特异性细胞类型。

等位基因——染色体上特定基因座的基因变异形式。不同的等位基因会产生遗传特征的变异。

非整倍性——细胞中存在异常数量的染色体。

辅助生殖技术（ART）——一种涉及实验室处理配子（卵子和精子）或胚胎的生育治疗手段。ART 的实例包括体外受精（IVF）和胞质内单精子注射（ICSI）（NAS，2002）。

自体移植——来自预期移植受体的移植组织。这种移植方法有助于避免免疫排斥并发症。

囊胚——胎盘类哺乳动物的植入前胚胎（人类受精后约 5 天，50～150 个细胞）。囊胚包含一个由细胞外层（滋养层）、充满液体的腔（囊胚腔或胚泡腔）和内部细胞群（内细胞团）组成的球体。来自内细胞群的细胞（在培养物中生长）可产生胚胎干细胞系。

Cas9（CRISPR 相关蛋白 9）——一种名为核酸酶的特化酶，具有切割 DNA 序列的能力。Cas9 构成 CRISPR/Cas9 基因组编辑方法“工具包”的组成部分。

嵌合体——由至少两个基因不同的个体衍生而来的细胞所组成的生物体。

绒毛膜癌——一种源自滋养层和胎盘前体并侵入子宫壁的肿瘤。

核染色质——构成染色体的 DNA 和蛋白质复合物。部分结构性蛋白质有助于组织和保护 DNA，另一部分调节蛋白质则用于控制基因活性，并且可促进 DNA 的复制或修复。

染色体——含有单个 DNA 长度的丝状结构，通常携带数百个基因。可与蛋白质结合形成染色质。完整的细胞染色体组（人类有 23 对）内的 DNA 包含两个基因组拷贝（每个亲本对应一个拷贝）。染色体通常驻留在细胞核内，在细胞分裂过程中发生核膜破裂及染色体浓缩并且可显现为离散实体的情况除外。

卵裂——早期胚胎中的细胞分裂过程（胚胎成为囊胚之前）。其同样可用于描

80 部分术语的定义引用自 NAS （2002)、NASEM （2016b)、NRC 及 IOM（2005）发布的报告。

述破坏或切割 DNA 的过程。

临床应用——运用生物医学试剂、手段或设备来治疗临床病症。

临床试验——针对最新开发的临床应用在患者当中进行监督和监测性的实验测试，以确保最大限度地降低风险并优化疗效。在针对一般用途批准治疗方法之前需开展临床试验。

CRISPR（成簇的规律间隔的短回文重复序列）——在细菌中发现的一种自然发生的机制，涉及保留外源 DNA 片段，并在某种程度上为细菌提供病毒免疫。该系统有时被称为 CRISPR/Cas9，用于表示整个基因编辑平台，同源 RNA 与靶基因通过 Cas9（CRISPR 相关蛋白 9）相结合，Cas9 是形成 CRISPR/Cas9 基因组编辑方法“工具包”的 DNA 切割酶（核酸酶）。

CRISPRa——CRISPR 激活，利用与一个或多个激活结构域相连接的向导 RNA 和核酸酶缺陷型或核酸酶失活型 Cas9（dCas9）增强靶基因转录。

CRISPRr/CRISPRi——CRISPR 抑制或 CRISPR 干扰，利用带有向导 RNA 的 dCas9 或 dCas9 阻遏物减少靶基因转录。

培养细胞——在组织培养基中进行培养并且可增加数量的细胞。

dCas9（核酸酶缺陷型或核酸酶失活型 Cas9）——可结合 DNA 和向导 RNA，但无法进行切割。通常与转录因子、染色质修饰酶或荧光蛋白相连接，以介导基因表达变化或标记特定位点。

义务伦理学——一种规范性理论，涉及从道德角度要求、禁止或允许的选择。

脱氧核糖核酸（DNA）——一种排列成双螺旋结构的双链分子，包含用于所有已知生物体发育、机能和繁殖的基因指令。

分化——非特异性早期胚胎细胞（如心脏细胞、肝脏细胞或肌肉细胞）获得特定细胞特征的过程。

二倍体——包含整套 DNA 的细胞（每个亲本提供一半）。在人体中，二倍体细胞含有 46 条（23 对）染色体。

趋异（进化）——基因序列在进化过程中发生变异；如果此类变异可赋予某种优势，则自然选择过程将增加其普及率。不同的选择压力将选择不同的变异，以便不同的基因变体在不同的种群中完成趋异过程。

显性——基因或性状的遗传模式，特定等位基因（基因变体）的单拷贝所赋予的功能独立于二倍体生物体细胞中第二份拷贝基因的性质。

双链断裂（DSB）——DNA 双螺旋断裂，DNA 的两条链均被切割（有别于单链断裂或“刻痕”）。

外胚层——胚胎三个原始胚层的最外层，可形成皮肤、神经和大脑。

异位——发生在异常部位，如异位妊娠（宫外孕）。

胚胎——处于生长和分化初期的动物体，其特征为卵裂（受精卵的细胞分裂）、基本细胞类型和组织的分化及原始器官和器官系统的形成，从胚胎植入到八周之末，人类个体将发育成为胎儿。

胚胎生殖（EG）细胞——在早期发育过程中迁移至未来生殖腺并形成卵子或精子祖细胞的多能干细胞，EG细胞的特性与胚胎干细胞相似，但可能在某些印迹区域的DNA甲基化方面存在差异。

胚胎干（ES）细胞——一种来自胚胎的原始（未分化）细胞，可成为各种特异性细胞类型（即多能干细胞）。其衍生自胚泡的内细胞团。胚胎干细胞不属于胚胎，其自身无法产生形成完整生物体所必需的细胞类型（如滋养外胚层细胞）（NAS，2002）。胚胎干细胞可作为多能细胞在培养基中进行培养，并诱导分化成多种不同的细胞类型。

内胚层——胚胎三个原始胚层的最内层，可形成肺、肝脏和消化器官。

内源性——起源于细胞或生物体内部。

子宫内膜——胚胎植入的子宫内上皮层。

核酸内切酶——一种可通过裂解内部磷酸二酯键将核苷酸链分解成两条或更多短链的酶。

增效——改善条件或特征以使其超出标准或正常水平。

去核细胞——细胞核被去除的细胞。

去核——去除细胞核仅留下细胞质的过程。应用于卵子时，可用于去除母体染色体（在没有核膜包围的情况下）。

酶——一种蛋白质，可作为加速化学反应的生物催化剂。

上胚层——脊椎动物早期胚胎中的特定细胞层，可形成整个胚胎（卵黄囊和胎盘除外）。上胚层细胞具有多能性，可形成胚胎干细胞。

表观遗传效应——基因表达的改变（不改变基因DNA序列）。例如，在称为基因组印记的表观遗传效应中，被称为甲基团的化学分子附着于DNA并改变基因表达。

表观基因组——对基因组DNA及与染色体DNA相结合以影响基因表达和表达方式的蛋白质进行的一组化学修饰。

体外——有机体之外。

外源性——引自或源自细胞或生物体外部。

受精——雄性配子和雌性配子（精子和卵子）结合的过程。

Fok Ⅰ——一种核酸酶，切割结构域可通过其分离并连接至锌指（ZF）或类转录激活因子效应物（TALE）DNA结合结构域。Fok Ⅰ切割结构域仅切割DNA的一条链（刻痕），因此需要一对ZFN或TALEN产生双链断裂。Fok Ⅰ切割结构域也可与核酸酶缺陷型Cas9（dCas9）相连接，该融合物必须进行二聚化才能切割DNA。

功能获得——一种突变过程，可导致基因产物发生改变并具备新的分子功能或新的基因表达模式。

配子——生殖细胞（卵子或精子）。配子属于单倍体（染色体数量仅为体细胞中染色体数量的一半，人体共有 23 对染色体），因此，两个配子在受精过程中相结合所产生的单细胞胚胎（合子）拥有全部染色体数目（人类有 46 条染色体）。

原肠胚形成——处于发育早期的动物胚胎产生三个主要胚层（外胚层、中胚层和内胚层）的过程。

基因——遗传功能单位，染色体上特定位点的 DNA 片段。基因通常指导蛋白质或 RNA 分子的形成。

基因驱动——一种偏倚性遗传系统，特定基因序列通过有性繁殖从父母传递给后代的能力可因此得到增强。基因驱动技术可主动将一条染色体上的序列拷贝到其同伴染色体上，从而使该生物体携带两个经过刻意修饰的基因。该过程可确保所有生物体的后代继承经过编辑的基因组和相关性状。因此，基因驱动的结果是特定基因型从某一代到下一代及在整个种群中的优先增长。

基因编辑——允许研究人员改变细胞或生物体 DNA 的技术，以便插入、删除或修饰基因或基因序列，从而以沉默、增效或其他方式改变基因特征。

基因表达——通过基因编码指令形成RAN和蛋白质的过程。与基因组或RNA拷贝相结合并调节其生产水平和产物水平的蛋白质和 RNA 分子将控制基因表达。基因表达可改变细胞、组织、器官或整个生物体的功能，有时可导致与特定基因相关的显性特征。

基因靶向——使特定基因发生变异的手段。

基因治疗——将外源基因导入细胞以改善疾病症状。

基因转移——通常用于描述基因治疗过程中将基因转移到细胞的任何过程。

遗传元件——基因组中具有其序列赋予的某些特定属性的 DNA 片段，如编码蛋白质或 RNA 的基因，通常指不属于此类基因但可控制基因表达或基因组结构的序列。

基因组——组成生物体的全套 DNA。人类基因组由 23 对同源染色体组成。

基因组编辑——通过 DNA 断裂或其他 DNA 修饰的介入改变基因组序列的过程。

基因型——个体的遗传组成。

生殖细胞（或种系细胞）——在细胞谱系中的任何位点均可形成精子或卵子的细胞。种系是这种细胞的谱系。卵子和精子在有性生殖过程中融合形成胚胎。在此情况下，种系将延续至下一代。

胚层——在早期发育过程中，胚胎分化成三个不同的胚层（外胚层、内胚层和中胚层），每个胚层可形成发育生物体的不同部分。

妊娠——从卵子受精至出生的生物体发育期。

监管——承担相关责任的个人或群体通过传统（实践标准）或法规行使监督权利的过程。监管过程通常涉及专业实践标准和行为守则等政策工具、正式的准则、协议和条约及立法或其他政府规定。

指导分子——将基因组编辑机器引导至 DNA 序列中预期位置的蛋白质或 RNA 片段。

向导 RNA（gRNA）——将 DNA 切割酶引导至基因组中目标位置的短片段 RNA。 gRNA 片段含有与靶序列同源的区域（长度通常为 20 个碱基）及与核酸酶相互作用的序列（如 Cas9）。用于基因组编辑的 gRNA 属于不会自然产生的合成物。

单倍体——指仅含有一个染色体组（人类单倍体共有 23 条染色体）的细胞（通常为配子或其直接前体）。相反，身体细胞（体细胞）是二倍体，含有两个染色体组（人类共有 46 条染色体）。

可遗传的基因变异——可代代遗传的基因修饰。

杂合子——位于细胞或生物体的两条同源染色体上并具有特定基因的两种不同变体（等位基因）。

同源重组——两种相似 DNA 分子的重组，包括基因靶向在特定基因中产生改变的过程。

同源性定向修复（HDR）——一种可用于修复破碎 DNA 的天然修复过程，该过程依赖于与破碎 DNA 片段具有同源性的 DNA“模板”，且通常发生在 DNA 合成（提供模板）期间或之后。在通过 HDR 进行的基因组编辑中，DNA 模板是通过重组 DNA 技术进行合成或制备的，其通常包含与每个末端的靶基因座具有精确同源性的区域，且预期的改变被包含在中间部分。

纯合子——位于细胞或生物体的两条同源染色体上并具有特定基因的相同变体（等位基因）。

人类受精和胚胎学权威机构（HFEA）——英国的独立监管机构，负责监督生殖细胞和胚胎在生育治疗和研究领域的应用。该机构支持《人类受精与胚胎学法》，并根据该法律进行运作。

植入——胚胎附着在子宫内部的过程（人类需要 7～14 天）。

宫内——在子宫内。

体外——在试管内；在实验室器皿或试管内；在人工环境下。

体外受精（IVF）——一种辅助生殖技术，即在体外完成受精。

体内——在生物体内；在自然环境中（通常在受试者体内）。该术语也通常指在培养基中活细胞内发生的事件。

插入缺失——插入或删除 DNA 序列。小的插入缺失（如 1～ 4 个碱基对）通常与非同源末端连接相关联。其通常通过改变开放阅读框和（或）提前形成终止密码子而导致基因破坏。

诱导多能干（iPS）细胞——通过引入或激活赋予多能性和干细胞样特性的基因诱导而成的细胞。因此，已经被赋予特定命运（如皮肤）的细胞可被诱导成为多能细胞。iPS 细胞可在再生医学领域发挥重要作用，因其可被重新引入原始细胞的供体中，且出现移植排斥的风险更小。

插入诱变——通过插入外源序列（如病毒序列整合）使基因序列发生变化。

机构审查委员会（IRB）——一个机构（如医院或大学）中旨在保障参与研究活动（由该机构负责主办）的人类受试者权利和健康的行政机构。根据联邦法规和当地机构政策的规定，IRB 有权批准、要求修改或反对在其管辖区内开展的研究活动。

慢病毒——逆转录病毒的一种，其基因组由 RNA 构成，但在病毒复制过程中会被复制到可整合至细胞 DNA 基因组中的 DNA 形式。其通常被用作基因载体（载体），以便将基因引入细胞。

连接酶——催化连接两个 DNA 片段的酶。

功能丧失——一种突变形式，变异的基因产物缺乏野生型基因的分子功能。

大范围核酸酶——一种特殊类型的酶，能够在基因组中若干位点出现的特定长度的 DNA 序列上结合并切割 DNA。这种酶属于通过 DNA 切割催化 DNA 重排事件的天然酶（及其合成衍生物）。其可被用于基因组编辑（针对非同源末端连接和同源性定向修复介导的变异）。此类研究首先揭示了基因组编辑所依赖的 DNA 切割和 DNA 修复过程的基本机制。

中胚层——胚胎的中间层，由衍生自胚泡内细胞团的一组细胞组成；其形成于原肠形成期间，是血液、骨骼、肌肉和结缔组织的前体。

线粒体转移（或线粒体替换）——可预防母体传播线粒体 DNA（mtDNA）疾病的新手段。

线粒体——细胞质中的细胞结构，可为细胞提供能量。每个细胞都含有大量线粒体。在人体中，单个线粒体包含圆形线粒体 DNA 上的 37 个基因，核 DNA 中包含大约 35 000 个基因。

镶嵌现象——细胞之间的变异，可使细胞产生差异（如在并非所有细胞都被编辑的胚胎中）。

多能干细胞——来自胚胎、胎儿或成人的干细胞，其后代具有多种分化细胞类型，通常（但不一定）属于特定组织、器官或生理系统。

鼠科动物——衍生自小鼠。

突变——DNA 序列的变化。突变可在细胞分裂过程中自发产生，也可能由环境压力触发，如阳光、辐射和化学物质。

切割酶——一种核酸酶，仅切割DNA双螺旋中的一条链。

非同源末端连接（NHEJ）——一种天然修复过程，用于连接DNA链断裂的两端。该过程极易出现短插入缺失的错误（通常是2～4个DNA碱基对）。

规范理论——有关人们应当如何做出决策的理论（而非采取何种行动，或将以何种方式做出决策）。

核酸酶——一种可切割DNA或RNA链的酶。

脱靶效应——对生物体进行干预（而非对生物体施加预期影响）所产生的直接或间接的非预期、短期或长期后果。

脱靶事件（或脱靶切割）——基因组编辑核酸酶在靶向位置之外切割DNA。其原因可能是脱靶序列与预期靶序列相似但并非完全相同。

卵母细胞——发育中的卵子，通常是一个体积较大的固定化细胞。

表型——受其基因型及环境影响的生物体显性特征。

质粒——能够自我复制的环状DNA分子。工程化质粒可携带和表达靶细胞中的目标基因。

多能干细胞（PSC）——一种干细胞，其后代包括植入胚胎、胎儿或发育生物体中存在的所有细胞类型。

种群——特定生态区域内特定物种的所有个体。

临床前研究——调查潜在临床应用但不涉及人类的研究，如涉及分子、细胞、组织或动物的研究。

前体细胞或祖细胞——存在于胎儿或成体组织中，属于部分定型但未完全分化的细胞，可分裂并形成分化细胞。

植入前基因诊断（PGD）——在将体外受精胚胎植入女性子宫之前，可筛查已知会导致特定遗传疾病或染色体异常的特定基因突变。从植入前胚胎中取出一个或多个细胞进行检测，确保被植入的存活胚胎未携带遗传异常。

产前诊断——在胎儿子宫内发育的过程中可检测其异常和疾病状况。绒毛膜取样和羊膜腔穿刺等多种产前诊断技术需要抽取羊水或母胎循环中的胎盘组织或胎儿细胞。超声波检查等其他程序可在没有细胞或组织样本的情况下进行。

原条——沿原肠胚形成期间的早期胚胎轴线通过细胞向轴线的侧向运动而形成的细胞条带，并且沿中线形成一个凹槽，细胞通过凹槽迁移进入胚胎内部形成中胚层。

原核——受精前或受精后（在精子和卵核融合成单个二倍体细胞核之前）的单倍体卵子或精子细胞核。

蛋白质——由一个或多个氨基酸链聚合而成的大分子化合物。蛋白质可在细胞中发挥各种作用。

隐性遗传——基因的隐性等位基因，其影响被存在于二倍体细胞或生物体中的二等位基因（显性）所掩盖。

重组 DNA——重组 DNA 分子由经过人工修饰或连接在一起的 DNA 序列组成，新的基因序列将因此有别于天然存在的遗传物质。

重组 DNA 咨询委员会（RAC）——负责监督和审查由美国国立卫生研究院（NIH）资助的研究提案或由 NIH 资助的机构开展的涉及重组或合成 DNA 的类似项目（如基因疗法）。

重组——一种天然或工程化的过程，两个 DNA 片段经过破碎和重组以产生 DNA 片段的新组合。

再生医学——一种治疗手段，利用工程化细胞、组织或植入物替代存在缺陷、受损或缺失的组织（通常涉及干细胞）。

限制酶——一种来自细菌的酶，用于在特定序列切割 DNA，也可用于 DNA 分析及通过切割末端连接 DNA 片段。

逆转录病毒——一种病毒，其基因组由 RNA 构成，但在病毒复制过程中会被复制到可整合至细胞 DNA 基因组中的 DNA 形式。其通常被用作基因载体（载体），以便将基因引入细胞。部分逆转录病毒被称为慢病毒。

风险——由于一组特定的压力源而对一个或一组特定端点产生影响的概率。其影响可能属于有益影响或有害影响。

风险评估——针对影响概率收集、评估并解释所有可用证据的过程，其目的是估算所有影响的概率。

RNA（核糖核酸）——与 DNA 结构相似的化学物质。其主要功能之一是将 DNA 的遗传密码翻译成结构蛋白。

RNP（核糖核蛋白复合物）——细胞内存在多种类型的 RNP，该术语是涵盖所有类型的通用术语，但在基因组编辑的背景下，其通常是指与 DNA 切割酶（如 Cas9）相结合的向导 RNA 分子。

选择优势——部分基因变体提供的一种性状，其赋予基因可通过自然淘汰理论选择的存活或繁殖优势，并因此增加其在种群中的普及率。

sgRNA（单导 RNA）——与核酸酶（如 Cas9）结合的一小段 RNA，也指将核酸酶引导至基因组中特定位点的特定 DNA 序列。该术语在大多数用法中与向导 RNA（见前文）同义。

体细胞——除生殖细胞或生殖细胞前体细胞之外的任何植物或动物细胞。

体细胞核移植（SCNT）——将细胞核从体细胞转移到去除细胞核的卵子（卵母细胞）过程。

精原干细胞——可自我复制的精子细胞前体。

干细胞——一种非特化细胞，具有在培养基中无限分裂的能力，并且可分化成具有特殊功能的更成熟的细胞。

干细胞疗法——在再生医学领域使用干细胞替代存在缺陷、受损或缺失的组织。

合体滋养层细胞——融合（进入多核合胞体）并促进形成胎盘结构和功能的衍生自哺乳动物早期胚胎的滋养外胚层细胞。

合成生物学——来自不同遗传因素的活细胞的发育过程，利用工程学原理为生物体构建其所需的功能。

合成DNA——通过化学或其他手段合成或扩增的DNA分子；其可能通过化学或其他方式进行修饰，但可与天然存在的DNA分子进行碱基配对或重新结合。

T细胞——在免疫系统中至关重要的白细胞类型。此类细胞可与其他免疫细胞共同杀死被感染的细胞或癌细胞，但是，当其被激活以抵抗生物体自身的细胞或组织时，也可参与炎症反应或自身免疫。

靶序列——基因组内特定的DNA碱基序列（作为基因组编辑工具的目标）。就CRISPR/Cas9方法而言，这是设计gRNA以便进行识别的20个核苷酸序列（它们将包含具有相同长度的互补序列）。

治疗（或治疗性干预措施）——治疗或预防疾病或残疾。

组织培养——针对实验研究在人工介质中体外培养细胞或组织。

全能细胞——具有无限发育能力的干细胞。早期胚胎（囊胚期之前的胚胎）的全能细胞具有分化成胚外组织、膜、胚胎及所有胚后期组织和器官的能力。

转录——从基因或其他DNA序列制作RNA拷贝。转录是基因表达的第一阶段。

类转录激活因子效应物核酸酶（TALEN）——由类转录激活物样效应物DNA结合结构域（结合特定DNA序列）融合DNA切割结构域（核酸酶）所产生的工程化限制酶，可被用作基因组编辑工具。TALEN在锌指核酸酶之后（在CRISPR/Cas9之前）被用作基因组编辑工具。

转录因子——与基因的控制区域（增强子和启动子）相结合以激活或抑制其转录（或表达）的蛋白质。

转染——将实验DNA引入细胞的一种方法。

转基因——被引入细胞或生物体的基因或遗传物质。转基因可随机进行整合，或通过同源重组或运用同源性定向修复方法进行基因组编辑使其瞄准特定位点。

转基因生物体——通过转移或其他人为方式引入来自另一物种的一个或多个基因（转基因）的生物体。

超人主义——一种生命哲学，以生命促进原则和价值观为指导，通过科学技术手段寻求智慧生命的延续和加速进化，从而超越其目前的人类形式和人类局限性（More，1990）。

翻译——从信使RNA中包含的信息形成蛋白质分子的过程，是转录后的基因表达阶段（从DNA复制RNA）。

滋养外胚层——发育中的囊胚的外层（最终形成胎盘的胚胎侧）。

未分化——没有发育成特化细胞或组织类型。

单能干细胞——分裂并产生单一成熟细胞类型的干细胞，如仅产生精子的生精干细胞（或称为祖细胞）。

功利主义——道德上正确的行为，是产生最大利益的行为。

变体——基因可在种群中发生多种变异，其功能可能有所不同，变异分为有利变异、有害变异和无功能变异。

野生型——生物体或基因的“正常”型。

X 灭活——雌性哺乳动物细胞中两条 X 染色体中的一条被灭活，因而仅表达一条 X 染色体上的基因。

载体——可将基因转移到新位点的载体（类似于将病毒或寄生虫转移到新的动物宿主中的昆虫载体）。分子细胞生物学和基因工程领域所使用的载体包括质粒和经过改造的修饰病毒（携带和表达靶细胞中的目标基因）。用于基因转移且临床相关度最高的病毒载体包括逆转录病毒、慢病毒、腺病毒和腺伴随病毒载体。

美德伦理——侧重于道德品质而非职责（义务论）或后果（结果主义）。

锌指——基于天然存在的转录因子的小蛋白质结构，其与限定的 DNA 序列相结合以控制附近基因的活性。可针对用于基因组工程的 DNA 序列的特定部分专门设计瞄准该部分的锌指。

锌指核酸酶（ZFN）——锌指 DNA 结合结构域与可用作基因组编辑工具的 DNA 切割酶（通常为 Fok Ⅰ）相融合而产生的一种工程酶。这是第一批可靠的基因组编辑方法中的一种。

受精卵——受精时由精子和卵子结合形成的单细胞胚胎。

参考文献

IOM（Institute of Medicine）. 2005. Guidelines for human embryonic stem cell research（Vol. 23）. Washington，DC：The National Academies Press.

More，M. 1990. “Religion，Eupraxophy，and Transhumanism” in Transhumanism：Towards a Futurist Philosophy. https：//www. scribd. com/doc/257580713/Transhumanism-Toward-a-Futurist-Philosophy（accessed January 25，2017）. https：//www. scribd. com/doc/257580713/Transhumanism-Toward-a-Futurist-Philosophy.

NAS（National Academies of Sciences）. 2002. Scientific and medical aspects of human reproductive cloning. Washington DC：The National Academies Press.

NASEM（National Academies of Sciences，Engineering，and Medicine）. 2016. Gene drives on the horizon：Advancing science，navigating uncertainty，and aligning research with public values. Washington，DC：The National Academies Press.

彩 图

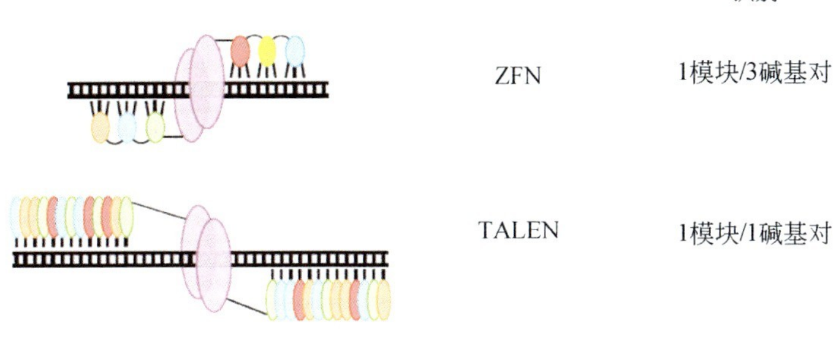
识别
ZFN
1模块/3碱基对
TALEN
1模块/1碱基对

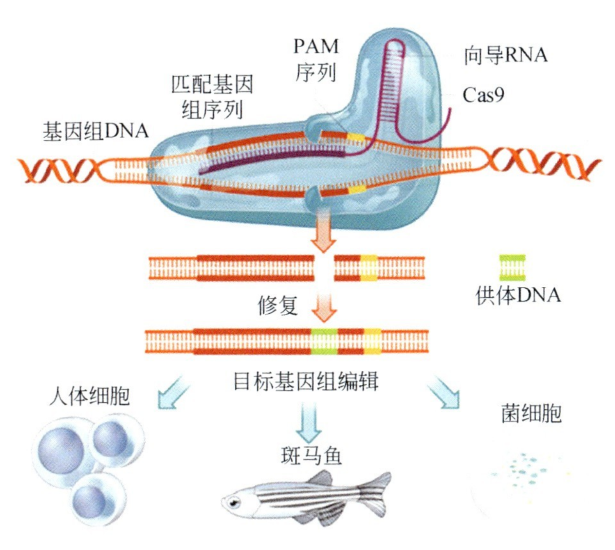
PAM
序列
向导RNA
匹配基因
组序列
Cas9
基因组DNA
供体DNA
修复
目标基因组编辑
人体细胞
菌细胞
斑马鱼

彩图 1　基因组编辑方法

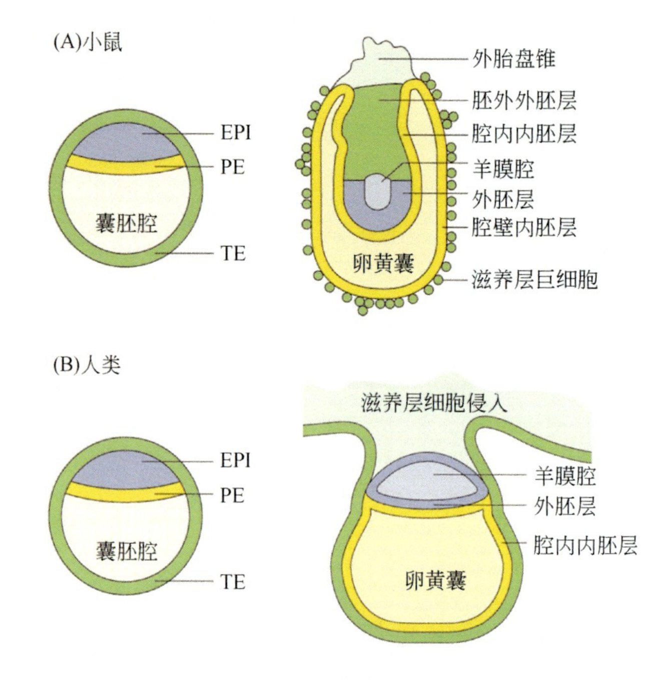

彩图 2　小鼠与人类胚泡和植入后早期发育的比较

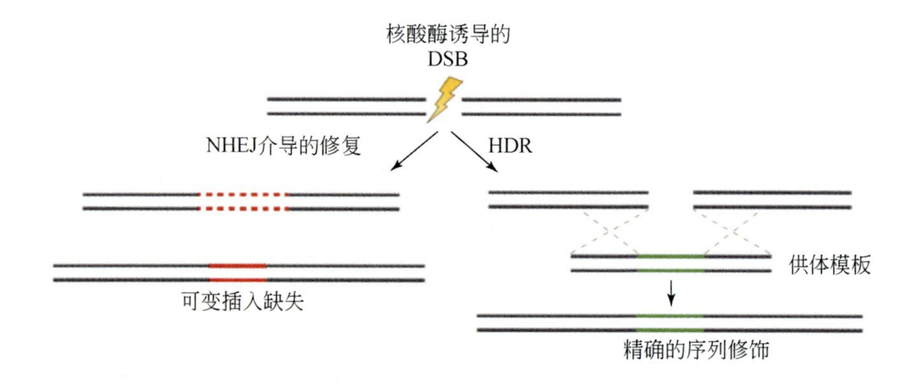

彩图 3　通过 NHEJ 或 HDR 途径修复由核酸酶诱导的 DNA 双链断裂和由此介导的基因组编辑结果

	核酸酶类型	识别规则
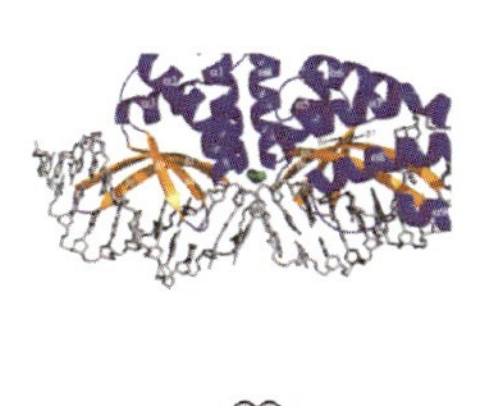	大范围核酸酶	复合体
	ZFN	1模块/3碱基对
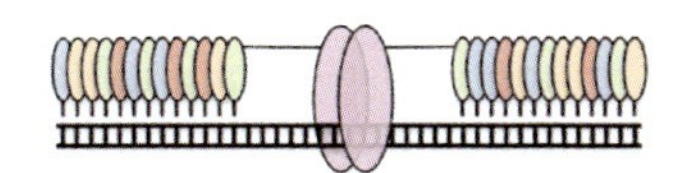	TALEN	1模块/1碱基对
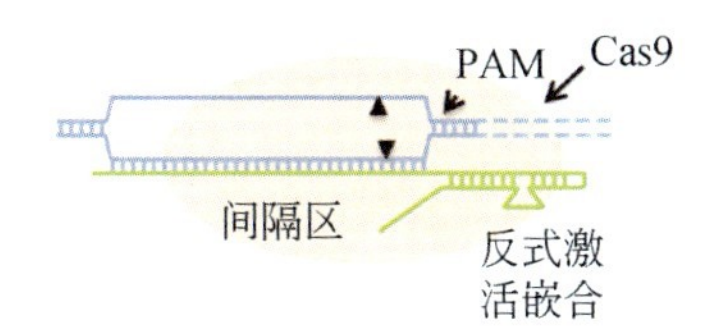	CRISPR/Cas	1碱基/1碱基对

彩图 4　本附录所讨论的靶向核酸酶示意图

a

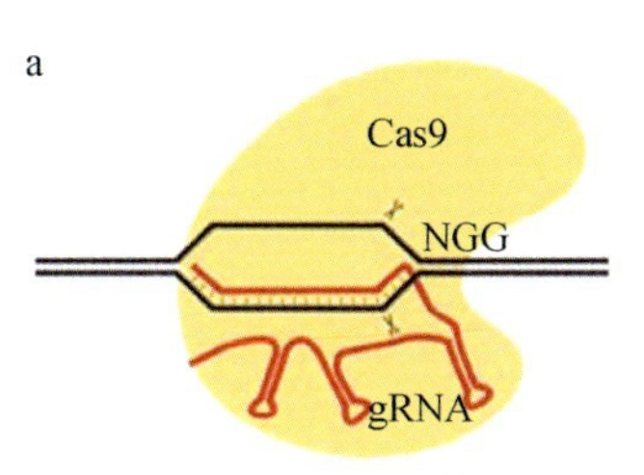

全长gRNA

b

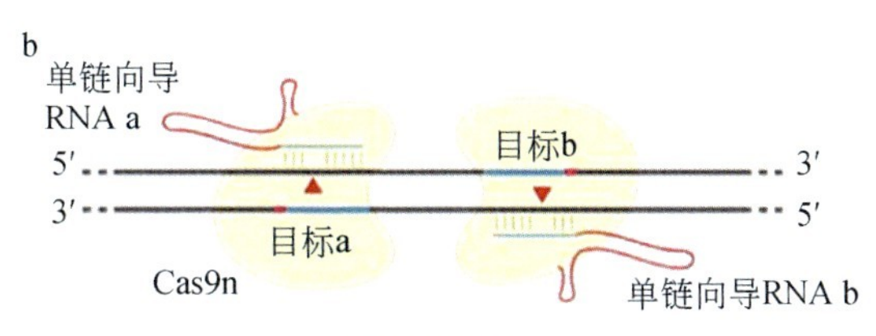

成对的切口酶

c

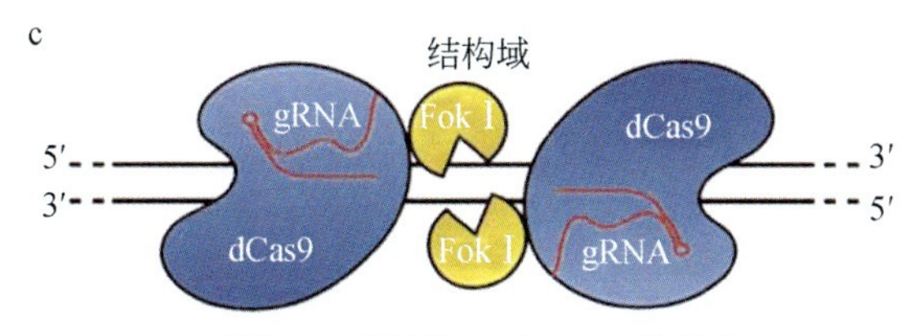

二聚体RNA引导的FokⅠ-dCas9核酸酶

彩图 5　Cas9 和不同 Cas9 变体的示意图

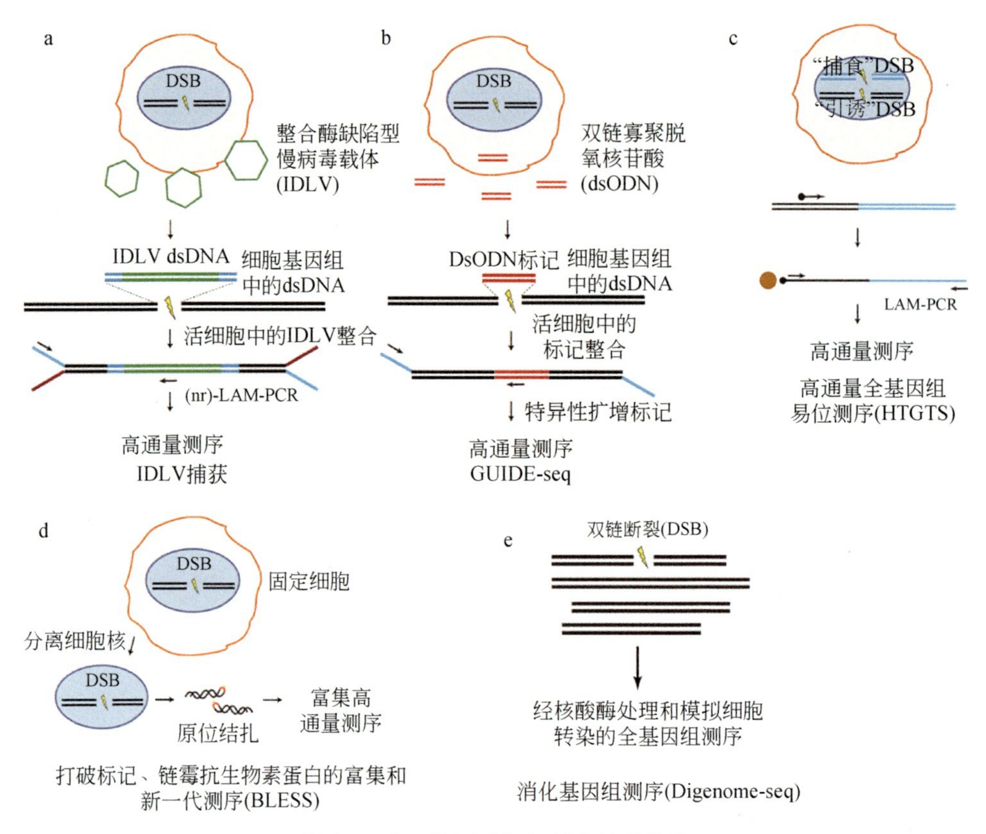

彩图 6　全面检测脱靶切割事件的策略

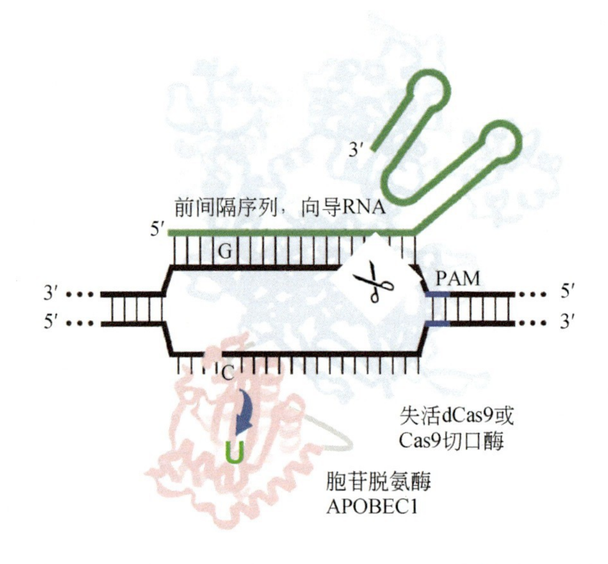

彩图 7　使用 Cas9 核酸酶变体的 CRISPR/Cas9 基因组编辑系统示意图

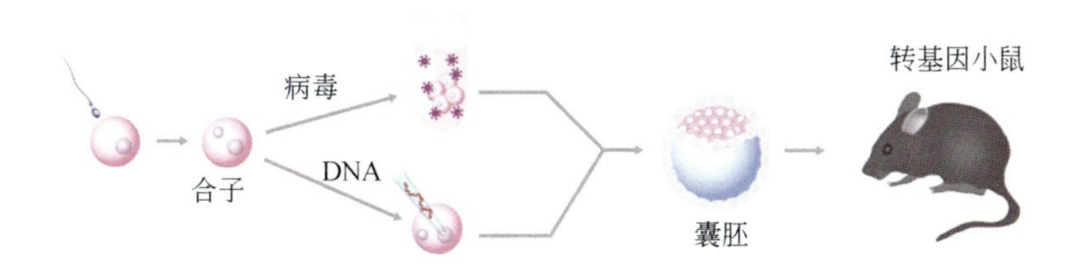

彩图 8　随机插入转基因的转基因小鼠

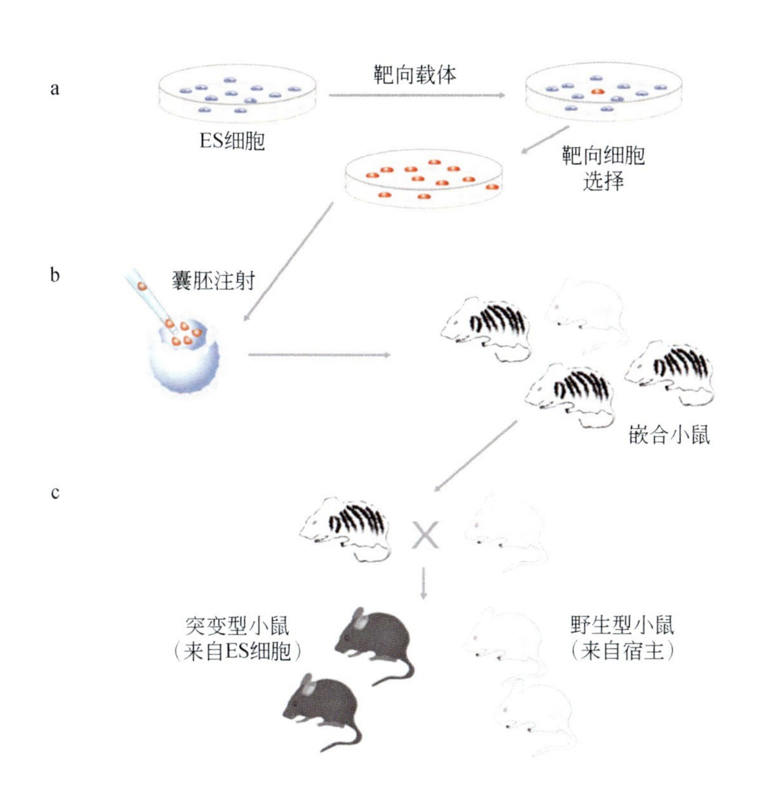

彩图 9　通过同源重组产生携带特定基因变异的小鼠（三步法）

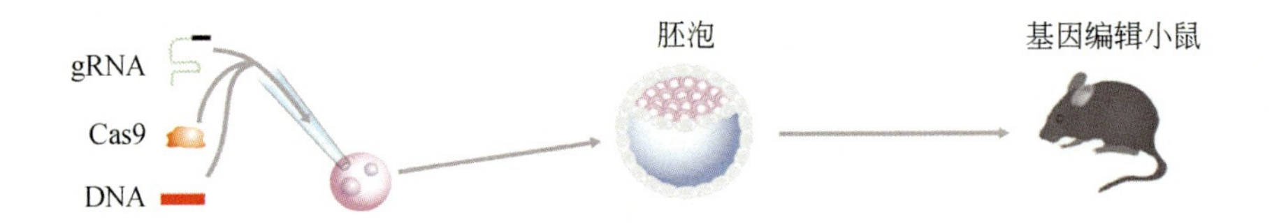

彩图 10　通过合子中的 CRISPR/Cas9 靶向创造基因编辑小鼠（一步法）

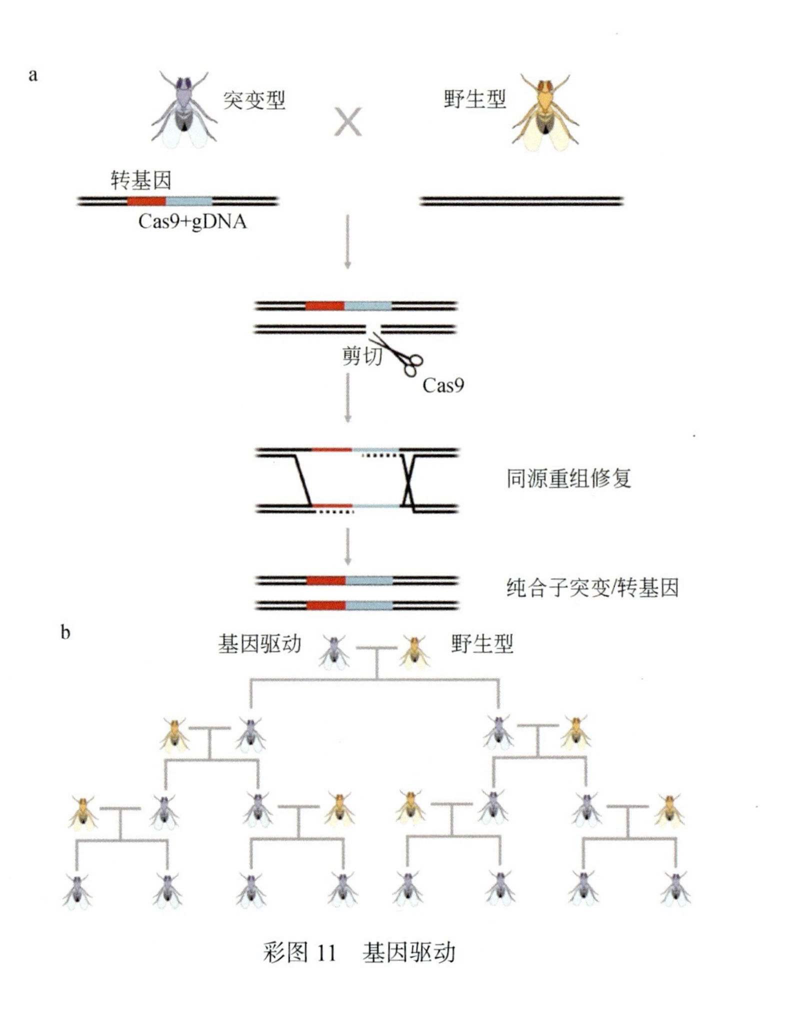

彩图 11　基因驱动